# 动物肝肠炎症中药防控机理与应用

崔一喆　王秋菊　著

## 内容简介

本书简单介绍了中药在动物疾病防治中的应用与发展现状，重点阐述了动物非酒精性脂肪肝发病机制研究、中药在动物肝疾病防治中的应用研究、动物肠道炎症疾病发病机制研究、中药对肠道炎症的防治机制研究等内容。本书最大特点是可为筛选新的药物靶标、防治各种动物肝肠疾病提供新思路，为中药开发奠定理论基础。

本书可供动物医药研发与管理、动物养殖、动物疫病防治等人员使用，同时可供畜牧兽医等相关专业的师生参考。

**图书在版编目（CIP）数据**

动物肝肠炎症中药防控机理与应用/崔一喆，王秋菊著. —北京：化学工业出版社，2021.7
ISBN 978-7-122-39636-5

Ⅰ.①动… Ⅱ.①崔… ②王… Ⅲ.①动物疾病-肝疾病-中医治疗法-研究 Ⅳ.①S856.4

中国版本图书馆CIP数据核字（2021）第149334号

责任编辑：张　艳　邵桂林　　　装帧设计：王晓宇
责任校对：宋　玮

出版发行：化学工业出版社（北京市东城区青年湖南街13号　邮政编码100011）
印　　装：天津盛通数码科技有限公司
710mm×1000mm　1/16　印张13½　字数227千字
2021年8月北京第1版第1次印刷

购书咨询：010-64518888　　　　售后服务：010-64518899
网　　址：http://www.cip.com.cn
凡购买本书，如有缺损质量问题，本社销售中心负责调换。

定　价：68.00元　　　　　　　　　　　　　版权所有　违者必究

# 前言
## PREFACE

肠道作为动物体的消化器官，能够维持机体正常的营养，在机体正常的免疫系统中占有重要地位，肠道结构和功能的完整性影响着肠内的营养吸收。集约化养殖条件下畜禽容易发生肝脏代谢性和肠道免疫应激等肝肠损伤，严重影响畜禽的健康和生长性能。肝脂肪代谢紊乱，诱发 NAFLD 疾病会导致肝脂肪的堆积；诱发氧化应激和炎症会引起肝细胞损伤。目前，由于许多化学合成药物的较强的毒副作用，人们越来越重视从天然药物中开发毒副作用较小的抗炎药物，用现代科学方法研究中药的抗炎机理与临床应用是当今世界上新药开发的热点，我国中药植物资源相当丰富，应加强其系统的药理研究，以阐明相关药物作用机制。寻求有效的、安全的、控制动物肝肠组织炎性损伤的抗炎药物，既是该类疾病抗炎治疗的新思路，也是新型抗炎药物开发的新热点。

本书主要介绍了动物肝肠疾病的发病机理及中药对其的干预。本书最大特点是为筛选新的药物靶标、预防动物各种肝肠疾病的防治提供新思路，为中药开发奠定理论基础。笔者在广泛收集、分析和归纳近年来国内外动物肝肠疾病研究方面的文献资料的基础上，重点结合本人多年参与的试验研究与研究成果，撰写了本书。

本书共分 5 章，主要介绍动物脂肪肝和肠道炎症的发病机理及中药在动物疾病中的应用。第一章介绍了中药对动物疾病的预防与应用、在畜禽生产应用中存在的问题和展望，以及中药抗炎趋势和研究方向；第二章介绍了非酒精性脂肪肝的概述、代谢通路和 $Nrf2$ 缺失对非酒精性脂肪肝的影响；第三章介绍了中药在动物肝疾病防治中的应用；第四章介绍了动物肠道炎症疾病发病机制和肠道炎症诱导与调控机制；第五章介绍了中药对肠道炎症的防治机制研究。

本书第一章、第二章和第三章的大部分由黑龙江八一农垦大学崔一喆撰写（约 12 万字）；第三章的小部分、第四章和第五章由黑龙江八一农垦大学王秋菊撰写（约 10 万字）。

因笔者水平有限，书中若存在不妥之处，请读者斧正！

著者
2021 年 5 月

# 目录
CONTENTS

| | |
|---|---|
| 第一章　概述 | 001 |
| 　第一节　中药在动物疾病防治中的应用与发展现状 | 001 |
| 　　一、中药对动物疾病的预防与治疗应用 | 001 |
| 　　二、中药在畜禽生产应用中存在的问题和展望 | 002 |
| 　第二节　中药抗炎作用研究进展 | 003 |
| 　　一、中药抗炎趋势 | 003 |
| 　　二、中药抗炎作用研究方向 | 004 |
| 第二章　动物非酒精性脂肪肝发病机制研究 | 005 |
| 　第一节　非酒精性脂肪肝的研究进展 | 005 |
| 　　一、非酒精性脂肪肝的概述 | 005 |
| 　　二、非酒精性脂肪肝的代谢通路研究 | 008 |
| 　第二节　基因表达调控在非酒精性脂肪肝中的作用 | 012 |
| 　　一、NRF2 在非酒精性脂肪肝中的作用 | 012 |
| 　　二、CYP2A5 及其在非酒精性脂肪肝中的作用 | 017 |
| 　第三节　*Nrf2* 缺失对非酒精性脂肪肝模型鼠的研究 | 021 |
| 　　一、*Nrf2* 基因缺失对 NAFLD 抗氧化能力和脂质过氧化的影响 | 021 |
| 　　二、*Nrf2* 基因缺失对 NAFLD 模型鼠抗氧化基因 mRNA 表达量的影响 | 025 |
| 　　三、NAFLD 对肝组织细胞中 NRF2 蛋白分布的影响 | 030 |
| 　第四节　*Nrf2* 基因缺失对 NAFLD 中蛋白表达的研究 | 033 |
| 　　一、*Nrf2* 基因缺失对 NAFLD 中 CYP2A5 表达的影响 | 033 |
| 　　二、肝脏组织中 CYP2A5 与 NRF2 蛋白之间的相互作用 | 039 |
| 参考文献 | 043 |

## 第三章　中药在动物肝疾病防治中的应用研究　　062

### 第一节　中药在动物疾病防治中的研究进展　　062
一、中药添加剂的作用　　063
二、中药在非酒精性脂肪肝疾病防治中的应用　　063
三、传统中药组方——四君子汤的研究　　064
四、新的中药组方——加味四君子汤组成分析　　065

### 第二节　中药对非酒精性脂肪肝防治的作用机制　　066
一、中药对非酒精性脂肪肝模型鼠的防治研究　　066
二、中药对围产期奶牛能量代谢的影响研究　　106

### 参考文献　　123

## 第四章　动物肠道炎症疾病发病机制研究　　133

### 第一节　肠道炎症发病机制研究进展　　133
一、肠道炎症与信号通路研究进展　　133
二、NF-κB 通路在免疫应激途径中的作用机制　　137

### 第二节　肠道碱性磷酸酶与肠黏膜屏障研究进展　　139
一、肠道碱性磷酸酶　　139
二、肠道碱性磷酸酶对肠黏膜屏障的影响　　141

### 第三节　肠道炎症模型构建与评价研究　　144
一、LPS 诱导小鼠急性小肠黏膜损伤模型的构建　　144
二、小肠黏膜损伤模型的评价　　146

### 第四节　肠道炎症诱导与调控机制研究　　150
一、NF-κB 对 LPS 诱导小肠黏膜 IAP 表达的调控　　150
二、LPS 诱导小肠基因和蛋白表达水平的影响　　154

### 参考文献　　160

## 第五章　中药对肠道炎症的防治机制研究　　169

### 第一节　中药治疗肠道炎症的研究进展　　169
一、京尼平苷作用机制　　169

二、京尼平苷的药用价值　　170
第二节　京尼平苷对 LPS 诱导小鼠肠道损伤炎症通路的影响　　171
　　一、小鼠肠道中的 IAP、NF-κB P65 表达量的检测方法　　171
　　二、京尼平苷对 LPS 诱导 NF-κB/IAP 通路的影响　　172
第三节　京尼平苷对仔猪肠道免疫应激的研究　　178
　　一、仔猪免疫应激与炎症通路　　178
　　二、仔猪小肠上皮细胞与肠黏膜屏障　　178
　　三、京尼平苷对猪小肠上皮细胞炎症通路以及紧密连接蛋白的影响　　179
　　四、栀子对 LPS 诱导仔猪淋巴细胞炎症蛋白表达的影响　　187
　　五、栀子对 LPS 诱导仔猪免疫应激血液因子的影响　　200
参考文献　　203

# 第一章
# 概述

## 第一节
## 中药在动物疾病防治中的应用与发展现状

### 一、中药对动物疾病的预防与治疗应用

抗生素自问世以来,在防治动物疾病、促进畜禽健康生长,提高养殖效益方面发挥了重要作用。但随着抗生素的不规范使用甚至滥用,药物残留和动物源细菌耐药性等问题的出现,给动物源性食品安全和公共卫生安全带来了风险和隐患。随着人们生活水平的不断提高,对动物产品的质量要求也越来越高。中药(中草药)因其独特的作用方式、良好的作用效果,和无残留、无抗药性以及无污染等特点而得到了广泛应用和研究。

我国应用中药作为饲料添加剂具有悠久的历史,中药可以用来促进动物生长、增重和防治疾病。中药制剂的作用主要表现在防病保健、增强免疫、抑菌驱虫、提高动物生产性能、促进生长、催肥增重、促进生殖、改善肉质、改善皮毛、改善动物产品质量和改善饲料品质等方面。

中药含有多种成分,包括多糖、生物碱、苷类等,少则数种、数十种,多则上百种,多糖是中药的主要免疫活性物质,从中药中提取分离出的多糖种类很多,如茯苓多糖、灵芝多糖、猪苓多糖、黄芪多糖等。

许多中药及复方能促进机体的体液免疫功能,促进抗体的生成,从而提高机体的免疫力。如香菇、黄芪、人参、地黄、柴胡、猪苓、何首乌、淫羊藿等,这些都具有很好的免疫刺激作用,提高和增强免疫系统中T、B淋巴细胞的功能,促进机体抗体生成,使抗体形成细胞数量增加。中药除含有机

体所需的营养成分之外，作为饲料添加剂应用时，是按照中国传统医药理论进行合理组合，使物质作用相协同，并使之产生全方位的协调作用和对机体有利因子的整体调动作用，最终达到提高动物生产性能的效果。单核-巨噬细胞系统能非特异性地吞噬侵入畜禽体内的病原体和有害异物，而且能将抗原提呈给T、B淋巴细胞，从而参与机体的特异性免疫应答。大量研究表明，许多中药及复方均能不同程度的促进正常机体或免疫抑制机体的单核-巨噬细胞的吞噬能力，从而提高机体的免疫力。这样的中药主要有党参、黄芪、人参、灵芝、冬虫夏草、银耳、当归、白术、猪苓、大蒜、柴胡、茯苓等。

许多中药对免疫器官的发育、白细胞及单核-巨噬细胞系统形成、细胞免疫、体液免疫、细胞因子的产生等有促进作用，并由此提高机体的非特异性和特异性免疫力。中药饲料添加剂可使畜禽健脾开胃、补气活血，增强机体免疫功能，促进新陈代谢，达到防病治病目的。

## 二、中药在畜禽生产应用中存在的问题和展望

### 1. 存在的问题

中药是我国的医药宝库，人们对中药的研究越来越重视。加强祖国传统医药学的研究，特别是中药免疫药理学的研究已成为当前重要的研究课题。虽然中药免疫增强剂的研究和应用越来越普遍，但目前无论是国内或国外，中药免疫增强剂的研究仍存在一些问题，例如，大多数免疫增强剂是一些粗制剂，这使得要在分子水平上阐明其药理作用和作用机制受到极大的限制，不少免疫增强化学结构不明确，质量很难控制，造成药效重复性较差。在兽用免疫增强剂的研究上，主要停留在中药对畜禽免疫系统功能指标上的改变。部分兽用中药免疫增强剂在组方上还不科学，偏离了中兽医的整体观念，不具备辨证施治的特点，造成其免疫调节作用较差。另外，许多中药或其活性成分对机体的免疫功能呈现双向调节作用，既能增强动物机体的免疫功能，又能抑制其免疫功能。因此，在选择中药来调节动物的免疫功能时，应充分考虑机体因素、药物因素和剂量因素的影响，以充分发挥这些中药的双向免疫调节作用。

### 2. 展望

研究和验证表明，中药对细菌性传染病、病毒性传染病、寄生虫病及其他疾病都具有较好的作用。中药大多数是自然生长的植物，无污染，不少中药，药食同源。长期临床应用实践证明，在安全用量范围内，极少出现危害

人畜安全的毒副作用。所以应加强全植物入药的研究，降低饲养成本，分离有效部位，研究其疗效多样性，综合利用中药材。同时引进和开发新技术，提高中药原料药的生物利用度，加强中药材配伍的基础研究，保证原料药的安全性。

随着人们对绿色产品越来越迫切的要求，开发中药饲料添加剂具有广阔的发展前景。天然中药饲料添加剂以其特有的优点被世界饲料业所接受，近些年来，国外也加紧了对中药饲料添加剂的研究，如应用现代农业技术对中药的栽培、收获、加工和制造，以确保中兽药安全；对草药制品安全和活性方面的质量控制等；用高效液相色谱、超高效液相色谱法和串联质谱法检测药剂中的草药成分，为中药制品质量控制提供了参考标准。近几年，我国的科技工作者对中药作为饲料添加剂的开发做出巨大贡献，用传统的中医理论和方法，结合现代先进的分析测试手段，开拓创新，开发新型中药饲料添加剂。相信随着时代的进步，对中药饲料添加剂的研究不断深入，将为我国畜牧业生产和动物食品安全提供有力保障，使我国畜禽产品顺利进入国际市场，创造更大的经济效益和社会效益。

近年来网络药理学已经成为中药药理基础与作用机制研究的热门工具。基于对以往"一药一靶一病"导致新药临床失败率高的思考，Hopkins于2007年提出了网络药理学的概念，其基本思想是基于疾病-基因-靶点-药物相互作用网络，分析药物对疾病网络的干预与影响，帮助人们更全面地了解疾病病理基础与药物治疗作用。网络药理学具有整体性和系统性特点，可以将单个靶点或多个靶点在整个生物网络进行定位，加速药物靶点的发现和确认，从而提高新药研发效率。网络药理学还可以对联合用药或多组分药物可能产生的不良作用进行分析，确保药物的安全性。中医药从临床证候到方剂使用均体现了复杂网络的特质，网络药理学概念提出后很快便被中医药界接受并广泛应用，其整体性优势为研究复杂中药体系提供了新思路。

# 第二节
# 中药抗炎作用研究进展

## 一、中药抗炎趋势

炎症是动物机体对各种致炎因子的损伤作用所发生的以血管渗出为中心的防御性反应，也是动物疾病中最常见而又十分复杂的病理现象。任何能够引起机体组织损伤的各种理化因素均可成为炎症产生的原因，称为致炎因子。炎症在某些情况下是潜在有害的，它是一些疾病的发病基础。因此，在临床上常使用一些非甾体类药物和一些肾上腺皮质激素类药物抗炎。但这些药物长期使用会对机体产生一系列不良反应，造成一定损害。随着中药应用范围的不断扩大，对一些具有明显抗炎作用中药的研究也逐渐多了起来。

## 二、中药抗炎作用研究方向

### 1. 中药抗炎药物有效成分研究

随着中药有效成分提取技术的进步，对中药的作用机理已进入到对药物有效成分的研究阶段。人们对金银花、板蓝根、连翘等的有效成分及作用进行了研究，例如，夏丽从连翘干燥果实中分离得到 8 个二萜类化合物，有 5 个为首次分离得到，还首次报道了其中 3 个二萜类成分的抗炎活性。可以肯定的是，中药有效成分的提取及应用研究，对于中药的研究开发、推广应用及中药标准化等都是十分重要的，但中药材全成分综合性作用的发挥，也是得到公认的。所以，在对中药有效成分进行研究的同时，也应考虑其综合效应。

### 2. 中药抗炎药物联合应用研究

临床上中药的应用多以方剂居多，说明中药的药效有相互促进的作用，且其疗效往往超过中药单独使用。在前述研究中，中药之间的联合应用显示了较好的效果，复方蜂胶金银花提取物、荆芥连翘汤等在抗炎作用方面都具有较好的疗效。目前临床与实验研究对成方的联合用药进行应用研究较多，并取得了良好的效果。根据不同药物之间的药效组成新的配方，进而扩大中药的研究应用，应该是一个新的途径。

### 3. 中药抗炎药物的作用机理

药物的作用机理是药物发挥治疗作用的关键，科学解释了药物为什么能够发挥治疗作用。多数研究认为其与抑制炎症因子释放有关，汤韵秋等还得出连翘的抗炎机制与蛋白及 mRNA 的表达有关的结论。与化药相比，中药方剂的作用机理研究起来相对比较困难，因为中药发挥的是一个综合效应，其有效成分多而复杂，为使中药发挥更大作用，必须加大对其作用机理的研究。

# 第二章
# 动物非酒精性脂肪肝发病机制研究

## 第一节
## 非酒精性脂肪肝的研究进展

### 一、非酒精性脂肪肝的概述

非酒精性脂肪性肝病（NAFLD）是指在没有过量酒精摄入的情况下，脂肪沉积在肝脏的病理疾病。NAFLD包括单纯性脂肪变性、肝硬化和由使用药物或遗传性因素等引起的肝脏疾病。摄入高脂肪、肝脏中游离脂肪酸（FFA）氧化的降低、脂肪组织中脂肪生成的增加，都会引起肝脂肪代谢的增加，从而诱发NAFLD疾病；这些代谢条件的改变都导致了肝脂肪的堆积，诱发氧化应激和炎症，因此，氧化应激的刺激和炎症的发生均会引起肝细胞损伤。

**1. 非酒精性脂肪肝的发病机制**

NAFLD的发病机制是一个复杂的过程，目前尚未完全清楚。了解肝脏中分子的变化、评估肝脏代谢网络信号的变化，及了解肝脏的病理因素等，都将有助于对NAFLD的发生过程和发展进行适当的干预。

1998年，一个模型首次描述了从单纯性脂肪变性到非酒精性脂肪肝肝炎的发病过程，即现在广泛采用的"二次打击"病理生理学模型。"二次打击"中第一次打击是指肝脂肪的积累，随后的二次打击是氧化应激的增加和脂质过氧化的开始。最近，根据这个模型，Tilg and Moschen又提出了"多个平行的打击"的假设，包括肥胖、胰岛素抵抗、氧化应激和炎症过程。

肥胖是指在脂肪组织中脂肪堆积过多，尤其是内脏脂肪组织中脂肪堆积过多的临床症状。在非酒精性脂肪肝模型中，内脏脂肪组织中脂肪堆积比皮下脂肪组织更重要。内脏肥胖与肝脂肪变性、肝组织炎症和肝脏纤维化有关。它也与胰岛素抵抗的增加、代谢综合征、脂肪生成和脂肪分解有相关性。

肝脂肪堆积，即脂肪变性，主要与膳食脂肪和/或游离脂肪酸（FFA）摄入量的增加有关，其中FFA来源于脂肪组织中脂肪的分解，肝脏内约三分之二的脂质积累由FFA引起。此外，FFA的氧化降低，肝脏极低密度脂蛋白（VLDL）降低，甘油三酯分泌和肝脏脂肪合成增加都会导致脂肪变性。

**2. 氧化应激与非酒精性脂肪性肝病**

氧化应激主要表现为活性氧和抗氧化分子的失衡，氧化应激受活性氧刺激可以产生氧化损伤导致慢性疾病。活性氧有很强的反应性，它可能与细胞膜、蛋白质和核酸结合破坏其结构。

氧化应激可能由肝脏中FFA的超载引起，FFA超载诱导线粒体发生β-氧化，如细胞色素的氧化或微粒体酶P4502E1（CYP2E1）的氧化。研究显示，在啮齿动物中发生肥胖和非酒精性脂肪肝疾病时，CYP450活性均增加。线粒体脂肪酸氧化增加和CYP2E1活性的增强，提高了NADPH氧化酶的活性，导致了活性氧自由基的产生以及内源性和外源性过氧化氢的氧化还原循环底物的增加。

活性氧过量可引起细胞损伤，诱导脂质过氧化，线粒体功能障碍，从而导致肝细胞损伤。在氧化应激状态下，非酒精性脂肪肝中超氧化物歧化酶，谷胱甘肽（GSH）过氧化物酶和过氧化氢酶的活性增加。

活性氧的产生也会通过线粒体β-氧化作用间接导致肝毒性作用。过氧化物酶增殖物激活受体（PPAR）可调节脂肪酸代谢与储存。FFA诱导PPAR-α上调、肉碱棕榈酰转移酶-1（CPT-1）表达增加和线粒体内的β-氧化，同时调节脂肪酸的摄取和清除。PPAR-α基因敲除模型已证实PPAR-α与脂肪变性有关，暗示PPAR-α可能与非酒精性脂肪性肝病有关。此外，PPAR-α参与胰岛素功能和甘油三酯的存储。已发现在非酒精性脂肪肝小鼠肝脏中PPAR-α的水平提高。

肿瘤坏死因子（TNF-α）和IL-6是两个重要的促炎性细胞因子，可由损伤的肝细胞、免疫细胞、活性枯否细胞诱导产生，并在炎症中起重要作用。TNF-α和IL-6在非酒精性脂肪肝炎中水平增加，严重程度与炎症、纤维化及在肝脏组织学变化相关。TNF 表达增加可激活 c-Jun 氨基末端激酶（JNK）信号通路导致肝细胞凋亡。

如上所述，非酒精性脂肪肝的特点包括，脂肪变性与炎症，肝细胞气球变性或无纤维化。导致非酒精性脂肪肝主要原因是炎症和纤维化的存在。肝星状细胞综合多种生长因子和细胞外基质，如胶原材料，这些增殖细胞和胶原蛋白的合成被细胞因子诱导，如 TGF-β 由 Kupffer 细胞诱导，促使氧化应激，导致肝纤维化发生。

**3. 基因因素对非酒精性脂肪肝的影响**

NAFLD 在肥胖个体中发病率高，它与代谢的变化有关，如全身性胰岛素抵抗。在易感个体中，肝脏脂肪变性可能会导致肝脏氧化损伤、炎症以及肝纤维化，即非酒精性脂肪性肝炎（NASH）。这种情况有可能发展为肝硬化和肝细胞癌。在过去的几年里，利用全基因组进行遗传性肝脂肪变性的相关研究较少。这些研究已经确定含 patatin 样磷脂酶域 3（PNPLA3）基因变异，参与了肝细胞脂滴重塑和极低密度脂蛋白（VLDL）的分泌，它是个体和种族肝脂肪含量差异的重要决定因素。跨膜 6 超家族成员 2（TM6SF2）E167K 基因变异，可干扰 VLDL 的分泌，突变发生在非酒精性脂肪肝早期，最近研究表明，TM6SF2 的 E167K 基因变异能增加 NASH 易感性。此外，还有研究证明了存在其他遗传变异对炎症、胰岛素信号、氧化应激、铁代谢和肝纤维化产生影响。

NAFLD 病理生理学主要特征为在没有酒精摄入的情况下，以甘油三酯形式存在的肝脏脂肪超过肝脏重量的 5%。NAFLD 可能发展为更严重的肝炎，特征表现为严重的脂肪变性、肝小叶炎症、肝细胞损伤与凋亡、肝纤维化的激活。NAFLD 的最终结果将发展为危及生命的情况，即肝硬化和肝癌。肝脏中甘油三酯的吸收、合成、利用和分泌的不平衡导致了脂肪积累，甘油三酯是肝脏中游离脂肪酸最安全的储存方式。有研究表明，在肝细胞中甘油三酯的过剩是由以下原因导致的：一是脂肪组织胰岛素抵抗导致的外周脂解作用增加，二是高胰岛素血症导致的肝脏脂肪合成增加，三是食物摄入过多。事实上，NAFLD 的主要决定因素是全身性胰岛素抵抗。脂肪肝发生后可能导致更加严重的肝胰岛素抵抗，引发代谢紊乱和心血管损害。VLDL 减少了肝细胞甘油三酯的分泌，在甘油三酯的利用上，由于线粒体损伤也导致了肝脏脂肪的堆积。

NASH 的发生一直被认为是多重"二次打击"的发生，从而导致在肝脂肪变性的情况下，激活炎症反应。"二次打击"与多种诱因有关：①肝毒性作用；②肝细胞氧化应激导致自由基的产生，从而影响游离脂肪的β-氧化和ω-氧化过程；③由于肠毒素渗透的增加，肝细胞和枯否氏细胞Toll样受体4引发的炎症；④肠道微生物数量和菌群的变化；⑤肝星状细胞细胞因子的释放；⑥内质网应激。所有这些条件最终将导致炎症、细胞损伤、肝脏纤维化的激活。

## 二、非酒精性脂肪肝的代谢通路研究

非酒精性脂肪性肝病（nonalcoholic fatty liver disease，NAFLD）是一种以肝脏内脂质过多累积为主要特征的肝脏病理综合征，其通常由除酒精外的多种因素所导致，所涉及的病理变化从单纯的肝脏脂肪变性到非酒精性脂肪性肝炎、肝硬化等其他严重的肝脏疾病。NAFLD的发病机制还不是十分清楚，而大多数临床病例也表现为与多种原因有关。在NAFLD发病机制研究的初期，更容易被大家接受的理论是"二次打击"学说，该学说认为：NAFLD发病过程中的第一次打击主要是胰岛素抵抗（IR），此过程会使胰岛素对脂肪的调控能力下降，抑制了脂肪酸氧化，从而造成甘油三酯（TG）等脂质成分在肝脏内的过度累积；第二次打击主要来自肝脏的氧化应激和肝脏内脂质过氧化，此过程中由于过量活性氧（ROS）的产生破坏了肝脏细胞中部分细胞器，从而加重了肝脏内脂类物质的蓄积，严重时可进一步引起肝细胞坏死、凋亡等病变。而随着众多学者对NAFLD发病机制的进一步研究，"多重打击"学说开始被大家所了解。"多重打击"学说对NAFLD的发病机制提供了更为准确的解释。该学说认为：IR通过一系列途径促进了肝脏脂肪从头合成（DNL），导致脂质沉积的同时也会引起脂肪组织功能障碍，从而导致过多的炎性细胞因子的产生和分泌。同时，TG在肝脏中的过多累积进一步伴发脂毒性，造成了线粒体功能障碍，随后产生过量ROS并激活内质网应激（ERs）相关机制。此外，该学说也认为，肠道菌群的改变导致肠中脂肪酸的进一步产生，小肠通透性增加，从而增加了脂肪酸的吸收并提高了肠道内相关分子的循环，这些分子有助于炎症反应的激活，从而加快肿瘤坏死因子α（TNF-α）和白细胞介素6（IL-6）等促炎细胞因子的释放。该学说还认为，遗传等多种因素都是NAFLD发病过程中的关键部分。总之，炎症反应、脂代谢障碍以及氧化应激等多种因素在NAFLD发病过程中发挥重要作用。

**1. SREBP-1c脂代谢途径与非酒精性脂肪肝的关系**

NAFLD发生过程中肝脏内脂肪主要以TG的形式累积。在机体内，

TG 主要是由甘油和游离脂肪酸（FFA）的酯化产生。TG 的这种累积不仅伴随着 FFA、游离胆固醇水平的升高，还伴随有一些其他具有脂毒性的脂质代谢物增加，随后，线粒体功能障碍、ERs 等一系列相关的机制被激活。ERs 又可以通过激活转录因子如甾醇调节元件结合蛋白-1（SREBP-1）来增加肝脏 DNL，从而导致脂质沉积-ERs-严重脂质沉积的恶性循环。在肝脏中，三种 SREBP 调节脂质的生成，分别命名为 SREBP-1a，SREBP-1c 和 SREBP-2。SREBP 在维持肝细胞正常生理活动中起着至关重要的作用，可以参与胆固醇合成、脂肪生成等多种脂代谢途径。三种 SREBP 在肝脏中分别发挥不同作用：SREBP-2 主要参与细胞胆固醇稳态调节；SREBP-1c 主要调节 DNL 的活化并受胰岛素等多种因素的调控，而 SREBP-1c 的失调与肝脏内脂肪沉积关系密切。SREBP-1c 是一种由肝脏所分泌的重要转录因子，主要用于调控脂肪酸的合成。SREBP-1c 能够直接或间接调控 30 多种与脂代谢相关基因的表达，涉及脂肪酸摄入、脂质氧化、DNL 以及极低密度脂蛋白（VLDL）的组装和分泌。有研究表明，活化的 SREBP-1c 能够进入细胞核，通过激活脂合成转录因子乙酰辅酶 A 羧化酶 1（ACC1）、脂肪酸合酶（FAS）使得肝细胞 DNL 增加，从而增加肝脏脂质沉积。也有学者通过小鼠体内实验证实，升高的 SREBP-1c 增加了相关脂肪基因的表达，从而增强了脂肪酸的合成并加速了 TG 在肝脏中的积累。此外，过表达 SREBP-1c 会导致 DNL 增加、VLDL 分泌减少、肝细胞 TG 沉积增加，这说明 SREBP-1c 与脂肪肝的发生有密切的关系。总之，SREBP-1c 脂代谢通路似乎在调节与 NAFLD 相关的肝脏脂肪代谢中起着至关重要的作用，可以作为 NAFLD 防治药物研发中一个重要的作用靶点。

2. NF-κB 炎症反应途径与非酒精性脂肪肝的关系

有研究表明，"脂质毒性"是导致 NAFLD 发病过程中肝细胞功能障碍的主要机制之一。但实际上动物肝脏内 TG 的积累本身并不具有肝毒性，TG 的累积只是由于 VLDL 对其的转运被抑制，因此在 NAFLD 的进程中会存在只有 TG 积聚而无肝损伤的阶段。有学者研究表明，肝细胞 TG 生成增加或脂质输出减少本身并不会导致肝脏炎症加重。这表明 TG 本身不是 NAFLD 肝细胞损伤的原因，TG 在肝脏中的累积与毒性代谢物的产生同时发生，这些毒性代谢物才是疾病进展的主要原因。有学者推测，脂毒性的产生可能是由于外源性 FFA 大量进入肝脏细胞所导致的，FFA 在肝脏内大量的沉积最终产生了有毒的脂质代谢物，如神经酰胺、二酰甘油等。FFA 水平升高以及随之而来的脂毒性也会加快肝脏中促炎细胞因子的生成。JNK-

AP-1 和 IKK-NF-κB 是机体内两条重要的炎症反应通路，与 NAFLD 过程中肝脏慢性炎症的发展密切相关。核因子 κB（NF-κB）是炎症激活的主要调节因子，其 IKKα 亚基是急性炎症反应期激活所需的主要成分。有学者研究发现，在 NAFLD 动物模型中表现出长期 NF-κB 通路的激活。同时，肝脏中 IKK 基因的过表达和 NF-κB 的长期活化都会引起肝脏的炎性反应并加重肝脏 IR 状态。IR 是导致 NAFLD 加重的"多重打击"之一，对于肝脏脂毒性的产生、氧化应激和炎症级联激活反应至关重要。IR 可加快肝脏 DNL，并造成脂肪组织中更多的 FFA 向肝脏组织内的转移。发生 IR 的脂肪组织也会通过脂肪分解产生过量的 FFA，从而形成脂毒性代谢物累积、脂肪变性和 IR 的恶性循环。外周脂肪组织在促进炎症和 IR 方面发挥着关键作用，其途径是在外源性 FFA 过多的环境中增加促炎性细胞因子如 TNF-α 和 IL-6 的产生。脂肪组织中炎症反应信号通路的激活通过炎性细胞因子 IL-6 进一步促进了高胰岛素血症、肝脏 IR 和脂肪变性的发生。动物模型研究显示肝脏所产生的细胞因子（如 TNF-α、IL-6 等）在肝脏从脂肪变性到脂肪性肝炎的过程中起到关键作用，证明肝脏中炎症因子水平的增加可以导致 NAFLD 发病过程中常见的病理组织学变化，如肝细胞坏死和细胞凋亡等。综上所述，在 NAFLD 发病过程中，由 IKK/NF-κB 介导的炎性反应通路发挥重要作用，是 NAFLD 防治药物研发过程中的一个关键部分。

**3. 氧化应激与非酒精性脂肪肝的关系**

肝脏氧化应激的发生是 NAFLD 发展过程中的一个关键环节。研究表明，在 NAFLD 发病过程中，患者肝脏中的 ROS 和脂质过氧化产物增多，而超氧化物歧化酶（SOD），过氧化氢酶（CAT）等抗氧化酶活性降低。在 NAFLD 的发病过程中，肝细胞中脂质的积累会诱导脂肪酸的 β-氧化，从而促进线粒体产生 ROS，导致线粒体膜蛋白的氧化损伤，最终损害线粒体的功能。有研究表明，线粒体功能障碍与 IR 的发生、TNF-α 的生成密切相关。同时，ROS 能够与氧化的 LDL 颗粒一起激活 Kupffer 和肝星状细胞，进一步导致肝脏炎症和纤维化。研究表明，只有正确折叠的蛋白质才能从 ER 转运到高尔基体。而 ER 功能障碍会导致所谓的"未折叠蛋白反应（UPR）"被激活。在 NAFLD 发生过程中，引起 UPR 的因素包括粒体损伤、高脂血症在内的多种。UPR 的发生能够诱导肝脏炎性反应。UPR 的另一个结果是 SREBP-1c 通路的激活，造成肝脏脂肪蓄积的加重，从而又进一步加重了 ERs 和 UPR。在哺乳动物中，三种 ER 跨膜蛋白对 ERs 敏感并激活 UPR：蛋白激酶 R 样内质网激酶（PERK），激活转录因子 6（ATF6）和肌醇信号蛋白 1（IRE1）。在生理状态下，由于与分子伴侣 BiP/GRP78 的结合，上述蛋白质均不能发挥作用，在 ERs 作用下，上述跨膜蛋白与 BiP/GRP78 解离并发挥活性。三种蛋白被激活后，PERK 可通过促进 NRF 2-KEAP 1 复合结构的解离来诱导氧化应激反应；ATF6 易位到高尔基体发挥作用；IRE1 对来自 X 结合蛋白 1（XBP-1）mRNA 的内含子进行处理并对 JNK 途径进行调控，促进氧化应激及细胞凋亡。C/EBP 同源蛋白（CHOP）是一种促凋亡的转录因子，由三种 UPR 信号通路共同调控，CHOP 的激活促进了细胞死亡并进一步导致组织损伤。有研究表明，在肝脏细胞中，PERK 激活后可通过对 CHOP 的调控引起 ERs 并诱导细胞凋亡。此外，在小鼠模型中显示，CHOP 能够通过促进炎症反应进一步导致肝脏纤维化、细胞死亡等肝脏病理变化。总之，氧化应激反应及 ERs 是 NAFLD 发病过程中关键步骤之一，某种药物能够对氧化应激及 ERs 进行调控，就能够对 NAFLD 过程中的氧化应激反应进行有效的防治。

综上所述，在 NAFLD 发病机制的研究中，"多重打击"学说开始被大家所接受。该学说认为在 NAFLD 的发病过程由胰岛素抵抗、营养因素等多重因素共同调节。如图 2-1 所示，脂代谢、炎症反应及 ERs 三种代谢途径共同在 NAFLD 发病过程中起着关键作用。三种代谢途径中的关键蛋白也似乎能够作为 NAFLD 防治药物研发中重要的作用靶点。

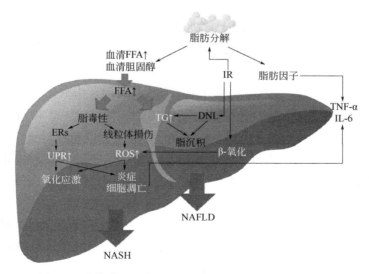

图 2-1　脂代谢、炎症反应及氧化应激与 NAFLD 的关系
（参考 E. Buzzetti 文献综述）

# 第二节
# 基因表达调控在非酒精性脂肪肝中的作用

## 一、NRF2在非酒精性脂肪肝中的作用

### 1. 肝脂质代谢

肝脏在脂类的代谢过程中起着关键作用，包括脂肪酸（FA）的合成与降解/氧化，胆固醇和磷脂的代谢。肝细胞将多余的葡萄糖转化成FAS（脂肪），它可以以脂滴形式存储为甘油三酯（TG），或用于磷脂的生成。脂肪生成是胰岛素依赖型过程，其前体物包括乙酰辅酶a。正常情况下，TG与胆固醇和磷脂组装成VLDL颗粒，可在其他组织中分泌，以脂滴的形式储存进入血液，从而防止TG在肝细胞胞浆积累。另一方面，当可用葡萄糖不能满足能源需求时，肝细胞通过溶酶体降解途径分解储存在脂肪滴中的TG和胆固醇。FFA的脂肪分解供应TG的降解，此过程需要维持线粒体氧化ATP的产生率。FFA的脂肪分解也发生在过氧化物酶体（β-氧化）和内质网（ER）（ω-氧化）内。

当脂肪酸的摄入超过β-氧化的能力时，累积的酰基-CoA是由TG合成代谢，这一过程导致脂肪在超生理条件下积累在肝细胞，它是区分酒精和非酒精性脂肪肝病的标志。肝脂肪变性增加了FFA的氧化和三羧酸循环的转运速率。FFA β-氧化的增加，导致从线粒体呼吸链中电子泄漏的增加，从而在过氧化物酶体内产生更高的自由基结构，并增加了过氧化氢的含量。在高脂条件下（HFD），线粒体内醌含量的降低和线粒体内氧化代谢能力的下降，标志着活性氧的生成。细胞色素酶P450 2E1和P450 4A的活化有助于微粒体的氧化作用。脂肪生成过程中，第一产物游离饱和脂肪酸的生成，进入到磷脂膜，可损伤内质网，导致钙离子释放，这一过程可能导致邻近的线粒体的损伤，同时诱导细胞凋亡。

### 2. 肝脏中NRF2的活化

肝脏具有较高的代谢活性，它主要负责生物转化和外源性化学物质的解毒作用。肝脏这些属性增加了活性氧和亲电试剂暴露于该器官的风险性，同时，NAFLD的发病机制及其他慢性肝脏疾病中也与该属性相关。在肝细胞中，活性氧的主要生产部位是线粒体和细胞色素P450系统。亲电试剂主要是由不饱和脂肪酸的氧化和硝化产生的，从而产生一系列的反应产物，包

括，不饱和醛，如 4-4 羟基壬烯醛（4-HNE）。肝细胞内装配了许多防御系统，它们能够保护内源性和外源性氧化剂和亲电试剂对肝脏的毒性作用，防御系统包括：①Ⅰ相酶，它们的功能主要是提供疏水性有机分子，如细胞色素 P450 酶；②Ⅱ相酶，如谷胱甘肽 S-转移酶和 UDP-葡萄糖醛酸转移酶，它们的亲水基团能与Ⅰ相酶的产物相结合，以方便它们的排出，Ⅱ相酶还包括抗氧化物酶，如超氧化物歧化酶，谷胱甘肽过氧化物酶和过氧化氢酶，它们可以使活性氧失活；③Ⅲ相外排转运蛋白，它们协同Ⅱ相酶排除出毒性代谢物，抵抗亲电试剂和致癌物对肝脏的损伤；④硫醇，如谷胱甘肽和硫氧化蛋白巯基，它们的功能主要是维持细胞内的还原条件和灭活细胞内亲电化合物。重要的是，在这些细胞保护酶的启动子区域，它们的编码都含有抗氧化反应元件（ARE）基因。ARE 基因的起始端为 5′(G/A)TGA(G/C)nnncg(G/A)3′，随后扩展为 5′TMAnnRTGAYnnnGCRwwww3′，M＝A 或 C，R＝A 或 G，Y＝C 或 T，W＝A 或 T，和 S＝G 或 C。

  ARE 基因是一个顺式作用的增强子序列，介导并激活转录基因，介导细胞内的氧化还原状态的变化，如在自由基增加时，和发生巯基反应和氧化攻击时，对产生的苯甲酸钠的化合物介导的反应。核转录因子相关因子 2（NRF2 NFE2L2）是一个基本的亮氨酸拉链，主要调控诱导的转录因子的表达，包含编码抗氧化酶的基因、亲电试剂结合酶、泛素/蛋白酶、热休克蛋白和分子伴侣，介导活性氧存在时细胞发生的氧化应激。正常条件下，NRF2 主要定位于细胞质中通过 Kelch ECH 缔合蛋白 1（KEAP1）与肌动蛋白细胞骨架相互作用。尽管 Nrf2 mRNA 是组成性表达型，但 KEAP1 可调控 NRF2 的多聚泛素化和降解，导致蛋白半衰期缩短。KEAP1 对 NRF2 的结合和调节被解释为"铰链和锁模型"。

  当细胞暴露在亲电试剂或氧化应激状态下时，KEAP1 成为氧化的半胱氨酸残基。结果，NRF2 逃脱 KEAP1 的控制并进入细胞核内，与小肌肉腱膜纤维肉瘤（MAF）蛋白形成二聚体，促进 ARE 基因的表达。近年来研究表明，NRF2 的活化并不完全通过 KEAP1 蛋白酶降解介导控制。除了 KEAP1 蛋白，NRF2 蛋白的稳定性还受到另一种 E3 泛素连接酶和 β-转导蛋白（β-TRCP）的调控。NRF2 的降解不依赖于 KEAP1 蛋白，主要是由糖原合成酶激酶 3（GSK-3）激活完成，它能够磷酸化特定的丝氨酸残基，在 NRF2 蛋白的 Neh6 区域，与 β-TRCP 一起识别氨基酸序列。另外，NRF2 的活化可能是 NRF2 磷酸化的结果，丝裂原活化蛋白激酶、磷脂酰肌醇 3 激酶、蛋白激酶 C、蛋白激酶类核糖核酸内质网激酶可以使 NRF2 磷酸化。

除了对蛋白质稳定性的调控，NRF2 活化也受转录水平的调控。通过与芳香烃受体（AhR）和芳香烃受体核外源性反应元件，如 *Nrf2* 基因启动子序列，形成的异源二聚体的结合，多环芳香族碳氢化合物可激活 NRF2 的转录。在某些肿瘤细胞中，*Nrf2* 转录的激活是通过 KRAS 致癌耐药基因调控。此外，NRF2 的活化似乎是通过表观遗传机制和 miRNA 调控。

### 3. NRF2 对肝脏的保护作用

KEAP1-NRF2-ARE 通路在氧化应激的情况被激活，调节并诱导蛋白表达，这些蛋白在细胞质、线粒体和内质网中参与解毒反应。总体而言，这一转录反应保护了细胞免受一系列的亲电试剂的进攻并有利于细胞适应和生存。细胞存活率通过 UPR 介导，恢复 ER 平衡，并通过自噬溶酶体途径，促进蛋白质和功能性细胞器的降解。有越来越多的证据表明，肝脂肪变性和内质网应激是相互联系的，因为许多酶的合成途径位于内质网，包括脂肪酸延伸，胆固醇生物合成，复杂脂质的生物合成和 VLDL 颗粒的合成。事实上，UPR 的抑制诱导了 ER 应激，结果导致脂肪变性的发生。在 UPR 情况下，PERK 依赖磷酸化也可能导致 NRF2 核转移，增加 NRF2 的靶基因的转录。在自噬过程中，NRF2 也被激活，P62 通过与选择性自噬底物的相互作用，结合在 KEAP1 的 NRF2 位点。P62 的积累（在自噬缺陷情况下）保持 NRF2 的稳定，使 NRF2 的靶基因的转录激活。研究表明，NAD(P)H 脱氢酶和醌 1 稳态高表达，和 NRF2 活化对 P62 持续诱导，需要保持线粒体完整性。其他研究报告表明，*Nrf2* 的缺失将导致线粒体去极化，ATP 生产减少，降低氧气的消耗（线粒体呼吸）速度，以及减少线粒体脂肪酸氧化有效利用。有研究表明，与野生型小鼠相比，在肝脏中，$Nrf2^{-/-}$ 小鼠更易受到氧化/电应激的化学诱导。NRF2 对（TCDD）2,3,7,8-四氯二苯并二噁英诱导的氧化损伤和脂肪性肝炎具有保护作用，对四氯化碳引起的慢性肝纤维化与肝毒性也有保护作用。*Nrf2* 缺失肝细胞也更容易受到铁过多积累的毒性作用。

### 4. NRF2 对肝脏再生和衰老的影响

在肝再生过程中，肝细胞积累大量脂质内脂滴，主要由甘油三酯和胆固醇酯构成。有越来越多的证据表明，组织修复时需要 *Nrf2*。*Nrf2* 缺失小鼠，细胞的再生降低，这与氧化应激的增加和胰岛素/胰岛素样生长因子-1 信号降低相一致，同时，减少了编码肝细胞基因和肝再生因子的表达。然而肝切除术后以及肝脏受到化学损伤后，肝脏的再生能力下降。衰老与肝脏中脂质的积累增加有关，这可能最终导致脂毒性。已有研究报告显示，衰老可增加代谢综合征的患病率和 NAFLD 的发病率，促进 NASH 和肝纤维化的发生。NRF2 在肝衰老过程中具有重要的作用。随着肝脏的衰老，谷胱甘肽（GSH）的水平降低，谷氨酸半胱氨酸连接酶和谷胱甘肽合成酶表达和活性降低。这同时伴随着，NRF2 蛋白水平的降低与 NRF2/ARE 结合降低，蛋白质标记和脂质氧化的增加。相反，在 $Nrf2$ 缺失鼠衰老的肝脏中，显示自由基还原活性和谷胱甘肽合成较低。目前尚不清楚衰老的生物体逐渐失去激活 NRF2 能力的原因，但是 NRF2 信号的降低可能有助于衰老肝脏的氧化应激。肝脏的衰老是否加快了从 NAFLD 到 NASH 或肝脏纤维化的进程还需要进一步研究。

### 5. NRF2 对肝脏脂质代谢的影响

NRF2 除了参与抗氧化和解毒基因的激活，亲电或氧化应激反应，有越来越多的证据表明，NRF2 还参与肝脂肪酸新陈代谢。Yates 等通过基因芯片的研究表明，遗传或药物活化 NRF2 抑制了有关脂肪酸合成关键酶的表达，同时减少肝脂质水平。通过对 $Nrf2$ 基因缺失和野生型小鼠分析肝脏蛋白质表达的研究，确定了两组 NRF2 调控蛋白质：一组为 II 相药物代谢酶和抗氧化应激蛋白，在野生型小鼠中表达高于 $Nrf2$ 基因缺失小鼠；另一组相对应的蛋白质包括脂肪酸和其他脂类的合成与代谢蛋白，非细胞防御中的蛋白质，这些蛋白质在 $Nrf2$ 基因缺失小鼠中表达较高。值得注意的是，这两项研究都是针对年轻小鼠（9～10 周龄）进行的。另一项研究显示，8 周龄的小鼠，标准日粮，固醇调节元件结合蛋白-$1c$ mRNA 和脂肪酸合酶在 $Nrf2$ 基因缺失型中表达高于野生型。然而，研究采用成年 C57BL/6，同一遗传背景的小鼠（12～25 周），在标准日粮组，NRF2 对脂肪酸代谢影响不大。有研究报道，在 HFD 小鼠肝脏中，NRF2 负责调节脂肪生成。进一步研究表明，应用成年小鼠（约 6 个月龄）为研究对象，或是没有检测到 NRF2 对基因的效果，或是已经确定 NRF2 为某些基因的活化剂。这些基因参与脂质的合成和吸收（例如，固醇调节元件结合蛋白，脂肪酸合成酶，硬脂酰辅酶 A 去饱和酶，过氧化物酶体增殖物激活受体），通过 SHP／NROB2 基因的转录下调脂肪酸氧化的基因（例如，过氧化物酶体增殖物激活受体）。

总之，NRF2 可以通过抑制脂肪合成、促进脂肪细胞酸氧化保护肝脏免受脂肪变性。NRF2 对小鼠肝脏脂质处理的作用，很大程度上依赖于动物的年龄，而小鼠遗传背景或性别的因素似乎并没有多大影响。有研究报道称，成年 $Ldlr^{-/-}$ 小鼠，模拟了人类 NASH 和动脉粥样硬化模型，当给予高脂饲料时，肝细胞损害更为严重；与幼龄小鼠相比较，$Ldlr^{-/-}$小鼠给予高脂饲料时，抗氧化基因的表达降低，这与 NRF2 的表达下降直接相关。此外，这些成年小鼠表现出更严重的肝脂肪变性，以及炎症和纤维化，而幼年小鼠只表现出单纯性脂肪肝。

### 6. NRF2 对非酒精性脂肪肝的影响

到目前为止，以啮齿动物为模型的研究已显示 $Nrf2$ 缺失是引起脂肪性肝炎和纤维化的重要因素。在这些研究中，应用 $Nrf2$ 基因缺失动物，同时饲喂蛋氨酸和胆碱缺乏（MCD）饲料或高脂肪和高胆固醇饲料，动物表现出许多 NASH 特征。这些研究表明，在限制 NASH 的进展中，NRF2 起到一个关键的作用，这可以归因于抗氧化应激反应基因的激活，以及肝细胞对脂肪酸代谢的调节。在预防或有效治疗 NAFLD /NASH 的评估中，NRF2 的活性评估非常重要。

各种硫醇反应，亲电化合物可以从食物或植物中分离，通过抑制 KEAP1 降解介导，能够激活 NRF2/ARE 依赖基因的表达。NRF2 诱导化合物可分为不同类别：①酚醛抗氧化剂（咖啡酸，表没食子儿茶素没食子酸酯，和丁基羟基茴香醚）；②dithiolethiones（奥替普拉，3 氢-1,2-二硫醇-3-硫酮）；③异硫氰酸酯（莱菔硫烷）；④三萜类化合物（齐墩果酸）。合成的三萜化合物 2-氰基-3,12-dioxooleana（二噁英）-1,9(11-二亚乙基三胺-28-甲酸（CDDO）及其衍生物 1-[ 2-氰基-3,12-dioxooleana-1,9(11-二亚乙基三胺-28 薇]咪唑（CDDO-Im）也能有效地诱导 NRF2/ARE 信号。研究表明体内的化学预防和/或神经保护特性奥替普拉、莱菔硫烷和 CDDO-Im，有潜在治疗作用，可活化 NRF2 分子。此外近年来已合成新的 NRF2 的活性剂，一些已进入临床试验阶段，包括 protandim（普罗坦迪姆）、富马酸二甲酯（BG-12）和 CDDO-Me（巴多索隆-甲基）。Protandim（lifevantage）是一种膳食补充剂，由五个低剂量的自然 NRF2 活化剂组成，通过激活 NRF2 的多激酶途径激活。BG-12/Tecfidera，含有富马酸二甲酯剂（Biogen Idec），最近已批准用于治疗多发性硬化症。虽然没有任何临床试验，特别是 NRF2 活化对肝脏疾病的影响，但一些研究调查了 NRF2 激活剂对 NASH 和 NAFLD 动物模型的影响。口服的 CDDO-IM，是目前已知小鼠肝脏中的最有效的 NRF2 激活剂，可防止野生型小鼠由高脂饲料诱导的肥胖和肝脏脂质堆积，但对 $Nrf2$ 缺失小鼠效果不明显。同样地，口服 CDDO 能够降低肝脂质沉积，降低脂肪合成基因的表达，降低炎症小鼠细胞因子的表达并改善由于饲喂高脂日粮引起的 2 型糖尿病。莱菔硫烷[(—)-1-isothiocyanato-

(4R)-methylsulfinylbutane]为天然酯，可从十字花科蔬菜获得，是强的NRF2诱导物，通抑制KEAP1介导NRF2的降解，激活ARE转录。莱菔硫烷增加大鼠肝脏线粒体抗氧化防御能力和保护苯甲酸钠从线粒体透性转换孔的氧化诱导。

Oh等研究发现，莱菔硫烷抑制了α-平滑肌肌动蛋白的转化生长因子-β的诱导表达，降低了因胆管结扎引起小鼠肝纤维化的风险，同时抑制人肝星状细胞系中纤维蛋白酶原基因。Okada等人的研究表明，长期饲喂莱菔硫烷能够抑制MCD小鼠氧化应激诱导的炎症和肝纤维化。近日，shimozono等人使用两种化学性质不同的NRF2活化剂，即奥替普拉和二芳基脲化合物，结果显示，两种药物对胆碱缺乏氨基酸饲喂诱导大鼠肝纤维化有明显的降低作用。在由肥胖胰岛素抵抗或血脂异常引起的NASH动物中使用NRF2。

## 二、CYP2A5及其在非酒精性脂肪肝中的作用

CYP2A5是鼠类肝脏内一种重要的外源性化合物代谢酶，是CYP450家族中一个重要的成员，也是CYP2A亚家族中外源化合物诱导机制研究最为广泛的蛋白质之一，该酶与人类的CYP2A6同源。其活性受到众多因素的影响，在疾病的发生发展中起着重要作用，不仅代谢一部分药物和前致癌物，如亚硝胺类和黄曲霉素类化合物；还是尼古丁的重要代谢酶，并且参与胆红素的降解。它的表达受到生理状况如昼夜节律，病理状况如炎症、细菌感染以及肿瘤形成的影响。由于CYP2A5酶是小鼠肝脏中香豆素-7-羟基化反应的主要催化剂，因此可用香豆素作为底物检测CYP2A5的活性，且底物具有专一性。CYP2A5可以被许多结构不相关的复合物或一些化学药品所诱导，在许多病理生理条件下该酶是增量表达的而其他的P450亚型却是被抑制的，该酶的调节机制在整个CYP450家族中的复杂性和独特性而使其备受广大研究者的关注。

### 1. CYP2A5的诱导因素

不同结构的化学毒物如四氯化碳和氯仿；重金属如钴、锡和镉；药物如灰黄霉素和苯巴比妥以及肝毒剂吡唑均可诱导CYP2A5增量表达。由于这些诱导物的结构多样性，有研究者推测对CYP2A5的诱导不是与诱导物的结构直接相关，而是一种间接地与肝损伤相关的发病机制所导致的特殊细胞反应。之后的研究表明，吡唑诱导CYP2A5增量表达是由于内质网的损伤、功能障碍和吡唑诱导的氧化应激而间接导致的。

由此推测，一定的因子打乱了细胞的氧化还原状态，某个因素或许会通过应激相关的转录因子如核因子 NRF2 而导致 $Cyp2a5$ 的表达。研究者们从不同的方面证明了这种推测：①吡唑诱导的 $Cyp2a5$ 过度表达与细胞内的氧化还原平衡的改变有关；②小鼠用吡唑处理增加了肝脏内 NRF2；③镉作为一个因子改变了细胞内的氧化还原平衡，诱导了 $Nrf2^{+/+}$ 小鼠而不诱导 $Nrf2^{-/-}$ 小鼠的 $Cyp2a5$ 表达，同时在 $Cyp2a5$ 启动子起始位点上游大约 2.4 千碱基处找到了与 $Nrf2$ 的链接位点，镉激活了这一位点，使 $Nrf2$ 与 StRE 链接，上调了 $Cyp2a5$ 的表达。

此外，CYP2A5 不但可以被诱导，其本身也可成为诱导剂。溶血分解产物之一的胆红素（BR）是一种抗氧化剂，它是 CYP2A5 的一个强抑制剂和高亲和性底物。BR 浓度较高时具有细胞毒性，但当它在细胞内的浓度可控时则可对抗氧自由基从而保护细胞。有研究者对调节细胞 BR 水平的机制提供了一个假说，即 CYP2A5 是肝脏 BR 的"氧化酶"。通过高液相色谱/电喷雾电离质谱筛选技术，他们证明重组体酵母菌微粒体中 CYP2A5 氧化 BR 为胆绿素作为其主要代谢产物，同时还有一些小产物 m/z（质荷比）值分别为 301、315 和 333；而在化学氧化中，那些小产物则是主要产物。这表明，酶促反应将胆绿素作为产物是有选择性的。用 BR 处理原代肝细胞增加了 CYP2A5 蛋白的活性水平，但相应的 mRNA 水平没有增加。用蛋白合成抑制剂环己酰亚胺（CHX）与 BR 共处理原代肝细胞与只用 CHX 处理相比，前者延长了 CYP2A5 蛋白的半衰期。以上研究结果表明，在氧化应激时产生了高水平的 BR，而 CYP2A5 可能是一个可诱导的"BR 氧化酶"，通过 CYP2A5 蛋白的稳定作用可加速 BR 本身的代谢，而这个代谢通路可能是氧化性应激时控制细胞内 BR 水平机制中重要的一部分。

### 2. Cyp2a5 的转录调节研究

不同结构的诱导物可分别通过转录和后转录两种机制诱导 $Cyp2a5$ 表达。Arpiainen 等研究了二噁英诱导 $Cyp2a5$ 表达的转录机制。研究表明，二噁英诱导的 $Cyp2a5$ 转录是由位于 $Cyp2a5$ 远端的启动子异生素反应元件（XER）连接于一个激活的芳（香）烃受体核转移蛋白（ARNT）而介导的。在此之后，有研究者对 $Cyp2a5$ 的转录机制进行了进一步的研究，他们将 $Cyp2a5$ 启动子-萤光素酶报道基因转染到小鼠原代肝细胞，通过染色质免疫沉淀法、电泳迁移位移实验等方法证明，在 $Cyp2a5$ 5′端旁侧区有两个区域能够激活转录，即近端启动子和一个更远的从 −3033 到 −2014 的远侧区。近端的启动子包括与 HNF-4 和 NF-1 相链接的位点，这些位点在

*Cyp2a5* 的结构调节和近端启动子的转录激活中具有重要的作用。远侧区则包含一个复发的 E-box 位点，它与 ARNT 或上游刺激因子（USFs）相链接从而激活转录活性，其中 USFs 只有在肝细胞核因子-4α 存在的条件下通过 E-box 激活 *Cyp2a5* 启动子，而 ARNT 的转录活性则不依赖于肝细胞核因子-4α。他们的研究成果让我们对 *Cyp2a5* 的转录机制有了更清晰的认识。

近年来，虽然对 *Cyp2a5* 转录机制的研究逐渐增多，然而对其后转录机制的研究则更为广泛。目前，*Cyp2a5* 的后转录机制已为我们所知，即通过异源核糖核蛋白 A1（hnRNP A1）链接到 3′-非翻译区（untranslatedregion, UTR）而使 mRNA 稳定，这种链接阻止了 RNA 降解酶对 *Cyp2a5* mRNA 的降解，延长其半衰期，从而导致了 *Cyp2a5* mRNA 表达量的上调。含氮的杂环肝毒素吡唑是 *Cyp2a5* 的经典诱导剂，其对 *Cyp2a5* 的诱导就主要通过后转录机制进行。

此外，有研究者通过用 *Cyp2a5* 的转录诱导剂（苯巴比妥和环 AMP）以及抑制剂（放线菌素 d）处理原代肝细胞，改变 *Cyp2a5* 的转录率，然后在后转录水平上分析 *Cyp2a5* 转录与后转录之间的联系。研究发现，*Cyp2a5* 转录的抑制导致了 hnRNP A1 由细胞核到细胞质的转移，这一转移不但加强了 hnRNP A1 与 *Cyp2a5* 的链接并且增强了 *Cyp2a5* mRNA 的稳定性。相反，*Cyp2a5* 转录的激活导致了核内 hnRNP A1 与 v 启动子的链接；hnRNP A1 的过表达导致了 *Cyp2a5* 启动子荧光素酶重组体的转录激活。以上的研究结果表明，*Cyp2a5* 表达的转录与后转录过程是相关的，而 hnRNP A1 在细胞核与质之间的穿梭运动则标记了这一转化过程。但是其穿梭的具体机制还需要进一步的研究。

### 3. 氧化应激与 CYP2A5

许多能诱导 CYP2A5 增量表达的化合物可以改变细胞的氧化还原状态。如镉、铟、钴和锡等重金属可以提高细胞氧化应激的标志物（NADH 或 NADPH）的浓度。氯仿和四氯化碳可以通过氧化应激来诱导肝细胞遗传毒性。可卡因可以降低细胞内谷胱甘肽水平，增加活性氧产量，提高超氧化物歧化酶水平并导致脂质过氧化。

抗氧化物能够阻碍化合物对 CYP2A5 的诱导。经维生素 E 或 N-乙酰半胱氨酸预处理的小鼠或者原代肝细胞能抑制吡唑对 CYP2A5 的诱导作用。

有研究表明，CYP2A5 的过表达被氧化应激标志物局部化在肝脏内，由于氧化应激产生的损伤，肝细胞内 CYP2A5 表达量增加，但是此时嗅黏膜细胞内的 CYP2A5 表达量无变化。诱导 CYP2A5 表达量增加后进行免疫组化分析，结果表明 CYP2A5 定位的细胞周围有高水平的 ROS。用氮蓝四唑灌注患有细菌性肝炎的肝脏，发现肝脏感染部位有大量的 ROS，同时 CYP2A5 表达量也有所增加。此外，氧化性 DNA 损伤的敏感指标 8-OHdG，在这类肝脏中表达水平也有所增加。

此外，如前面所提，近年来研究发现 CYP2A5 的表达与 NRF2 相关，而 NRF2 是一个对细胞氧化应激敏感的转录因子。这些氧化应激与 CYP2A5 的相关性表明氧化应激或许在调节 CYP2A5 的表达中有重要的作用。

### 4. NAFLD 与 CYP2A5

NAFLD 的疾病过程中存在肝脏脂质代谢紊乱，脂质代谢紊乱与 CYP2A5 上调有关。有研究者将小鼠用乙醇连续处理 4 周，检测到 $Cyp2a5$ mRNA 水平的显著增加。同时发现肝细胞有从轻度至中度的脂肪变性，同时甘油三酯和胆固醇水平有所升高，但没有炎症或纤维化的迹象。在 CYP2A5 表达量增加的同时，参与胆固醇合成、脂肪酸合成、脂肪酸酯化以及胆固醇运输的相关基因也增量表达。在敲除 CYP450 还原酶基因的脂肪肝模型小鼠肝脏内，CYP2A5 表达量增加 4 倍。许多脂质平衡的相关基因表达量也发生改变，如与胆固醇合成、脂肪酸吸收和脂肪沉积相关基因的上调表达，脂肪酸氧化的相关基因下调表达。此外，有多项研究发现，许多参与葡萄糖和脂质平衡调节的基因与调节 $Cyp2a5$ 的转录因子相关。

许多诱导 CYP2A5 表达的因素被证明可增加肝细胞的脂质蓄积，如氯化镉和苯巴比妥可通过增加脂质合成来增加脂质蓄积；钴、硫代乙酰胺、禁食以及肝炎是通过抑制 β-氧化、肝脂质运输增加脂质沉积；疟疾、四氯化碳或者 CPR 基因敲出的小鼠则是通过脂肪在脂肪组织的储存来增加脂质蓄积；上述机制综合作用也可引起脂质代谢紊乱。

吡唑是 CYP2A5 的经典诱导剂，经吡唑处理的小鼠肝细胞内影响脂质平衡的超微结构发生改变，这些改变包括线粒体肿大、滑面内质网（SER）增多以及粗面内质网减少。虽然 SER 的增加常与药物代谢的增强有关，但也在脂肪酸、磷脂以及类固醇的合成和代谢中发挥重要作用，影响脂质平衡。粗面内质网的破坏，可引起脂质产物增多和载脂蛋白减少，最终导致肝脏脂质的堆积。此外，线粒体肿胀可能是线粒体损伤的迹象，而线粒体损伤能影响脂肪酸氧化和脂质代谢，促进肝脏 NAFLD 的发生。

目前对 NAFLD 时 CYP2A5 表达的研究，主要集中在外源性因素引起的氧化应激和脂质代谢紊乱方面。由于诱发 NAFLD 的因素和发病程度各不相同，造成肝细胞损伤程度也不相同，导致了 CYP2A5 的表达存在不同程度的差异。NAFLD 时脂肪酸的聚集既是 NAFLD 的特征性表现，也是促进 NAFLD 发生、发展的重要因素。因此，探索各种游离脂肪酸对 CYP2A5 表达的影响，对于揭示 NAFLD 的发病机制和发展进程有重要的意义。

# 第三节
# Nrf2 缺失对非酒精性脂肪肝模型鼠的研究

## 一、Nrf2 基因缺失对 NAFLD 抗氧化能力和脂质过氧化的影响

### 1. 材料方法

（1）样品制备

肝脏匀浆：取 0.1g 肝组织加入 0.9mL 的 PBS（磷酸盐缓冲液）匀浆，3000g 离心 15min，取上清液。

（2）肝脏中 GSH（谷胱甘肽）检测

按表 2-1 配制各反应管溶液，混匀，静置 5min，420nm 处，1cm 光径，蒸馏水调零，比色测定各管 OD（光密度）值。

按以下公式计算 GSH 含量：

$$\text{GSH 含量} = \frac{\text{测定管 OD 值} - \text{空白管 OD 值}}{\text{标准管 OD 值} - \text{空白管 OD 值}} \times \text{标准品浓度} \times \text{GSH 分子量}$$

表 2-1　GSH 检测溶液配比

| 单位/mL | 空白管 | 标准管 | 测定管 |
| --- | --- | --- | --- |
| 试剂 1 | 1 | — | — |
| 20μmol/L GSH 标准品 | — | 1 | — |
| 上清液 | — | — | 1 |
| 试剂 2 | 1.25 | 1.25 | 1.25 |
| 试剂 3 | 0.25 | 0.25 | 0.25 |
| 试剂 4 | 0.05 | 0.05 | 0.05 |

(3) 肝脏中总 SOD（超氧化物歧化酶）活力的检测

参照表 2-2，将试剂加入石英比色皿中。

表 2-2 SOD 检测试剂配比

| 试剂 | 测定管 | 对照管 |
| --- | --- | --- |
| 试剂 1/mL | 1.0 | 1.0 |
| 样品/mL | 0.05 | — |
| 蒸馏水/mL | — | 0.05 |
| 试剂 2/mL | 0.1 | 0.1 |
| 试剂 3/mL | 0.1 | 0.1 |
| 试剂 4/mL | 0.1 | 0.1 |

参照以下公式，计算组织中 SOD 匀浆中活力：

$$组织匀浆中 SOD 活力(U/mg) = \frac{对照管吸光度 - 测定光吸光度}{对照管吸光度} \div 50\% \times \frac{反应液总体积}{取样量（mL）} \div 组织中蛋白含量（mg/mL）$$

(4) 肝脏中 MDA（丙二醛）的检测

参照 MDA 检测试剂盒说明书，采用酶标仪进行测定。

计算肝脏匀浆中 MDA 含量，公式如下：

$$MDA 含量(mg/mg) = \frac{测定管 OD 值 - 测定空白管 OD 值}{标准管 OD 值 - 标准空白管 OD 值} \times 标准品浓度 \div 样品蛋白浓度$$

(5) 肝脏中总 POD（过氧化物酶）活力的检测

参照 POD 检测试剂盒说明书进行测定。

2. 结果

高脂饲料诱导 8 周后，肝脏中的 GSH、SOD、POD 和 MDA 活性变化如表 2-3～表 2-6 和图 2-2～图 2-5 所示。

表 2-3 NAFLD 对野生型和基因缺失型小鼠肝脏中 GSH 活性的影响

| 基因 | 分组 | GSH/(mg/g) |
| --- | --- | --- |
| WT | 对照组 | 5.54±0.29 |
|  | 模型组 | 2.04±0.44** |
| KO | 对照组 | 3.18±0.19†† |
|  | 模型组 | 1.66±0.23** |

注：$\bar{x}$±SD，$n=3$（样本数量），†代表相同饲料不同基因型之间比较，*代表相同基因型不同饲料之间比较。* 表示 $P<0.05$，** 表示 $P<0.01$；† 表示 $P<0.05$，†† 表示 $P<0.01$，下同。

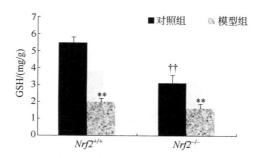

图 2-2　NAFLD 对野生型和基因缺失型小鼠肝脏中 GSH 活性的影响

表 2-4　NAFLD 对野生型和基因缺失型小鼠肝脏 SOD 活性的影响

| 基因 | 分组 | SOD/(U/mg) |
| --- | --- | --- |
| WT | 对照组 | 5.73±0.16 |
|  | 模型组 | 4.50±0.45* |
| KO | 对照组 | 6.46±0.19†† |
|  | 模型组 | 4.43±0.40** |

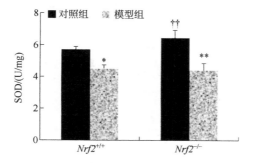

图 2-3　NAFLD 对野生型和基因缺失型小鼠肝脏中 SOD 活性的影响

表 2-5　NAFLD 对野生型和基因缺失型小鼠肝脏中 POD 活性的影响

| 基因 | 分组 | POD/(mg/g) |
| --- | --- | --- |
| WT | 对照组 | 1.03±0.06 |
|  | 模型组 | 2.19±0.34** |
| KO | 对照组 | 1.24±0.12† |
|  | 模型组 | 1.92±0.16** |

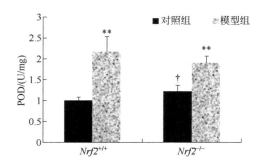

图 2-4　NAFLD 对野生型和基因缺失型小鼠肝脏中 POD 活性的影响

表 2-6　NAFLD 对野生型和基因缺失型小鼠肝脏 MDA 活性的影响

| 基因 | 分组 | MDA /(nmol/mg) |
| --- | --- | --- |
| WT | 对照组 | 2.88±0.33 |
|  | 模型组 | 4.26±0.37** |
| KO | 对照组 | 4.37±0.51† |
|  | 模型组 | 6.34±0.70*† |

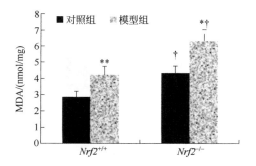

图 2-5　NAFLD 对野生型和基因缺失型小鼠肝脏 MDA 活性的影响

与对照组小鼠相比较，野生型和基因缺失型 NAFLD 模型组小鼠肝脏中 GSH 和 SOD 活性明显降低（$P<0.05$ 或 $P<0.01$），而 POD 和 MDA 活性明显升高（$P<0.05$ 或 $P<0.01$）。

与野生型小鼠相比，基因缺失型 NAFLD 模型组小鼠肝脏中 MDA 活性增加 49%，但 GSH、SOD 和 POD 变化不明显（$P>0.05$）。

与野生型对照组小鼠相比，基因缺失型小鼠肝脏中 SOD、POD 和 MDA 明显升高（$P<0.05$ 或 $P<0.01$），而 GSH 活性显著降低（$P<0.01$）。

## 二、Nrf2 基因缺失对 NAFLD 模型鼠抗氧化基因 mRNA 表达量的影响

**1. 材料方法**

（1）RNA 提取

采用组织 RNA 提取试剂盒进行肝脏中 RNA 提取。并用 Nano-Drop 检测 RNA 浓度，OD 值为 1.8～2.0 合格。

（2）cDNA 第一链合成

将 RNA 原液为模板，采用试剂盒进行 cDNA 合成。－20℃冰箱保存备用。

（3）引物设计及合成

根据 NCBI 检索鼠类氧化应激相关基因的核算序列，以及内参 *Gapdh* 基因的核酸序列，利用 Primer5.0，在保守区分别设计一对特异性引物，序列如表 2-7 所示。引物由上海英俊生物技术有限公司合成。

表 2-7　氧化应激相关基因的引物序列

| 基因 | 正向引物 | 反向引物 |
| --- | --- | --- |
| *Cyp2a5* | 5′-GGACAAAGAGTTCCTGTCACTGCTTC-3′ | 5′-GTGTTCCACTTTCTTGGTTATGAAGTCC-3′ |
| *Nrf2* | 5′-CCAGCACATCCAGACAGACAC-3′ | 5′-GATATCCAGGGCAAGCGACTC -3′ |
| *Gclc* | 5′-TTTGAGAACTCTGCCTATGTGGT -3′ | 5′-ATAAAACATCCCCTGCAAGACA -3′ |
| *r-gcs* | 5′-ATGCGGTGGTGCTACTGATTG -3′ | 5′-CATCTCGGAAGTACACCACAG -3′ |
| *Cat* | 5′-ACATGGTCTGGGACTTCTGG-3′ | 5′-CAAGTTTTTGATGCCCTGGT-3′ |
| *Nqo1* | 5′-CGCCTCGAGGCCTCTGAATACTTTCAACAA-3′ | 5′-GCGAAGCTTTCGGAGAGATCCTTAGGGCTG-3′ |
| *Gsta1* | 5′-CCCCTTTCCCTCTGCTGAAG-3′ | 5′-TGCAGCTTCACTGAATCTTGAAAG-3′ |
| *Ho-1* | 5′-CACGCATATACCCGCTACCT-3′ | 5′-CCAGAGTGTTCATTCGAGCA-3′ |
| *Gapdh* | 5′-GCACCACCAACTGCTTAGCCCCCCTG-3′ | 5′-CACAAACATGGGGGCATCGGCAGAAG-3′ |

（4）SYBR Green 实时荧光定量 PCR 检测基因表达

以各样品 cDNA 为模板，按照常规反应进行 PCR 扩增。以 *Gapdh* 基因为内参。目的基因在 NAFLD 肝组织中相对于正常组织的表达差异倍数用 $2^{-\Delta\Delta Ct}$ 计算表示。

即：$\Delta\Delta Ct = \Delta Ct(NAFLD) - \Delta Ct(NC)$。

## 2. NAFLD 对 *Nrf2* 靶基因 mRNA 表达量的影响

高脂饲料诱导 8 周后，$Nrf2$ 下游相关靶基因变化如表 2-8～表 2-13 和图 2-6～图 2-11 所示。与对照组小鼠相比较，野生型和基因缺失型 NAFLD 模型组小鼠，$\gamma$-$gcs$、$Nqo1$、$Gsta1$ 和 $Ho$-$1$ mRNA 表达量明显升高（$P<0.05$ 或 $P<0.01$），而基因缺失型 NAFLD 模型组小鼠 $Cat$ 和 $Gclc$ mRNA 表达量没有明显变化（$P>0.05$）。与野生型 NAFLD 模型组小鼠相比较，基因缺失型 NAFLD 模型组小鼠中所有 NRF2 下游靶基因表达量明显降低（$P<0.05$ 或 $P<0.01$）。

**表 2-8　野生型和基因缺失型对照组与 NAFLD 模型组小鼠 *Cat* mRNA 表达量**

| 基因 | 分组 | *Cat* mRNA 相对表达量 |
| --- | --- | --- |
| WT | 对照组 | 3.39±1.01 |
|  | 模型组 | 7.87±2.22** |
| KO | 对照组 | 3.55±0.76 |
|  | 模型组 | 3.75±0.51†† |

注：$\bar{x}\pm SD$，$n=3$，†代表相同饲料不同基因型之间比较，*代表相同基因型不同饲料之间比较。* 表示 $P<0.05$，** 表示 $P<0.01$；† 表示 $P<0.05$，†† 表示 $P<0.01$，下同。

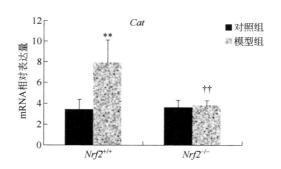

图 2-6　野生型和基因缺失型对照组与 NAFLD 模型组小鼠 *Cat* mRNA 表达量

**表 2-9　野生型和基因缺失型对照组与 NAFLD 模型组小鼠 *Gclc* mRNA 表达量**

| 基因 | 分组 | *Gclc* mRNA 相对表达量 |
| --- | --- | --- |
| WT | 对照组 | 0.03±0.009 |
|  | 模型组 | 0.07±0.014** |
| KO | 对照组 | 0.01±0.007 |
|  | 模型组 | 0.02±0.030† |

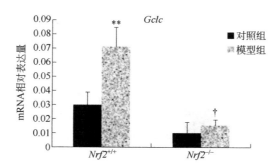

图 2-7 野生型和基因缺失型对照组与 NAFLD 模型组小鼠 $Gclc$ mRNA 表达量

表 2-10 野生型和基因缺失型对照组与 NAFLD 模型组小鼠 $\gamma$-gcs mRNA 表达量

| 基因 | 分组 | $\gamma$-gcs mRNA 相对表达量 |
| --- | --- | --- |
| WT | 对照组 | $0.059 \pm 0.016$ |
|  | 模型组 | $0.23 \pm 0.038$** |
| KO | 对照组 | $0.025 \pm 0.0007$† |
|  | 模型组 | $0.106 \pm 0.011$**††  |

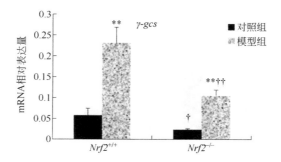

图 2-8 野生型和基因缺失型对照组与 NAFLD 模型组小鼠 $\gamma$-gcs mRNA 表达量

表 2-11 野生型和基因缺失型对照组与 NAFLD 模型组小鼠 $Nqo1$ mRNA 表达量

| 基因 | 分组 | $Nqo1$ mRNA 相对表达量 |
| --- | --- | --- |
| WT | 对照组 | $8.63 \pm 1.03$ |
|  | 模型组 | $25.45 \pm 4.52$** |
| KO | 对照组 | $6.06 \pm 1.47$† |
|  | 模型组 | $8.38 \pm 1.19$**†† |

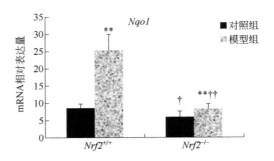

图 2-9　野生型和基因缺失型对照组与 NAFLD 模型组小鼠 *Nqo1* mRNA 表达量

表 2-12　野生型和基因缺失型对照组与 NAFLD 模型组小鼠 *Gsta1* mRNA 表达量

| 基因 | 分组 | *Gsta1* mRNA 相对表达量 |
|---|---|---|
| WT | 对照组 | 0.64±0.07 |
|  | 模型组 | 1.19±0.13** |
| KO | 对照组 | 0.21±0.03† |
|  | 模型组 | 0.39±0.06*†† |

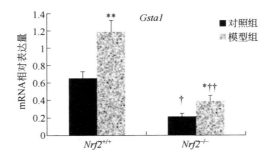

图 2-10　野生型和基因缺失型对照组与 NAFLD 模型组小鼠 *Gsta1* mRNA 表达量

表 2-13　野生型和基因缺失型对照组与 NAFLD 模型组小鼠 *Ho-1* mRNA 表达量

| 基因 | 分组 | *Ho-1* mRNA 相对表达量 |
|---|---|---|
| WT | 对照组 | 0.48±0.56 |
|  | 模型组 | 0.84±0.10** |
| KO | 对照组 | 0.12±0.01†† |
|  | 模型组 | 0.22±0.03**†† |

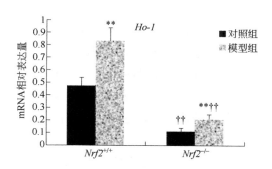

图 2-11 野生型和基因缺失型对照组与 NAFLD 模型组小鼠 $Ho$-$1$ mRNA 表达量

### 3. $Nrf2$ 基因缺失对下游靶基因及 NAFLD 的影响

经典的动物模型解释了引起 NAFLD 的原因可能是二次打击的结果，第一打击为胰岛素抵抗同时诱发 NAFLD；第二次打击为氧化应激导致 NASH。相关资料报道，$Nrf2^{-/-}$ 小鼠饲喂 MCD 饲料没有出现胰岛素抵抗，主要原因可能是与对照组相比血糖较低。同时，MCD 鼠更快的出现了 NAFLD，说明 NAFLD 的出现可能与脂类的合成、代谢、吸收和分泌的基因的表达量有关。因此，胰岛素抵抗对于依次打击不是必要因素，但是肝脏中脂肪的堆积充分诱导了 NASH 的发生。在 $Nrf2^{-/-}$ 小鼠中，GSSG 表达量和 MAD 活性增加，证明氧化应激的发生。可能是由于 $Nrf2^{-/-}$ 小鼠缺乏了上调抗氧化防御的能力，导致了脂质过氧化的增强，从而中性粒细胞浸润和炎症反应加强。该资料显示，在 $Nrf2^{-/-}$ 小鼠中，脂质的堆积和氧化平衡能力的改变更有利于 NAFLD 的发生。我们发现在实验过程中，$Nrf2$ 基因缺失组小鼠与野生型相比，高脂肪饲料可引起更严重的肝脏脂肪变性、肝细胞坏死和炎性细胞浸润。

已有资料表明，饲喂高脂饲料 12 周诱导的 NAFLD，小鼠肝脏中 $Nrf2$ 表达量增加。现阶段研究表明，NRF2 信号通路同样可以被饲喂 MCD 饲料激活。同时，NRF2 下游靶基因表达量也因 NRF2 激活而增加。在 $k1$ 基因缺失鼠中可诱导编码的细胞保护酶 NQO1 和 GSTA1/2，而 $Nrf2^{-/-}$ 小鼠没有被诱导，因此，$Nrf2^{-/-}$ 小鼠更易被 MCD 诱导从而引起肝细胞损伤。NRF2 可以通过调节谷胱甘肽的合成来保持细胞的氧化还原状态。在 $k1$ 基因缺失鼠中 GSH 有较高的浓度，所以可以抵抗脂质过氧化。与 $k1$ 基因缺失鼠相比，在 $Nrf2^{-/-}$ 小鼠中 GSH 浓度降低且 MDA 活性增强。$Nrf2$ 可以转录调节谷氨酸-半胱氨酸连接酶催化亚基（GCLC），GCLC 为 GSH 生物合成限速酶。在野生型和 k1 基因缺失鼠中可被 MCD 饲料诱导表达升高，而在 $Nrf2^{-/-}$ 小鼠中不被诱导。说明细胞中保持较高的 GSH 浓度，对于保护 $Nrf2^{-/-}$ 小鼠诱导引起的肝损伤非常重要。

细胞中拥有多种抗氧化酶，能被 NRF2 调控表达的还有 HO-1、CAT、GPX 等。相关资料报道显示，Ho-1 表达量与 Nrf2 表达量成正相关。NAFLD 模型组 Ho-1 基因表达增高，进一步证明高脂可诱导肝脏发生氧化应激。

在 $Nrf2^{-/-}$ 小鼠中 Cat 基因表达降低。当 NRF2 被化合物诱导后，Cat 基因表达随 Nrf2 表达量的增加而增加。综上所述，高脂饲料诱导了 NAFLD，Nrf2 及下游抗氧化酶基因表达量增加；在 $Nrf2^{-/-}$ 小鼠中下游抗氧化酶基因不被诱导，高脂肪饲料可以起更严重的肝脏脂肪变性。

## 三、NAFLD 对肝组织细胞中 NRF2 蛋白分布的影响

### 1. 肝组织细胞质中 NRF2 蛋白表达的测定

（1）肝微粒体的制备

将肝脏剪碎，在一定量的肝脏组织中按 3g/mL 的量加入预冷的 100nmol/L Tris-Hcl pH 7.4（含 20%蔗糖）缓冲液，冰浴中进行匀浆。上述匀浆液以 9000g 4℃ 离心 30min 后，取上清液转移超速离心管内，以 105000g 4℃ 离心 60min 后，弃上清，沉淀物即为肝微粒体，再按 5g/mL 加入 100nmol/L Tris-HCl（含 20%甘油）缓冲液进行悬浮，经混匀后，分装置于-80℃冰箱保存，用于蛋白和酶含量的测定。

（2）肝组织中蛋白的提取

① 肝组织中总蛋白的提取。每 50~100mg 肝脏加 1mL 裂解液，低温手动或电动匀浆。12000g 离心，4℃，2min，取少量上清进行定量。

② 肝组织中胞浆和胞核蛋白的提取。胞浆和胞核蛋白的提取按照碧云天试剂盒说明书进行，获得细胞核蛋白-80℃保存备用。

（3）肝组织中蛋白含量测定

① 牛血清白蛋白标准曲线的制备。采用 Bradford 法测定肝微粒体蛋白的浓度，首先制备牛血清白蛋白的标准曲线。取 20μL 的牛血清白蛋白（BSA）溶液（5mg/mL）用 0.15mol/L 的 NaCl 稀释至 100μL，使终浓度为 1mg/mL。再依次配制浓度为 0.5mg/mL、0.25mg/mL、0.125mg/mL、0.0625mg/mL 和 0.03125mg/mL 的 BSA 溶液。分别各取 20μL 加入 96 孔板中，对照孔加 20μL 0.15mol/L 的 NaCl，各孔再加入 200μL 的 G250 染色

液，室温放置 3～5min。作 3 个重复。酶标仪 595nm 处测定 OD 值。

② 微粒体样品中蛋白浓度测定。96 孔板的检测孔中加入待测蛋白样品 20μL 和 G250 染色液 200μL，其余操作同①，测定样品的 OD 值，依据线性回归方程计算样品中蛋白含量。

③ 计算蛋白浓度，公式如下：

$$总蛋白含量（g/L）= \frac{测定管\ OD\ 值-测定空白管\ OD\ 值}{标准管\ OD\ 值-标准空白管\ OD\ 值} \times 标准品浓度$$

（4）电泳前样品处理

根据所测样品中蛋白的浓度，在 1.5ml 的 EP 管中分别加入 3× 上样缓冲液、ddH$_2$O 和蛋白，将所有样品用缓冲液调整到相同浓度。取样品 30μg 进行 SDS-PAGE 电泳。

（5）SDS-PAGE

（6）免疫印迹与显色

① 丽春红染色。

② 封闭。将上述 NC 膜放入 5％脱脂牛奶（用 1×TTBS 溶解）中，于平缓摇动的摇床上 37℃封闭 1h。

③ 一抗孵育。封闭后，弃去封闭液，用 TBST 洗涤 NC 膜 3 次，每次 10min。将膜浸泡在装有一抗的容器中 4℃振荡孵育过夜。

鸡抗鼠 CYP2A5 多克隆抗体（Laboratory of University of Oulu 赠送），用 5％脱脂牛奶溶解到 1×TTBS 中进行 1：2000 稀释。

兔抗鼠 NRF2 多克隆抗体，用 5％脱脂牛奶溶解到 1×TTBS 中进行 1：200 稀释。

兔抗鼠 B-actm（44kDa）单克隆抗体，用 5％脱脂牛奶溶解到 1×TTBS 中进行 1：200 稀释。

④ 二抗孵育。一抗孵育后，膜用 TTBS 缓冲液振荡洗涤 3 次，每次 10min。然后加入二抗，室温振荡孵育 1h。

辣根过氧化物酶标记羊抗鸡二抗（Bio-rad），用 5％脱脂牛奶溶解到 TTBS 中进行 1：2000 稀释后，对有目的蛋白的膜进行孵育。

辣根过氧化物酶标记羊抗兔二抗（Bio-rad），用 5％脱脂牛奶溶解到 TTBS 中进行 1：1000 稀释后，对有目的蛋白的膜进行孵育。

辣根过氧化物酶标记羊抗鼠二抗（Bio-rad），用 5％脱脂牛奶溶解到 TTBS 中进行 1：1000 稀释后，对有目的蛋白的膜进行孵育。

⑤ 印迹显影。二抗孵育结束后，洗涤。通过凝胶成像系统成像后用

Quantity One 软件对图像进行印迹光密度扫描测定。

每个样品中的每个目的蛋白都与对应的 β-actin 同时做 Western blot（蛋白质免疫印迹），且做 3 个重复。

**2. 肝组织细胞核中 NRF2 蛋白表达的测定**

方法同 1。

**3. NAFLD 对肝组织细胞中 NRF2 蛋白分布的影响**

（1）肝组织细胞质中 NRF2 蛋白表达

高脂饲料诱导 8 周后，野生型小鼠肝细胞质中 NRF2 分布变化见图 2-12，蛋白密度分析结果如表 2-14 和图 2-13 所示。结果分析发现，与对照组相比较，NAFLD 模型组肝细胞质中 NRF2 蛋白含量显著降低（$P<0.01$）。

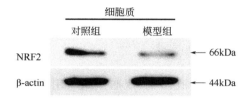

图 2-12 细胞质中 NRF2 的蛋白表达结果

表 2-14 NAFLD 对细胞质中 NRF2 的蛋白表达量的影响

| 分组 | NRF2 蛋白相对表达量 |
| --- | --- |
| 对照组 | 1±0.11 |
| 模型组 | 0.66±0.06** |

注：以 β-actin 为细胞质中内参，$\bar{x}\pm SD$，$n=3$，** 表示 $P<0.01$。

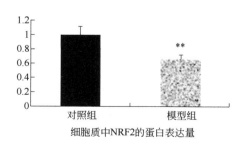

图 2-13 NAFLD 对细胞质中 NRF2 的蛋白表达量的影响

（2）肝组织细胞核中 NRF2 蛋白表达

高脂饲料诱导 8 周后，野生型小鼠肝细胞核中 NRF2 分布变化见图 2-14，

第二章 动物非酒精性脂肪肝发病机制研究

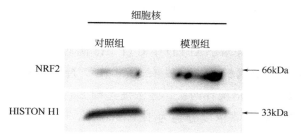

图 2-14 细胞核中 NRF2 的蛋白表达结果

蛋白密度分析结果如表 2-15 和图 2-15 所示。结果分析发现，在 NAFLD 模型组肝细胞核中 NRF2 蛋白含量显著增加（$P<0.01$），结合细胞质中 NRF2 蛋白表达量的结果，说明高脂饲料诱导后 NRF2 蛋白在肝组织细胞中发生核转移。

表 2-15 NAFLD 对细胞核中 NRF2 的蛋白表达量的影响

| 分组 | NRF2 蛋白相对表达量 |
| --- | --- |
| 对照组 | 1±0.12 |
| 模型组 | 2.02±0.15** |

注：以 HISTON H1 为细胞核中内参，$\bar{x}\pm SD$，$n=3$，** 表示 $P<0.01$。

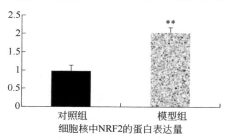

图 2-15 NAFLD 对细胞核中 NRF2 的蛋白表达量的影响

# 第四节
# Nrf2 基因缺失对 NAFLD 中蛋白表达的研究

## 一、Nrf2 基因缺失对 NAFLD 中 CYP2A5 表达的影响

### 1. NAFLD 中 CYP2A5 表达量的测定

（1）$Nrf2$ 基因缺失对 NAFLD 中 CYP2A5 蛋白表达的影响

方法同本章第三节。

(2) $Nrf2$ 基因缺失对 NAFLD 中 $Cyp2a5$ 基因表达的影响

方法同本章第三节。

(3) $Nrf2$ 基因缺失对 NAFLD 中 CYP2A5 酶活性的影响

① 制备 7-羟香豆素标准液。将 10mmol/L 7-羟香豆素用 5%甘油以 10 倍稀释一次，以 1∶20 倍稀释两次，终浓度达到 2.5$\mu$mol/L，之后按照 1∶1 稀释六次，使 7-羟香豆素浓度分别为 1250nmol/L，625nmol/L，313nmol/L，156nmol/L，78nmol/L，34nmol/L。分别吸取 500$\mu$L 置于 1.5mL EP 管中，空白管中加 500$\mu$L 的 5%甘油。之后每管加入 500$\mu$L 的 6.5% TCA 使终体积为 1mL，置于冰上备用。

② 将蛋白样品置于冰上，用 5%甘油稀释至 1mg/mL，每样品管内加入 100$\mu$L。

③ 每样品管内加入 300$\mu$L 的底物缓冲液。

④ 每管加入现配的 100$\mu$L 7.5nmol/L NADPH，37℃孵育 15min，同时摇动。

⑤ 样品置于冰上，每管加入 500$\mu$L 6.5% TCA 终止反应，终体积为 1mL。

⑥ 离心（10000r/min，5min，4℃）沉淀，之后将样品置于冰上直至使用。

⑦ 在空的 96 孔板上加入 20$\mu$L 各浓度 7-羟香豆素标准曲线液，重复 3 个孔，样品也各加入 20$\mu$L，重复 3 个孔。以 355nm 为激发波长，460nm 为发射波长，用全自动定量绘图酶标仪测定酶活性。

### 2. Nrf2 基因缺失对 NAFLD 模型鼠肝组织中 CYP2A5 表达的影响

(1) $Nrf2$ 基因缺失对 NAFLD 模型鼠肝组织中 CYP2A5 蛋白表达的影响

本试验检测了野生型和 $Nrf2$ 基因缺失型小鼠高脂诱导后对 CYP2A5 蛋白表达的影响，如图 2-16、图 2-17 和表 2-16 所示。结果显示，与野生型 NAFLD 模型小鼠相比较，野生型对照组小鼠 CYP2A5 蛋白表达量增加 23%，差异显著（$P<0.05$）；基因缺失型 NAFLD 模型小鼠与基因缺失型对照组小鼠相比较，小鼠肝脏 CYP2A5 蛋白表达量增加 13%（$P>0.05$）；基因缺失型小鼠（NAFLD 组和对照组）与野生型小鼠相比较，CYP2A5 蛋白表达量均显著降低（$P<0.01$）。

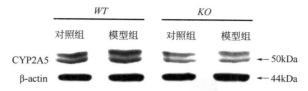

图 2-16 CYP2A5 的蛋白表达结果

表 2-16 野生型和基因缺失型 NAFLD 模型组与对照组小鼠 CYP2A5 的蛋白相对表达量

| 基因 | 分组 | CYP2A5 蛋白相对表达量 |
| --- | --- | --- |
| WT | 对照组 | 1.00±0.06 |
|  | 模型组 | 1.23±0.09* |
| KO | 对照组 | 0.44±0.0†† |
|  | 模型组 | 0.50±0.03†† |

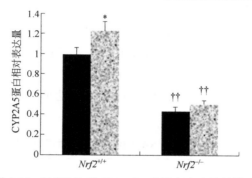

图 2-17 NAFLD 对 CYP2A5 的蛋白表达量的影响

（2）$Nrf2$ 基因缺失对 NAFLD 模型鼠肝组织中 $Cyp2a5$ 基因表达的影响

高脂诱导后，基因缺失型小鼠肝脏 $Cyp2a5$ mRNA 表达量增加 20%，但差异不显著（$P>0.05$），而野生型小鼠肝脏 $Cyp2a5$ mRNA 表达量与对照组相比较，增加 73%，差异显著（$P<0.05$），结果如表 2-17 和图 2-18 所示。

表 2-17 野生型和基因缺失型对照组与 NAFLD 模型组小鼠 $Cyp2a5$ mRNA 表达量

| 基因 | 分组 | $Cyp2a5$ mRNA 相对表达量 |
| --- | --- | --- |
| WT | 对照组 | 1±0.06 |
|  | 模型组 | 1.23±0.09* |
| KO | 对照组 | 0.44±0.03†† |
|  | 模型组 | 0.51±0.03†† |

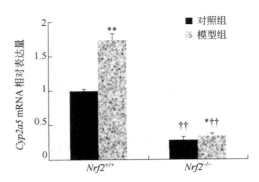

图 2-18　NAFLD 对 $Cyp2a5$ 的 mRNA 表达量的影响

（3）$Nrf2$ 基因缺失对 NAFLD 模型鼠肝组织中 CYP2A5 酶活性的影响

与野生型 NAFLD 模型小鼠相比较，野生型对照组小鼠 CYP2A5 酶活性增加 35%，差异显著（$P<0.01$）；基因缺失型 NAFLD 模型小鼠与基因缺失型对照组小鼠相比较，小鼠肝脏 CYP2A5 酶活性增加 16%，差异不显著（$P>0.05$）；且基因缺失型小鼠肝脏 CYP2A5 酶活性显著低于野生型小鼠（$P<0.01$），结果如表 2-18 和图 2-19 所示。

综合以上结果，表明高脂诱导 CYP2A5 表达的过程中，NRF2 对其具有调节作用。

表 2-18　野生型和基因缺失型 NAFLD 模型组与对照组小鼠 CYP2A5 活性

| 基因 | 分组 | CYP2A5 |
| --- | --- | --- |
| WT | 对照组 | 1±0.02 |
|  | 模型组 | 1.35±0.03** |
| KO | 对照组 | 0.37±0.02†† |
|  | 模型组 | 0.42±0.02†† |

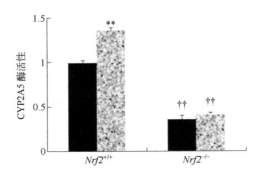

图 2-19　NAFLD 对 CYP2A5 酶活性的影响

### 3. CYP2A5 的转录调控

已经证实多种转录因子参与 CYP2A5 的表达调节，如肝细胞核因子 4α (HNF-4α)，芳烃受体（AHR），上游刺激因子（USF），核因子 1（NF-1），转录因子红细胞系-2P45 相关因子-2（NRF2）等。

最近研究表明，氧化应激条件下 CYP2A5 的调节与 NRF2 有关，NRF2 介导大量药物解毒基因和抗氧化基因的表达，对细胞起保护作用。尤其是在维持细胞的氧化平衡、抵御外源性化合引起的氧化应激和保护内质网应激方面起重要作用。活性氧和外源性亲电代谢产物可以激活 NRF2，内源性化合物如花生四烯酸代谢产物 15d-PGJ2（15-deoxy-D12, 14-Prostaglandin J2）、一氧化碳、一氧化氮同样能激活 NRF2。有关 NRF2 调节 CYP2A5 的表达都与氧化还原状态的改变有关，可见 CYP2A5 的表达与氧化应激有关，本研究证实高脂饲料诱导小鼠肝脏发生氧化应激，与对照组相比较，CYP2A5 表达量显著增加，这与资料报道相符。

AHR 和 ARNT 都是 bHLH-PAS 转录因子（TF）超家族成员，活化的 AHR 与 ARNT 形成异源二聚体，进而与靶基因启动子结合，调控靶基因的转录表达。氧化应激条件下 AHR 可介导多种 Ⅰ 相和 Ⅱ 相药物代谢酶的表达。如 AHR 可介导 CYP1A1 的表达，对花生四烯酸、雌激素和胆红素的代谢起重要作用。ARNT 以同源二聚体的形式作用于 E-box 元件调控 CYP2A5 的表达，有资料报道显示 ARNT 对 CYP2A5 的表达调节与胆红素的代谢有关。

USF-1 和 USF-2a 与应急和免疫应答有关，主要调控细胞周期、性激素、脂质和葡萄糖的平衡。同时调控线粒体活性，与 USFs 协同影响能量平衡。与 ARNT 同源二聚体一样，USFs 能够与 $Cyp2a5$ 启动子序列 E-box 元件结合调控 CYP2A5 的表达。E-box 元件还同时存在于胰岛素、胰高血糖素受体、葡糖激酶、脂肪酸合成酶和肝脂肪酶基因的启动子中。高糖可诱导 USFs 表达量增加，DTT 可以抑制 USFs 表达。

HNF-4α 参与多种代谢通路中基因的表达，如脂肪酸氧化、糖异生、糖酵解、血清载脂蛋白合成、胆汁酸合成、药物代谢和血液凝固。HNF-4α 在 CYP2A5 的表达中具有重要的作用。禁食条件下低胰岛素信号激活 HNF-4α，胰高血糖素刺激细胞表面受体诱导细胞内 cAMP 含量增加。胰高血糖素和异丙肾上腺素可以刺激 cAMP 信号转导，诱导 CYP2A5 的表达。同时 cAMP 可调节转录辅激活因子与 HNF-4α 协同诱导 CYP2A5 的表达。如禁食条件下，过氧化物增殖激活受体协同激活因子（PGC1α）参与 $Cyp2a5$ 的转录调节，PGC1α 同时还参与能量代谢、热量调节和葡萄糖代谢基因的调节。

*Cyp2a5* 的表达还具有昼夜节律性，夜间表达量最高。转录因子白蛋白 D 端结合蛋白（DBP）参与 *Cyp2a5* 基因的昼夜节律性表达。具有昼夜节律性表达的基因还包括葡萄糖和脂质平衡、胆汁酸合成（CYP7 超家族）。同时葡萄糖、胰高血糖、糖皮质激素、饮食都对基因的昼夜节律性表达有影响。

### 4. 病理学变化对 CYP2A5 的表达的影响

外源性的化学物质诱导 CYP2A5 的表达的同时，也同时诱导了肝细胞的损伤。吡唑诱导引起肝脏糖原耗竭、血清葡萄糖水平降低、总血清胆红素水平升高、脂质蓄积等肝细胞代谢途径紊乱。超微结构显示，脂滴聚集、滑面内质网增加、粗面内质网结构不规则。表明吡唑诱导后引起线粒体功能障碍，导致肝脏蛋白和脂质代谢紊乱。因此，病理学的改变，如能量和脂质平衡的改变、氧化应激的产生、线粒体功能障碍和细胞应激反应通路的激活，对 CYP2A5 的表达都有一定的影响。本实验结果显示，高脂饲料诱导后小鼠肝脏发生脂肪变性，同时 CYP2A5 的表达升高，同吡唑诱导的化学肝损伤结果相似。CYP2A5 的表达还与各种炎症反应有关，如肝炎，但是炎症和炎症因子本身并不能诱导 CYP2A5 的表达。有资料报道，白细胞介素-6 能显著抑制 *Cyp2a5* 基因的表达。

### 5. *Nrf2* 基因缺失对 CYP2A5 的表达影响

根据资料报道，在许多肝脏疾病中 CYP2A5 都增量表达，并且多种肝毒性化学物质也可以诱导 CYP2A5 表达。共同的解释可能是细胞的氧化状态发生改变。NRF2 为氧化还原反应转录因子，与抗氧化反应、抗炎反应及细胞保护作用有关。NRF2 可以通过调节与细胞保护有关的基因来对抗氧化状态的改变。完整的 NRF2/ARE 信号通路已经被证实可以有效地阻止肝毒性化合物（醋氨酚、乙醇和吡唑）对肝脏造成的损伤。所以，我们推测 CYP2A5 表达量的多少与肝脏中 NRF2 的蛋白表达量密切相关，这样能够解释在氧化应激的病理条件下 CYP2A5 增量表达的原因。

甲萘醌和氧化还原循环剂可以诱导肝细胞中 CYP2A5 的表达。抗氧化剂维生素 E、乙酰半谷氨酸能够弱化吡唑对肝细胞中 CYP2A5 的诱导。重金属镉、铅、汞能够通过转录因子 NRF2 诱导 CYP2A5 的持续表达。我们的研究中已经证实，饲喂高脂饲料 8 周后，小鼠肝脏中 CYP2A5 的蛋白表达、mRNA 及酶活性都增加。已有资料报道显示，乙醇同样可以诱导 CYP2A5 的表达。研究中发现，乙醇可诱导氧化应激的发生，与野生型小鼠相比，在 $Nrf2^{-/-}$ 小鼠中 CYP2A5 的蛋白表达和酶活性显著降低。实验证明了乙醇通过 NRF2 通路诱导 CYP2A5 的表达。$Cyp2a6$ 是 $Cyp2a5$ 的人类同源基因，通过转录因子 NRF2 调节。CYP2A6 在酒精和非酒精性脂肪肝中表达量都增加。已有研究发现，NRF2 能够通过启动子调节 CYP2A5 的表达。通过吡唑诱导，与野生型小鼠相比，在 $Nrf2^{-/-}$ 小鼠中 CYP2A5 的蛋白表达和酶活性显著降低，表明吡唑是通过 NRF2 途径诱导中 CYP2A5 的表达。重金属同样依赖 NRF2 通路诱导中 CYP2A5 的表达。我们研究发现，高脂饲料诱导后，与野生型小鼠相比，CYP2A5 的蛋白表达和酶活性在 $Nrf2^{-/-}$ 小鼠中显著降低，这与上述资料报道相一致，说明高脂诱导 CYP2A5 的表达同样是通过 NRF2 途径诱导。

此外，除转录因子 NRF2 以外，其他转录因子也被证实可以调节 $Cyp2a5$ 基因表达。可能一个或多个转录因子同时参与了 CYP2A5 的调节，这也解释了，我们实验中在 $Nrf2^{-/-}$ 小鼠肝脏中仍有少量 CYP2A5 表达的原因。NRF2 通常介导具有细胞保护和抗氧化作用基因的表达，如 HO-1，NAD（P）H 等。NAD（P）H：醌氧化还原酶 1（NQO1）为一种抗氧化酶，在环境致癌因素的解毒过程中起重要作用。因此，NRF2 在抗氧化损伤中或癌症预防中有重要的作用。NRF2 是肿瘤检测的重要指标。CYP2A5/6 能够代谢和激活某些致癌物。如黄曲霉 B1、亚硝胺和 NNK 等。因此，通过 NRF2 介导 CYP2A5/6 的表达同样增加了肿瘤形成的风险。

已证实，NRF2 对对乙酰氨基酚和吡唑的肝损伤有保护作用。在乙醇诱导的肝损伤中，$Nrf2^{-/-}$ 小鼠与野生型小鼠相比，有更加严重的炎症反应。在 $Nrf2^{-/-}$ 小鼠中，高脂饲料可以起更严重的肝脏脂肪变性。与相关报道相一致，这说明，NRF2 对高脂饲料诱导的脂肪变性也具有保护作用。

## 二、肝脏组织中 CYP2A5 与 NRF2 蛋白之间的相互作用

**1. CYP2A5 与 NRF2 蛋白之间的相互作用测定方法**

常规方法进行免疫共沉淀（CO-IP）。

**2. 肝脏组织免疫组化法检测蛋白表达的检测**

采用免疫组化进行，根据染色染料颜色的深浅（光密度）及分布面积大小来确定目标蛋白的量。每张切片随机在 5 个高倍视野（×400）拍照，用 Image-Pro Plus 6.0 对图片进行处理。由于测量光密度时，都是选择整张图片，所以只测 OD 值就可以来确定目标蛋白的量。

### 3. NRF2 与 CYP2A5 蛋白之间的相互影响

本试验采用免疫共沉淀的方法检测 NRF2 与 CYP2A5 蛋白之间的相互作用。结果表明，用 anti-NRF2 的多克隆抗体能将 CYP2A5 沉淀下来（见图 2-20），用 anti-CYP2A5 多克隆抗体同样能沉淀下 NRF2（见图 2-21），使用 IgG 未检测出条带存在。通过 8 周的高脂诱导，与对照组相比较，NAFLD 模型组小鼠肝脏中 NRF2 和 CYP2A5 蛋白表达含量明显升高（$P<0.05$ 或 $P<0.01$），结果如表 2-19 和表 2-20、图 2-22 和图 2-23 所示。这些结果表明，肝脏中 NRF2 与 CYP2A5 蛋白之间存在相互作用。

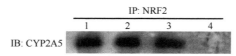

图 2-20　anti-NRF2 蛋白印迹

1—input 阳性对照；2—对照组；3—NAFLD 模型组；
4—IgG 阴性对照组；IP—免疫共沉淀；IB—免疫印迹

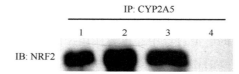

图 2-21　anti-CYP2A5 蛋白印迹

1—input 阳性对照；2—对照组；3—NAFLD 模型组；
4—IgG 阴性对照组；IP—免疫共沉淀；IB—免疫印迹

表 2-19　免疫共沉淀 CYP2A5 的蛋白表达量

| 分组 | CYP2A5 蛋白相对表达量 |
| --- | --- |
| 阳性对照 | 1.00±0.05 |
| 对照组 | 1.00±0.07 |
| 模型组 | 1.36±0.04** |
| 阴性对照 | 0 |

注：$\bar{x}\pm SD$，$n=3$，* 表示 $P<0.05$；** 表示 $P<0.01$。下同。

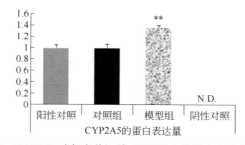

图 2-22　NAFLD 对免疫共沉淀 CYP2A5 的蛋白表达量的影响

表 2-20　免疫共沉淀 NRF2 的蛋白表达量

| 分组 | NRF2 蛋白相对表达量 |
| --- | --- |
| 阳性对照 | 0.95±0.12 |
| 对照组 | 1.00±0.04 |
| 模型组 | 1.25±0.08* |
| 阴性对照 | 0 |

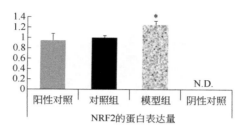

图 2-23　NAFLD 对免疫共沉淀 NRF2 的蛋白表达量的影响

### 4. 肝脏组织中蛋白表达含量的检测

（1）免疫组化法检测肝脏组织中 NRF2 蛋白表达含量

免疫组化检测显示，野生型对照组 WT-ND 小鼠肝细胞浆中 NRF2 的表达含量较多；经高脂诱导 8 周后，WT-HFD 小鼠肝细胞浆中 NRF2 的表达量显著减少（$P<0.05$），而 WT-HFD 小鼠肝细胞核中 NRF2 表达率显著增加（$P<0.05$）。由图 2-24（c）可见，高脂诱导后，肝细胞形成很多脂肪空泡，且这些脂肪空泡使肝细胞处于膨胀状态，而小鼠肝细胞核呈棕黄色，为 NRF2 阳性表达，说明高脂诱导促进 NRF2 在肝细胞中表达从细胞质向细胞核转移。通过检测 NRF2 的 OD 值，结果也发现，高脂诱导 8 周后，WT-HFD 小鼠肝细胞核中的 NRF2 表达极显著升高，结果如表 2-20 所示。

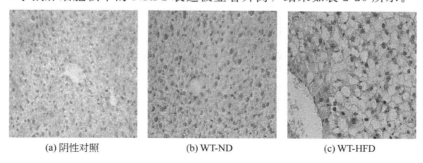

图 2-24　野生型小鼠各组肝脏 NRF2 蛋白表达
（免疫组化染色，DAB 显示，20×10）

(2) 免疫组化法检测肝脏组织中 CYP2A5 蛋白表达含量

在野生型对照组 WT-ND 小鼠中，肝细胞 CYP2A5 的阳性表达量极少；经高脂诱导后，WT-HFD 小鼠肝脏中央静脉周围肝细胞中有明显的 CYP2A5 表达，表达量显著高于 WT-ND 小鼠（$P<0.05$），结果见图 2-25 和表 2-21。

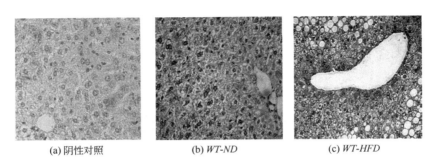

(a) 阴性对照　　　　(b) WT-ND　　　　(c) WT-HFD

图 2-25　野生型小鼠各组肝脏 CYP2A5 蛋白表达
（免疫组化染色，DAB 显示，$20\times10$）

表 2-21　免疫组化检测 NRF2 的 OD 值和肝细胞核 NRF2 阳性表达率

| 组别 | 免疫组化 OD 值/$\times10^4$ | 阳性表达率/% |
| --- | --- | --- |
| WT-ND | $3.25\pm0.09$ | $4.12\pm1.05$ |
| WT-HFD | $7.76\pm0.21^*$ | $78.32\pm2.12^*$ |

在基因缺失对照组 KO-ND 小鼠中，CYP2A5 表达量少；在 KO-HFD 小鼠中 CYP2A5 有阳性表达，略高于的 KO-ND 小鼠，但无显著性差异，结果见图 2-26 和表 2-22。

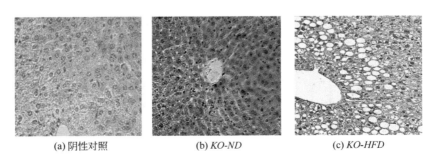

(a) 阴性对照　　　　(b) KO-ND　　　　(c) KO-HFD

图 2-26　基因缺失型小鼠各组肝脏 CYP2A5 蛋白表达
（免疫组化染色，DAB 显示，$20\times10$）

表 2-22 免疫组化检测 CYP2A5 的 OD 值

| 组别 | 免疫组化 OD 值/$\times 10^4$ |
|---|---|
| WT-ND | $2.77\pm0.18$ |
| WT-HFD | $9.13\pm0.21^{**}$ |
| KO-ND | $2.37\pm0.18$ |
| KO-HFD | $3.17\pm0.13^{\dagger\dagger}$ |

#### 5. NRF2 与 CYP2A5 蛋白之间的互作关系

蛋白质之间的相互作用存在于机体的每一个细胞的生命活动过程中，蛋白与蛋白之间的相互作用控制着大量的细胞活动事件，如细胞的增殖和分化、底物结合靶点结构的改变、基因表达的调控等。免疫共沉淀作为研究蛋白质相互作用的经典方法，目前主要应用于肿瘤、酶、病毒、寄生虫和信号转导的研究过程中。NRF2 作为外援有毒物质和氧化应激的感受器，能与蛋白质结合，从而诱导Ⅱ相解毒酶和抗氧化蛋白的基因表达。有报道显示，NRF2 蛋白还与多种蛋白之间存在相互作用，刘晓燕等研究显示，NRF2 能与 ATF3、ATF4 等抗体发生免疫沉淀。海燕等通过免疫共沉淀实验结果表明，外源性和内源性 MKP-1 可能都与 A549 细胞内 NRF2 相互结合。Abu-Bakar 等在实验中证实 $Cyp2a5$ 启动子区域具有 ARE，NRF2 与该基因序列结合后，从而转录调控 $Cyp2a5$ 基因表达，参与氧化应激反应。笔者通过免疫共沉淀技术发现 NRF2 蛋白与 CYP2A5 抗体可杂交出明显的蛋白条带，从而证实 NRF2 与 CYP2A5 蛋白之间存在直接相互作用，提示两者共同参与 NAFLD 进程。

### 参 考 文 献

[1] Tilg H, Moschen A R. Evolution of inflammation in nonalcoholic fatty liver disease: the multiple parallel hits hypothesis[J]. Hepatology, 2010, 52(5): 1836-1846.

[2] Nielsen S, Guo Z, Johnson C M, et al. Splanchnic lipolysis in human obesity[J]. J Clin Invest, 2004, 113(11): 1582-1588.

[3] Van Der Poorten D, Milner K L, Hui J, et al. Visceral fat: a key mediator of steatohepatitis in metabolic liver disease[J]. Hepatology, 2008, 48(2): 449-457.

[4] Pan M H, Lai C S, Tsai M L, et al. Chemoprevention of nonalcoholic fatty liver disease by dietary natural compounds[J]. Mol Nutr Food Res, 2014, 58(1): 147-171.

[5] Ibrahim M M. Subcutaneous and visceral adipose tissue: structural and functional differences[J]. Obes Rev, 2010, 11(1): 11-18.

[6] Preis S R, Massaro J M, Robins S J, et al. Abdominal subcutaneous and visceral adipose tissue

and insulin resistance in the Framingham heart study[J]. Obesity (Silver Spring), 2010, 18(11): 2191-2198.

[7] Fabbrini E, Mohammed B S, Magkos F, et al. Alterations in adipose tissue and hepatic lipid kinetics in obese men and women with nonalcoholic fatty liver disease[J]. Gastroenterology, 2008, 134(2): 424-431.

[8] Donnelly K L, Smith C I, Schwarzenberg S J, et al. Sources of fatty acids stored in liver and secreted via lipoproteins in patients with nonalcoholic fatty liver disease[J]. J Clin Invest, 2005, 115(5): 1343-1351.

[9] Kahn S E. The relative contributions of insulin resistance and beta-cell dysfunction to the pathophysiology of Type 2 diabetes[J]. Diabetologia, 2003, 46(1): 3-19.

[10] Martin-Pozuelo G, Navarro-Gonzalez I, Gonzalez-Barrio R, et al. The effect of tomato juice supplementation on biomarkers and gene expression related to lipid metabolism in rats with induced hepatic steatosis[J]. Eur J Nutr, 2015, 54(6): 933-944.

[11] Adiels M, Westerbacka J, Soro-Paavonen A, et al. Acute suppression of VLDL1 secretion rate by insulin is associated with hepatic fat content and insulin resistance[J]. Diabetologia, 2007, 50(11): 2356-2365.

[12] Vanni E, Bugianesi E, Kotronen A, et al. From the metabolic syndrome to NAFLD or vice versa? [J]. Dig Liver Dis, 2010, 42(5): 320-330.

[13] Seren S, Mutchnick M, Hutchinson D, et al. Potential role of lycopene in the treatment of hepatitis C and prevention of hepatocellular carcinoma[J]. Nutr Cancer, 2008, 60(6): 729-735.

[14] Chew B P, Park J S. Carotenoid action on the immune response[J]. J Nutr, 2004, 134(1): 257S-261S.

[15] Aubert J, Begriche K, Knockaert L, et al. Increased expression of cytochrome P450 2E1 in nonalcoholic fatty liver disease: mechanisms and pathophysiological role[J]. Clin Res Hepatol Gastroenterol, 2011, 35(10): 630-637.

[16] Schattenberg J M, Wang Y, Singh R, et al. Hepatocyte CYP2E1 overexpression and steatohepatitis lead to impaired hepatic insulin signaling[J]. J Biol Chem, 2005, 280(11): 9887-9894.

[17] Ekstrom G, Ingelman-Sundberg M. Rat liver microsomal NADPH-supported oxidase activity and lipid peroxidation dependent on ethanol-inducible cytochrome P-450 (P-450IIE1)[J]. Biochem Pharmacol, 1989, 38(8): 1313-1319.

[18] Madan K, Bhardwaj P, Thareja S, et al. Oxidant stress and antioxidant status among patients with nonalcoholic fatty liver disease (NAFLD)[J]. J Clin Gastroenterol, 2006, 40(10): 930-935.

[19] Perlemuter G, Davit-Spraul A, Cosson C, et al. Increase in liver antioxidant enzyme activities in non-alcoholic fatty liver disease[J]. Liver Int, 2005, 25(5): 946-953.

[20] Reddy J K, Hashimoto T. Peroxisomal beta-oxidation and peroxisome proliferator-activated receptor alpha: an adaptive metabolic system[J]. Annu Rev Nutr, 2001, 21: 193-230.

[21] Ogue A, Renaud M P, Claude N, et al. Comparative gene expression profiles induced by PPARgamma and PPARalpha/gamma agonists in rat hepatocytes[J]. Toxicol Appl Pharmacol, 2011, 254(1): 18-31.

[22] Costet P, Legendre C, More J, et al. Peroxisome proliferator-activated receptor alpha-isoform deficiency leads to progressive dyslipidemia with sexually dimorphic obesity and steatosis[J]. J Biol Chem, 1998, 273(45): 29577-29585.

[23] Chao L, Marcus-Samuels B, Mason M M, et al. Adipose tissue is required for the antidiabetic, but not for the hypolipidemic, effect of thiazolidinediones[J]. J Clin Invest, 2000, 106(10): 1221-1228.

[24] Haukeland J W, Damas J K, Konopski Z, et al. Systemic inflammation in nonalcoholic fatty liver disease is characterized by elevated levels of CCL2[J]. J Hepatol, 2006, 44(6): 1167-1174.

[25] Hui J M, Hodge A, Farrell G C, et al. Beyond insulin resistance in NASH: TNF-alpha or adiponectin? [J]. Hepatology, 2004, 40(1): 46-54.

[26] Wieckowska A, Papouchado B G, Li Z, et al. Increased hepatic and circulating interleukin-6 levels in human nonalcoholic steatohepatitis[J]. Am J Gastroenterol, 2008, 103(6): 1372-1379.

[27] Schwabe R F, Uchinami H, Qian T, et al. Differential requirement for c-Jun NH2-terminal kinase in TNFalpha-and Fas-mediated apoptosis in hepatocytes[J]. FASEB J, 2004, 18(6): 720-722.

[28] Chalasani N, Younossi Z, Lavine J E, et al. The diagnosis and management of non-alcoholic fatty liver disease: practice Guideline by the American Association for the Study of Liver Diseases, American College of Gastroenterology, and the American Gastroenterological Association[J]. Hepatology, 2012, 55(6): 2005-2023.

[29] Vitaglione P, Morisco F, Caporaso N, et al. Dietary antioxidant compounds and liver health[J]. Crit Rev Food Sci Nutr, 2004, 44(7-8): 575-586.

[30] Kocabayoglu P, Friedman S L. Cellular basis of hepatic fibrosis and its role in inflammation and cancer[J]. Front Biosci (Schol Ed), 2013, 5: 217-230.

[31] Marfa S, Crespo G, Reichenbach V, et al. Lack of a 5.9 kDa peptide C-terminal fragment of fibrinogen alpha chain precedes fibrosis progression in patients with liver disease[J]. PLoS One, 2014, 9(10): e109254.

[32] Socha P, Wierzbicka A, Neuhoff-Murawska J, et al. Nonalcoholic fatty liver disease as a feature of the metabolic syndrome[J]. Rocz Panstw Zakl Hig, 2007, 58(1): 129-137.

[33] Fares R, Petta S, Lombardi R, et al. The UCP2 -866 G>A promoter region polymorphism is associated with nonalcoholic steatohepatitis[J]. Liver Int, 2015, 35(5): 1574-1580.

[34] Bugianesi E, Leone N, Vanni E, et al. Expanding the natural history of nonalcoholic steatohepatitis: from cryptogenic cirrhosis to hepatocellular carcinoma[J]. Gastroenterology, 2002, 123(1): 134-140.

[35] Browning J D, Szczepaniak L S, Dobbins R, et al. Prevalence of hepatic steatosis in an urban population in the United States: impact of ethnicity[J]. Hepatology, 2004, 40(6): 1387-1395.

[36] Brouwers M C, Van Greevenbroek M M, Cantor R M. Heritability of nonalcoholic fatty liver disease[J]. Gastroenterology, 2009, 137(4): 1536.

[37] Kim C, Harlow S D, Karvonen-Gutierrez C A, et al. Racial/ethnic differences in hepatic steatosis in a population-based cohort of post-menopausal women: the Michigan Study of Women's Health Across the Nation[J]. Diabet Med, 2013, 30(12): 1433-1441.

[38] Romeo S, Kozlitina J, Xing C, et al. Genetic variation in PNPLA3 confers susceptibility to nonalcoholic fatty liver disease[J]. Nat Genet, 2008, 40(12): 1461-1465.

[39] Dongiovanni P, Donati B, Fares R, et al. PNPLA3 I148M polymorphism and progressive liver disease[J]. World J Gastroenterol, 2013, 19(41): 6969-6978.

[40] Zelber-Sagi S, Salomone F, Yeshua H, et al. Non-high-density lipoprotein cholesterol independently predicts new onset of non-alcoholic fatty liver disease[J]. Liver Int, 2014, 34(6): e128-135.

[41] Kozlitina J, Smagris E, Stender S, et al. Exome-wide association study identifies a TM6SF2 variant that confers susceptibility to nonalcoholic fatty liver disease[J]. Nat Genet, 2014, 46(4): 352-356.

[42] Valenti L, Fracanzani A L, Dongiovanni P, et al. Tumor necrosis factor alpha promoter polymorphisms and insulin resistance in nonalcoholic fatty liver disease[J]. Gastroenterology, 2002, 122(2): 274-280.

[43] Dongiovanni P, Valenti L, Rametta R, et al. Genetic variants regulating insulin receptor signalling are associated with the severity of liver damage in patients with non-alcoholic fatty liver disease[J]. Gut, 2010, 59(2): 267-273.

[44] Valenti L, Canavesi E, Galmozzi E, et al. Beta-globin mutations are associated with parenchymal siderosis and fibrosis in patients with non-alcoholic fatty liver disease[J]. J Hepatol, 2010, 53(5): 927-933.

[45] Al-Serri A, Anstee Q M, Valenti L, et al. The SOD2 C47T polymorphism influences NAFLD fibrosis severity: evidence from case-control and intra-familial allele association studies[J]. J Hepatol, 2012, 56(2): 448-454.

[46] Valenti L, Fracanzani A L, Bugianesi E, et al. HFE genotype, parenchymal iron accumulation, and liver fibrosis in patients with nonalcoholic fatty liver disease[J]. Gastroenterology, 2010, 138(3): 905-912.

[47] Miele L, Beale G, Patman G, et al. The Kruppel-like factor 6 genotype is associated with fibrosis in nonalcoholic fatty liver disease[J]. Gastroenterology, 2008, 135(1): 282-291 e281.

[48] Kleiner D E, Brunt E M, Van Natta M, et al. Design and validation of a histological scoring system for nonalcoholic fatty liver disease[J]. Hepatology, 2005, 41(6): 1313-1321.

[49] Cohen J C, Horton J D, Hobbs H H. Human fatty liver disease: old questions and new insights[J]. Science, 2011, 332(6037): 1519-1523.

[50] Yamaguchi K, Yang L, Mccall S, et al. Inhibiting triglyceride synthesis improves hepatic steatosis but exacerbates liver damage and fibrosis in obese mice with nonalcoholic steatohepatitis

[J]. Hepatology, 2007, 45(6): 1366-1374.

[51] Bugianesi E, Gastaldelli A, Vanni E, et al. Insulin resistance in non-diabetic patients with non-alcoholic fatty liver disease: sites and mechanisms[J]. Diabetologia, 2005, 48(4): 634-642.

[52] Pacifico L, Bonci E, Andreoli G, et al. Association of serum triglyceride-to-HDL cholesterol ratio with carotid artery intima-media thickness, insulin resistance and nonalcoholic fatty liver disease in children and adolescents[J]. Nutr Metab Cardiovasc Dis, 2014, 24(7): 737-743.

[53] Arulanandan A, Ang B, Bettencourt R, et al. Association Between Quantity of Liver Fat and Cardiovascular Risk in Patients With Nonalcoholic Fatty Liver Disease Independent of Nonalcoholic Steatohepatitis[J]. Clin Gastroenterol Hepatol, 2015, 13(8): 1513-1520, e1511.

[54] Chubirko K I, Ivachevska V V, Hechko M M, et al. The assessment of cardiovascular risk factors in patients with nonalcoholic fatty liver disease[J]. Wiad Lek, 2014, 67(2 Pt 2): 332-334.

[55] Periasamy S, Chien S P, Chang P C, et al. Sesame oil mitigates nutritional steatohepatitis via attenuation of oxidative stress and inflammation: a tale of two-hit hypothesis[J]. J Nutr Biochem, 2014, 25(2): 232-240.

[56] Valenti L, Fracanzani A L, Fargion S. The immunopathogenesis of alcoholic and nonalcoholic steatohepatitis: two triggers for one disease?[J]. Semin Immunopathol, 2009, 31(3): 359-369.

[57] Miele L, Valenza V, La Torre G, et al. Increased intestinal permeability and tight junction alterations in nonalcoholic fatty liver disease[J]. Hepatology, 2009, 49(6): 1877-1887.

[58] Bardella M T, Valenti L, Pagliari C, et al. Searching for coeliac disease in patients with non-alcoholic fatty liver disease[J]. Dig Liver Dis, 2004, 36(5): 333-336.

[59] Anstee Q M, Daly A K, Day C P. Genetics of alcoholic and nonalcoholic fatty liver disease[J]. Semin Liver Dis, 2011, 31(2): 128-146.

[60] Schwimmer J B, Celedon M A, Lavine J E, et al. Heritability of nonalcoholic fatty liver disease[J]. Gastroenterology, 2009, 136(5): 1585-1592.

[61] Guerrero R, Vega G L, Grundy S M, et al. Ethnic differences in hepatic steatosis: an insulin resistance paradox?[J]. Hepatology, 2009, 49(3): 791-801.

[62] Willner I R, Waters B, Patil S R, et al. Ninety patients with nonalcoholic steatohepatitis: insulin resistance, familial tendency, and severity of disease[J]. Am J Gastroenterol, 2001, 96(10): 2957-2961.

[63] Minamiyama Y, Takemura S, Kodai S, et al. Iron restriction improves type 2 diabetes mellitus in Otsuka Long-Evans Tokushima fatty rats[J]. Am J Physiol Endocrinol Metab, 2010, 298(6): E1140-1149.

[64] Makkonen J, Pietilainen K H, Rissanen A, et al. Genetic factors contribute to variation in serum alanine aminotransferase activity independent of obesity and alcohol: a study in monozygotic and dizygotic twins[J]. J Hepatol, 2009, 50(5): 1035-1042.

[65] Takehara T, Tatsumi T, Suzuki T, et al. Hepatocyte-specific disruption of Bcl-xL leads to

continuous hepatocyte apoptosis and liver fibrotic responses[J]. Gastroenterology, 2004, 127(4): 1189-1197.

[66] Lu N H, Chen C, He Y J, et al. Effects of quercetin on hemoglobin-dependent redox reactions: relationship to iron-overload rat liver injury[J]. J Asian Nat Prod Res, 2013, 15(12): 1265-1276.

[67] Cheng F F, Ma C Y, Wang X Q, et al. Effect of traditional chinese medicine formula sinisan on chronic restraint stressinduced nonalcoholic fatty liver disease: A rat study[J]. BMC Complementary and Alternative Medicine, 2017, 7;17(1): 203.

[68] Day C P, James O F. Steatohepatitis: A tale of two "hits"?[J]. Gastroenterology, 1998, 114(4): 842-845.

[69] Buzzetti E, Pinzani M, Tsochatzis E A. The multiple-hit pathogenesis of non-alcoholic fatty liver disease (nafld)[J]. Metabolism: Clinical and Experimental, 2016, 65(8): 1038-1048.

[70] Guilherme A, Virbasius J V, Puri V, et al. Adipocyte dysfunctions linking obesity to insulin resistance and type 2 diabetes[J]. Nature Reviews Molecular Cell Biology, 2008, 9(5): 367-377.

[71] Cusi K. Role of obesity and lipotoxicity in the development of nonalcoholic steatohepatitis: Pathophysiology and clinical implications[J]. Gastroenterology, 2012, 142(4): 711-725, e716.

[72] 陶俊贤. 应用蛋白组学及 miseq 测序技术研究姜黄素与利拉鲁肽改善大鼠非酒精性脂肪性肝病分子机制[D]. 南京: 南京大学, 2018.

[73] Kirpich I A, Marsano L S, McClain C J. Gut-liver axis, nutrition, and non-alcoholic fatty liver disease[J]. Clinical Biochemistry, 2015, 48(13-14): 923-930.

[74] Yilmaz Y. Review article: Is non-alcoholic fatty liver disease a spectrum, or are steatosis and non-alcoholic steatohepatitis distinct conditions?[J]. Alimentary Pharmacology & Therapeutics, 2012, 36(9): 815-823.

[75] Sacome-Sosa M M, Parks E J. Fatty acid sources and their fluxes as they contribute to plasma triglyceride concentrations and fatty liver in humans[J]. Curr Opin Lipidol, 2014, 25(3): 213-220.

[76] M Miriam J S, Parks E J. Fatty acid sources and their fluxes as they contribute to plasma triglyceride concentrations and fatty liver in humans[J]. Current Opinion in Lipidology, 2014, 25(3): 213-220.

[77] Cusi K. Role of insulin resistance and lipotoxicity in non-alcoholic steatohepatitis[J]. Clinics in Liver Disease, 2009, 13(4): 545-563.

[78] George J, Liddle C. Nonalcoholic fatty liver disease: Pathogenesis and potential for nuclear receptors as therapeutic targets[J]. Molecular Pharmaceutics, 2008, 5(1): 49-59.

[79] Schultz J R, Tu H, Luk A, et al. Role of lxrs in control of lipogenesis[J]. Genes & Development, 2000, 14(22): 2831-2838.

[80] Mcart J A, Nydam D V, Oetzel G R, et al. Elevated non-esterified fatty acids and β-hydroxybutyrate and their association with transition dairy cow performance[J]. Veterinary Journal, 2013, 198(3): 560-570.

[81] Bremmer D R, Trower S L, Bertics S J, et al. Etiology of fatty liver in dairy cattle: Effects of nutritional and hormonal status on hepatic microsomal triglyceride transfer protein[J]. Journal of Dairy Science, 2000,83(10): 2239-2251.

[82] Horton J D, Bashmakov Y, Shimomura I, et al. Regulation of sterol regulatory element binding proteins in livers of fasted and refed mice[J]. Proceedings of the National Academy of Sciences of the United States of America, 1998,95(11): 5987-5992.

[83] Koliwad S K, Streeper R S, Monetti M, et al. Dgat1-dependent triacylglycerol storage by macrophages protects mice from diet-induced insulin resistance and inflammation[J]. The Journal of Clinical Investigation, 2010,120(3): 756-767.

[84] Yamaguchi K, Yang L, McCall S, et al. Inhibiting triglyceride synthesis improves hepatic steatosis but exacerbates liver damage and fibrosis in obese mice with nonalcoholic steatohepatitis [J]. Hepatology, 2007,45(6): 1366-1374.

[85] Monetti M, Levin M C, Watt M J, et al. Dissociation of hepatic steatosis and insulin resistance in mice overexpressing dgat in the liver[J]. Cell Metabolism, 2007,6(1): 69-78.

[86] Liao W, Hui T Y, Young S G, et al. Blocking microsomal triglyceride transfer protein interferes with apob secretion without causing retention or stress in the er[J]. Journal of Lipid Research, 2003,44(5): 978-985.

[87] Neuschwander-Tetri B A. Hepatic lipotoxicity and the pathogenesis of nonalcoholic steatohepatitis: The central role of nontriglyceride fatty acid metabolites[J]. Hepatology, 2010, 52(2): 774-788.

[88] Han M S, Park S Y, Shinzawa K, et al. Lysophosphatidylcholine as a death effector in the lipoapoptosis of hepatocytes[J]. Journal of Lipid Research, 2008,49(1): 84-97.

[89] Hotamisligil G S. Inflammation and metabolic disorders[J]. Nature,2006,444(7121): 860-867.

[90] Wullaert A, van Loo G, Heyninck K, et al. Hepatic tumor necrosis factor signaling and nuclear factor-kappab: Effects on liver homeostasis and beyond[J]. Endocrine Reviews, 2007,28(4): 365-386.

[91] Cai D, Yuan M, Frantz D F, et al. Local and systemic insulin resistance resulting from hepatic activation of ikk-beta and nf-kappab[J]. Nature Medicine, 2005,11(2): 183-190.

[92] Ribeiro P S, Cortez-Pinto H, Sola S, et al. Hepatocyte apoptosis, expression of death receptors, and activation of nf-kappab in the liver of nonalcoholic and alcoholic steatohepatitis patients[J]. The American Journal of Gastroenterology, 2004,99(9): 1708-1717.

[93] Peverill W, Powell L W, Skoien R. Evolving concepts in the pathogenesis of nash: Beyond steatosis and inflammation [J]. International Journal of Molecular Sciences, 2014, 15(5): 8591-8638.

[94] Buglianesi E, Moscatiello S, Ciaravella M F, et al. Insulin resistance in nonalcoholic fatty liver disease[J]. Current Pharmaceutical Design, 2010,16(17): 1941-1951.

[95] Tewis G F, Carpentier A, Adeli K, et al. Disordered fat storage and mobilization in the pathogenesis of insulin resistance and type 2 diabetes[J]. Endocrine Reviews, 2002,23(2): 201-229.

[96] Arner P. The adipocyte in insulin resistance: Key molecules and the impact of the thiazolidinediones[J]. Trends in Endocrinology and Metabolism: TEM, 2003,14(3): 137-145.

[97] Hotamisligil GS, Shargill NS, Spiegelman BM. Adipose expression of tumor necrosis factor-alpha: Direct role in obesity-linked insulin resistance[J]. Science, 1993,259(5091): 87-91.

[98] Sabio G, Das M, Mora A, et al. A stress signaling pathway in adipose tissue regulates hepatic insulin resistance[J]. Science, 2008,322(5907): 1539-1543.

[99] Tomita K, Tamiya G, Ando S, et al. Tumour necrosis factor alpha signalling through activation of kupffer cells plays an essential role in liver fibrosis of non-alcoholic steatohepatitis in mice[J]. Gut, 2006,55(3): 415-424.

[100] Videla L A, Rodrigo R, Orellana M, et al. Oxidative stress-related parameters in the liver of non-alcoholic fatty liver disease patients[J]. Clinical science, 2004,106(3): 261-268.

[101] Pessayre D, Fromenty B. Nash: A mitochondrial disease[J]. J Hepatol, 2005,42(6): 928-940.

[102] Paradies G, Paradies V, Ruggiero FM, et al. Oxidative stress, cardiolipin and mitochondrial dysfunction in nonalcoholic fatty liver disease[J]. World Journal of Gastroenterology, 2014,20(39): 14205-14218.

[103] 高胜男. 苦酸通调方对自发性 2 型糖尿病胰岛素抵抗大鼠腹部脂肪组织中 fas 表达的影响[D]. 长春：长春中医药大学，2015.

[104] Cusi K. Nonalcoholic fatty liver disease in type 2 diabetes mellitus[J]. Current Opinion in Endocrinology, Diabetes, and Obesity, 2009,16(2): 141-149.

[105] Xu C, Bailly-Maitre B, Reed J C. Endoplasmic reticulum stress: Cell life and death decisions [J]. The Journal of Clinical Investigation, 2005,115(10): 2656-2664.

[106] Zhang X Q, Xu C F, Yu C H, et al. Role of endoplasmic reticulum stress in the pathogenesis of nonalcoholic fatty liver disease [J]. World Journal of Gastroenterology, 2014, 20 (7): 1768-1776.

[107] Gentile C L, Frye M, Pagliassotti M J. Endoplasmic reticulum stress and the unfolded protein response in nonalcoholic fatty liver disease[J]. Antioxidants & Redox Signaling, 2011,15(2): 505-521.

[108] Seki S, Kitada T, Sakaguchi H. Clinicopathological significance of oxidative cellular damage in non-alcoholic fatty liver diseases[J]. Hepatology Research: the Official Journal of the Japan Society of Hepatology, 2005,33(2): 132-134.

[109] Kober L, Zehe C, Bode J. Development of a novel er stress based selection system for the isolation of highly productive clones[J]. Biotechnology and Bioengineering, 2012,109(10): 2599-2611.

[110] Diehl J A, Fuchs S Y, Koumenis C. The cell biology of the unfolded protein response[J]. Gastroenterology, 2011,141(1): 38-41, 41 e31-32.

[111] Puri P, Mirshahi F, Cheung O, et al. Activation and dysregulation of the unfolded protein response in nonalcoholic fatty liver disease[J]. Gastroenterology, 2008,134(2): 568-576.

[112] Ozcan U, Cao Q, Yilmaz E, et al. Endoplasmic reticulum stress links obesity, insulin action, and type 2 diabetes[J]. Science, 2004,306(5695): 457-461.

[113] Kapoor A, Sanyal A J. Endoplasmic reticulum stress and the unfolded protein response[J]. Clinics in Liver Disease, 2009,13(4): 581-590.

[114] Ashraf N U, Sheikh T A. Endoplasmic reticulum stress and oxidative stress in the pathogenesis of non-alcoholic fatty liver disease[J]. Free Radical Research, 2015,49(12): 1405-1418.

[115] Cullinan S B, Diehl J A. Perk-dependent activation of NRF2 contributes to redox homeostasis and cell survival following endoplasmic reticulum stress[J]. The Journal of Biological Chemistry, 2004,279(19): 20108-20117.

[116] Hassler J, Cao S S, Kaufman R J. IRE1, a double-edged sword in pre-mirna slicing and cell death[J]. Developmental Cell, 2012,23(5): 921-923.

[117] Ron D, Hubbard S R. How ire1 reacts to er stress[J]. Cell, 2008,132(1): 24-26.

[118] Ron D, Walter P. Signal integration in the endoplasmic reticulum unfolded protein response[J]. Nature Reviews Molecular Cell Biology, 2007,8(7): 519-529.

[119] Cao J, Dai D L, Yao L, et al. Saturated fatty acid induction of endoplasmic reticulum stress and apoptosis in human liver cells via the PERK/ATF4/CHOP signaling pathway[J]. Molecular and Cellular Biochemistry, 2012,364(1-2): 115-129.

[120] DeZwaan-McCabe D, Riordan J D, Arensdorf A M, et al. The stress-regulated transcription factor CHOP promotes hepatic inflammatory gene expression, fibrosis, and oncogenesis[J]. PLoS Genetics, 2013,9(12): e1003937.

[121] Kobayashi J, Miyashita K, Nakajima K, et al. Hepatic lipase: a comprehensive view of its role on plasma lipid and lipoprotein metabolism[J]. J Atheroscler Thromb, 2015.

[122] Serviddio G, Bellanti F, Vendemiale G. Free radical biology for medicine: learning from nonalcoholic fatty liver disease[J]. Free Radic Biol Med, 2013, 65: 952-968.

[123] Mahady S E, George J. Editorial: triglycerides in chronic liver disease——a marker of disease progression? [J]. Aliment Pharmacol Ther, 2015, 42(2): 239.

[124] Liu K, Czaja M J. Regulation of lipid stores and metabolism by lipophagy[J]. Cell Death Differ, 2013, 20(1): 3-11.

[125] Zambo V, Simon-Szabo L, Szelenyi P, et al. Lipotoxicity in the liver[J]. World J Hepatol, 2013, 5(10): 550-557.

[126] Seifert E L, Estey C, Xuan J Y, et al. Electron transport chain-dependent and -independent mechanisms of mitochondrial H2O2 emission during long-chain fatty acid oxidation[J]. J Biol Chem, 2010, 285(8): 5748-5758.

[127] Vial G, Dubouchaud H, Couturier K, et al. Effects of a high-fat diet on energy metabolism and ROS production in rat liver[J]. J Hepatol, 2011, 54(2): 348-356.

[128] Leamy A K, Egnatchik R A, Young J D. Molecular mechanisms and the role of saturated fatty acids in the progression of non-alcoholic fatty liver disease[J]. Prog Lipid Res, 2013, 52(1): 165-174.

[129] Boudreau D M, Malone D C, Raebel M A, et al. Health care utilization and costs by metabolic syndrome risk factors[J]. Metab Syndr Relat Disord, 2009, 7(4): 305-314.

[130] Pinkney J. Consensus at last? The International Diabetes Federation statement on bariatric surgery in the treatment of obese Type 2 diabetes[J]. Diabet Med, 2011, 28(8): 884-885.

[131] Dietrich P, Hellerbrand C. Non-alcoholic fatty liver disease, obesity and the metabolic syndrome [J]. Best Pract Res Clin Gastroenterol, 2014, 28(4): 637-653.

[132] Day C P, James O F. Hepatic steatosis: innocent bystander or guilty party? [J]. Hepatology, 1998, 27(6): 1463-1466.

[133] Lee S J, Zhang J, Choi A M, et al. Mitochondrial dysfunction induces formation of lipid droplets as a generalized response to stress[J]. Oxid Med Cell Longev, 2013, 2013: 327167.

[134] Das S, Seth R K, Kumar A, et al. Purinergic receptor X7 is a key modulator of metabolic oxidative stress-mediated autophagy and inflammation in experimental nonalcoholic steatohepatitis[J]. Am J Physiol Gastrointest Liver Physiol, 2013, 305(12): G950-963.

[135] Tariq Z, Green C J, Hodson L. Are oxidative stress mechanisms the common denominator in the progression from hepatic steatosis towards non-alcoholic steatohepatitis (NASH)? [J]. Liver Int, 2014, 34(7): e180-190.

[136] Levonen A L, Hill B G, Kansanen E, et al. Redox regulation of antioxidants, autophagy, and the response to stress: implications for electrophile therapeutics[J]. Free Radic Biol Med, 2014, 71: 196-207.

[137] Dinkova-Kostova A T, Holtzclaw W D, Kensler T W. The role of Keap1 in cellular protective responses[J]. Chem Res Toxicol, 2005, 18(12): 1779-1791.

[138] Rushmore T H, Morton M R, Pickett C B. The antioxidant responsive element. Activation by oxidative stress and identification of the DNA consensus sequence required for functional activity [J]. J Biol Chem, 1991, 266(18): 11632-11639.

[139] Wasserman W W, Fahl W E. Functional antioxidant responsive elements[J]. Proc Natl Acad Sci U S A, 1997, 94(10): 5361-5366.

[140] Nguyen T, Sherratt P J, Pickett C B. Regulatory mechanisms controlling gene expression mediated by the antioxidant response element[J]. Annu Rev Pharmacol Toxicol, 2003, 43: 233-260.

[141] Lee J M, Calkins M J, Chan K, et al. Identification of the NF-E2-related factor-2-dependent genes conferring protection against oxidative stress in primary cortical astrocytes using oligonucleotide microarray analysis[J]. J Biol Chem, 2003, 278(14): 12029-12038.

[142] Tong K I, Kobayashi A, Katsuoka F, et al. Two-site substrate recognition model for the Keap1-Nrf2 system: a hinge and latch mechanism[J]. Biol Chem, 2006, 387(10-11): 1311-1320.

[143] Rada P, Rojo A I, Chowdhry S, et al. SCF/{beta}-TrCP promotes glycogen synthase kinase 3-dependent degradation of the Nrf2 transcription factor in a Keap1-independent manner[J]. Mol Cell Biol, 2011, 31(6): 1121-1133.

[144] Cullinan S B, Diehl J A. Coordination of ER and oxidative stress signaling: the PERK/Nrf2 signaling pathway[J]. Int J Biochem Cell Biol, 2006, 38(3): 317-332.

[145] Miao W, Hu L, Scrivens P J, et al. Transcriptional regulation of NF-E2 p45-related factor (NRF2) expression by the aryl hydrocarbon receptor-xenobiotic response element signaling pathway: direct cross-talk between phase I and II drug-metabolizing enzymes[J]. J Biol Chem, 2005, 280(21): 20340-20348.

[146] Tao S, Wang S, Moghaddam S J, et al. Oncogenic KRAS confers chemoresistance by upregulating NRF2[J]. Cancer Res, 2014, 74(24): 7430-7441.

[147] Hayes J D, Dinkova-Kostova A T. The Nrf2 regulatory network provides an interface between redox and intermediary metabolism[J]. Trends Biochem Sci, 2014, 39(4): 199-218.

[148] Osburn W O, Kensler T W. Nrf2 signaling: an adaptive response pathway for protection against environmental toxic insults[J]. Mutat Res, 2008, 659(1-2): 31-39.

[149] Gentile C L, Frye M, Pagliassotti M J. Endoplasmic reticulum stress and the unfolded protein response in nonalcoholic fatty liver disease[J]. Antioxid Redox Signal, 2011, 15(2): 505-521.

[150] Komatsu M, Kurokawa H, Waguri S, et al. The selective autophagy substrate p62 activates the stress responsive transcription factor Nrf2 through inactivation of Keap1[J]. Nat Cell Biol, 2010, 12(3): 213-223.

[151] Kwon J, Han E, Bui C B, et al. Assurance of mitochondrial integrity and mammalian longevity by the p62-Keap1-Nrf2-Nqo1 cascade[J]. EMBO Rep, 2012, 13(2): 150-156.

[152] Holmstrom K M, Baird L, Zhang Y, et al. Nrf2 impacts cellular bioenergetics by controlling substrate availability for mitochondrial respiration[J]. Biol Open, 2013, 2(8): 761-770.

[153] Ludtmann M H, Angelova P R, Zhang Y, et al. Nrf2 affects the efficiency of mitochondrial fatty acid oxidation[J]. Biochem J, 2014, 457(3): 415-424.

[154] Aleksunes L M, Manautou J E. Emerging role of Nrf2 in protecting against hepatic and gastrointestinal disease[J]. Toxicol Pathol, 2007, 35(4): 459-473.

[155] Lu Y F, Liu J, Wu K C, et al. Protection against phalloidin-induced liver injury by oleanolic acid involves Nrf2 activation and suppression of Oatp1b2[J]. Toxicol Lett, 2014, 232(1): 326-332.

[156] Lu H, Cui W, Klaassen C D. Nrf2 protects against 2,3,7,8-tetrachlorodibenzo-p-dioxin (TCDD)-induced oxidative injury and steatohepatitis[J]. Toxicol Appl Pharmacol, 2011, 256(2): 122-135.

[157] Xu W, Hellerbrand C, Kohler U A, et al. The Nrf2 transcription factor protects from toxin-induced liver injury and fibrosis[J]. Lab Invest, 2008, 88(10): 1068-1078.

[158] Silva-Gomes S, Santos A G, Caldas C, et al. Transcription factor NRF2 protects mice against dietary iron-induced liver injury by preventing hepatocytic cell death[J]. J Hepatol, 2014, 60(2): 354-361.

[159] Garcia-Arcos I, Gonzalez-Kother P, Aspichueta P, et al. Lipid analysis reveals quiescent and regenerating liver-specific populations of lipid droplets[J]. Lipids, 2010, 45(12): 1101-1108.

[160] Beyer T A, Xu W, Teupser D, et al. Impaired liver regeneration in Nrf2 knockout mice: role of

ROS-mediated insulin/IGF-1 resistance[J]. EMBO J, 2008, 27(1): 212-223.

[161] Dayoub R, Vogel A, Schuett J, et al. Nrf2 activates augmenter of liver regeneration (ALR) via antioxidant response element and links oxidative stress to liver regeneration[J]. Mol Med, 2013, 19: 237-244.

[162] Sheedfar F, Di Biase S, Koonen D, et al. Liver diseases and aging: friends or foes? [J]. Aging Cell, 2013, 12(6): 950-954.

[163] Suh J H, Shenvi S V, Dixon B M, et al. Decline in transcriptional activity of Nrf2 causes age-related loss of glutathione synthesis, which is reversible with lipoic acid[J]. Proc Natl Acad Sci U S A, 2004, 101(10): 3381-3386.

[164] Shih P H, Yen G C. Differential expressions of antioxidant status in aging rats: the role of transcriptional factor Nrf2 and MAPK signaling pathway[J]. Biogerontology, 2007, 8(2): 71-80.

[165] Hirayama A, Yoh K, Nagase S, et al. EPR imaging of reducing activity in Nrf2 transcriptional factor-deficient mice[J]. Free Radic Biol Med, 2003, 34(10): 1236-1242.

[166] Yates M S, Tran Q T, Dolan P M, et al. Genetic versus chemoprotective activation of Nrf2 signaling: overlapping yet distinct gene expression profiles between Keap1 knockout and triterpenoid-treated mice[J]. Carcinogenesis, 2009, 30(6): 1024-1031.

[167] Kitteringham N R, Abdulla H A, Walsh J, et al. Proteomic analysis of Nrf2 deficient transgenic mice reveals cellular defence and lipid metabolism as primary Nrf2-dependent pathways in the liver[J]. J Proteomics, 2010, 73(8): 1612-1631.

[168] Zhang Y K, Yeager R L, Tanaka Y, et al. Enhanced expression of Nrf2 in mice attenuates the fatty liver produced by a methionine-and choline-deficient diet[J]. Toxicol Appl Pharmacol, 2010, 245(3): 326-334.

[169] Tanaka Y, Aleksunes L M, Yeager R L, et al. NF-E2-related factor 2 inhibits lipid accumulation and oxidative stress in mice fed a high-fat diet[J]. J Pharmacol Exp Ther, 2008, 325(2): 655-664.

[170] Zhang Y K, Wu K C, Liu J, et al. Nrf2 deficiency improves glucose tolerance in mice fed a high-fat diet[J]. Toxicol Appl Pharmacol, 2012, 264(3): 305-314.

[171] Shin S, Wakabayashi J, Yates M S, et al. Role of Nrf2 in prevention of high-fat diet-induced obesity by synthetic triterpenoid CDDO-imidazolide[J]. Eur J Pharmacol, 2009, 620(1-3): 138-144.

[172] Huang J, Tabbi-Anneni I, Gunda V, et al. Transcription factor Nrf2 regulates SHP and lipogenic gene expression in hepatic lipid metabolism[J]. Am J Physiol Gastrointest Liver Physiol, 2010, 299(6): G1211-1221.

[173] Gupte A A, Lyon C J, Hsueh W A. Nuclear factor (erythroid-derived 2)-like-2 factor (Nrf2), a key regulator of the antioxidant response to protect against atherosclerosis and nonalcoholic steatohepatitis[J]. Curr Diab Rep, 2013, 13(3): 362-371.

[174] Hardwick R N, Fisher C D, Canet M J, et al. Diversity in antioxidant response enzymes in

progressive stages of human nonalcoholic fatty liver disease[J]. Drug Metab Dispos, 2010, 38(12): 2293-2301.

[175] Sugimoto H, Okada K, Shoda J, et al. Deletion of nuclear factor-E2-related factor-2 leads to rapid onset and progression of nutritional steatohepatitis in mice[J]. Am J Physiol Gastrointest Liver Physiol, 2010, 298(2): G283-294.

[176] Chowdhry S, Nazmy M H, Meakin P J, et al. Loss of Nrf2 markedly exacerbates nonalcoholic steatohepatitis[J]. Free Radic Biol Med, 2010, 48(2): 357-371.

[177] Wang C, Cui Y, Li C, et al. Nrf2 deletion causes "benign" simple steatosis to develop into nonalcoholic steatohepatitis in mice fed a high-fat diet[J]. Lipids Health Dis, 2013, 12: 165.

[178] Okada K, Warabi E, Sugimoto H, et al. Deletion of Nrf2 leads to rapid progression of steatohepatitis in mice fed atherogenic plus high-fat diet[J]. J Gastroenterol, 2013, 48(5): 620-632.

[179] Zhang Y, Gordon G B. A strategy for cancer prevention: stimulation of the Nrf2-ARE signaling pathway[J]. Mol Cancer Ther, 2004, 3(7): 885-893.

[180] Dinkova-Kostova A T, Abeygunawardana C, Talalay P. Chemoprotective properties of phenylpropenoids, bis(benzylidene) cycloalkanones, and related Michael reaction acceptors: correlation of potencies as phase 2 enzyme inducers and radical scavengers[J]. J Med Chem, 1998, 41(26): 5287-5296.

[181] Liby K, Hock T, Yore M M, et al. The synthetic triterpenoids, CDDO and CDDO-imidazolide, are potent inducers of heme oxygenase-1 and Nrf2/ARE signaling[J]. Cancer Res, 2005, 65(11): 4789-4798.

[182] Iida K, Itoh K, Kumagai Y, et al. Nrf2 is essential for the chemopreventive efficacy of oltipraz against urinary bladder carcinogenesis[J]. Cancer Res, 2004, 64(18): 6424-6431.

[183] Zhao J, Moore A N, Redell J B, et al. Enhancing expression of Nrf2-driven genes protects the blood brain barrier after brain injury[J]. J Neurosci, 2007, 27(38): 10240-10248.

[184] Yates M S, Kwak M K, Egner P A, et al. Potent protection against aflatoxin-induced tumorigenesis through induction of Nrf2-regulated pathways by the triterpenoid 1-[2-cyano-3-,12-dioxooleana-1,9(11)-dien-28-oyl] imidazole[J]. Cancer Res, 2006, 66(4): 2488-2494.

[185] Bataille A M, Manautou J E. Nrf2: a potential target for new therapeutics in liver disease[J]. Clin Pharmacol Ther, 2012, 92(3): 340-348.

[186] Nelson S K, Bose S K, Grunwald G K, et al. The induction of human superoxide dismutase and catalase in vivo: a fundamentally new approach to antioxidant therapy[J]. Free Radic Biol Med, 2006, 40(2): 341-347.

[187] Matsuoka H, Kuwajima I, Shimada K, et al. Comparison of efficacy and safety between bisoprolol transdermal patch (TY-0201) and bisoprolol fumarate oral formulation in Japanese patients with grade I or II essential hypertension: randomized, double-blind, placebo-controlled study[J]. J Clin Hypertens (Greenwich), 2013, 15(11): 806-814.

[188] Yates M S, Tauchi M, Katsuoka F, et al. Pharmacodynamic characterization of

[189] Saha P K, Reddy V T, Konopleva M, et al. The triterpenoid 2-cyano-3,12-dioxooleana-1,9-dien-28-oic-acid methyl ester has potent anti-diabetic effects in diet-induced diabetic mice and Lepr(db/db) mice[J]. J Biol Chem, 2010, 285(52): 40581-40592.

[190] Jeong W S, Keum Y S, Chen C, et al. Differential expression and stability of endogenous nuclear factor E2-related factor 2 (Nrf2) by natural chemopreventive compounds in HepG2 human hepatoma cells[J]. J Biochem Mol Biol, 2005, 38(2): 167-176.

[191] Greco T, Shafer J, Fiskum G. Sulforaphane inhibits mitochondrial permeability transition and oxidative stress[J]. Free Radic Biol Med, 2011, 51(12): 2164-2171.

[192] Oh C J, Kim J Y, Min A K, et al. Sulforaphane attenuates hepatic fibrosis via NF-E2-related factor 2-mediated inhibition of transforming growth factor-beta/Smad signaling[J]. Free Radic Biol Med, 2012, 52(3): 671-682.

[193] Okada K, Warabi E, Sugimoto H, et al. Nrf2 inhibits hepatic iron accumulation and counteracts oxidative stress-induced liver injury in nutritional steatohepatitis[J]. J Gastroenterol, 2012, 47(8): 924-935.

[194] Shimozono R, Asaoka Y, Yoshizawa Y, et al. Nrf2 activators attenuate the progression of nonalcoholic steatohepatitis-related fibrosis in a dietary rat model[J]. Mol Pharmacol, 2013, 84(1): 62-70.

[195] Nakamura A, Terauchi Y. Lessons from mouse models of high-fat diet-induced NAFLD[J]. Int J Mol Sci, 2013, 14(11): 21240-21257.

[196] Lang M A, Juvonen R, Jarvinen P, et al. Mouse liver P450Coh: genetic regulation of the pyrazole-inducible enzyme and comparison with other P450 isoenzymes[J]. Arch Biochem Biophys, 1989, 271(1): 139-148.

[197] Alsharari S D, Siu E C, Tyndale R F, et al. Pharmacokinetic and pharmacodynamics studies of nicotine after oral administration in mice: effects of methoxsalen, a CYP2A5/6 inhibitor[J]. Nicotine Tob Res, 2014, 16(1): 18-25.

[198] Hu J, Sheng L, Li L, et al. Essential role of the cytochrome P450 enzyme CYP2A5 in olfactory mucosal toxicity of naphthalene[J]. Drug Metab Dispos, 2014, 42(1): 23-27.

[199] Bagdas D, Muldoon P P, Zhu A Z, et al. Effects of methoxsalen, a CYP2A5/6 inhibitor, on nicotine dependence behaviors in mice[J]. Neuropharmacology, 2014, 85: 67-72.

[200] Ashino T, Ohkubo-Morita H, Yamamoto M, et al. Possible involvement of nuclear factor erythroid 2-related factor 2 in the gene expression of Cyp2b10 and Cyp2a5[J]. Redox Biol, 2014, 2: 284-288.

[201] Abu-Bakar A, Satarug S, Marks G C, et al. Acute cadmium chloride administration induces hepatic and renal CYP2A5 mRNA, protein and activity in the mouse: involvement of transcription factor NRF2[J]. Toxicol Lett, 2004, 148(3): 199-210.

[202] Abu-Bakar A, Arthur D M, Aganovic S, et al. Inducible bilirubin oxidase: a novel function for

the mouse cytochrome P450 2A5[J]. Toxicol Appl Pharmacol, 2011, 257(1): 14-22.

[203] Arpiainen S, Raffalli-Mathieu F, Lang M A, et al. Regulation of the Cyp2a5 gene involves an aryl hydrocarbon receptor-dependent pathway[J]. Mol Pharmacol, 2005, 67(4): 1325-1333.

[204] Arpiainen S, Lamsa V, Pelkonen O, et al. Aryl hydrocarbon receptor nuclear translocator and upstream stimulatory factor regulate Cytochrome P450 2a5 transcription through a common E-box site[J]. J Mol Biol, 2007, 369(3): 640-652.

[205] Abu-Bakar A, Lamsa V, Arpiainen S, et al. Regulation of CYP2A5 gene by the transcription factor nuclear factor (erythroid-derived 2)-like 2[J]. Drug Metab Dispos, 2007, 35(5): 787-794.

[206] Glisovic T, Soderberg M, Christian K, et al. Interplay between transcriptional and post-transcriptional regulation of Cyp2a5 expression[J]. Biochem Pharmacol, 2003, 65(10): 1653-1661.

[207] Beddowes E J, Faux S P, Chipman J K. Chloroform, carbon tetrachloride and glutathione depletion induce secondary genotoxicity in liver cells via oxidative stress[J]. Toxicology, 2003, 187(2-3): 101-115.

[208] Zavodnik I B, Dremza I K, Cheshchevik V T, et al. Oxidative damage of rat liver mitochondria during exposure to t-butyl hydroperoxide. Role of Ca(2)(+) ions in oxidative processes[J]. Life Sci, 2013, 92(23): 1110-1117.

[209] Gilmore W J, Hartmann G, Piquette-Miller M, et al. Effects of lipopolysaccharide-stimulated inflammation and pyrazole-mediated hepatocellular injury on mouse hepatic Cyp2a5 expression[J]. Toxicology, 2003, 184(2-3): 211-226.

[210] Tarantino G, Citro V, Finelli C. What non-alcoholic fatty liver disease has got to do with obstructive sleep apnoea syndrome and viceversa? [J]. J Gastrointest Liver Dis, 2014, 23(3): 291-299.

[211] Maleki I, Aminafshari M R, Taghvaei T, et al. Serum immunoglobulin A concentration is a reliable biomarker for liver fibrosis in non-alcoholic fatty liver disease[J]. World J Gastroenterol, 2014, 20(35): 12566-12573.

[212] Kim S, Sohn I, Ahn J I, et al. Hepatic gene expression profiles in a long-term high-fat diet-induced obesity mouse model[J]. Gene, 2004, 340(1): 99-109.

[213] Reddy N M, Kleeberger S R, Yamamoto M, et al. Genetic dissection of the Nrf2-dependent redox signaling-regulated transcriptional programs of cell proliferation and cytoprotection[J]. Physiol Genomics, 2007, 32(1): 74-81.

[214] Pekovic-Vaughan V, Gibbs J, Yoshitane H, et al. The circadian clock regulates rhythmic activation of the NRF2/glutathione-mediated antioxidant defense pathway to modulate pulmonary fibrosis[J]. Genes Dev, 2014, 28(6): 548-560.

[215] Gong P, Cederbaum A I. Nrf2 is increased by CYP2E1 in rodent liver and HepG2 cells and protects against oxidative stress caused by CYP2E1[J]. Hepatology, 2006, 43(1): 144-153.

[216] Schipper H M. Heme oxygenase expression in human central nervous system disorders[J]. Free

Radic Biol Med, 2004, 37(12): 1995-2011.

[217] Dinkova-Kostova A T, Talalay P. NAD(P)H: quinone acceptor oxidoreductase 1 (NQO1), a multifunctional antioxidant enzyme and exceptionally versatile cytoprotector[J]. Arch Biochem Biophys, 2010, 501(1): 116-123.

[218] Turpaev K T. Keap1-Nrf2 signaling pathway: mechanisms of regulation and role in protection of cells against toxicity caused by xenobiotics and electrophiles[J]. Biochemistry (Mosc), 2013, 78(2): 111-126.

[219] Ulvila J, Arpiainen S, Pelkonen O, et al. Regulation of Cyp2a5 transcription in mouse primary hepatocytes: roles of hepatocyte nuclear factor 4 and nuclear factor I[J]. Biochem J, 2004, 381 (Pt 3): 887-894.

[220] Lamsa V, Levonen A L, Leinonen H, et al. Cytochrome P450 2A5 constitutive expression and induction by heavy metals is dependent on redox-sensitive transcription factor Nrf2 in liver[J]. Chem Res Toxicol, 2010, 23(5): 977-985.

[221] Cullinan S B, Zhang D, Hannink M, et al. Nrf2 is a direct PERK substrate and effector of PERK-dependent cell survival[J]. Mol Cell Biol, 2003, 23(20): 7198-7209.

[222] Motohashi H, Yamamoto M. Nrf2-Keap1 defines a physiologically important stress response mechanism[J]. Trends Mol Med, 2004, 10(11): 549-557.

[223] Itoh K, Mochizuki M, Ishii Y, et al. Transcription factor Nrf2 regulates inflammation by mediating the effect of 15-deoxy-Delta(12,14)-prostaglandin j(2)[J]. Mol Cell Biol, 2004, 24 (1): 36-45.

[224] Lee B S, Heo J, Kim Y M, et al. Carbon monoxide mediates heme oxygenase 1 induction via Nrf2 activation in hepatoma cells[J]. Biochem Biophys Res Commun, 2006, 343(3): 965-972.

[225] Buckley B J, Marshall Z M, Whorton A R. Nitric oxide stimulates Nrf2 nuclear translocation in vascular endothelium[J]. Biochem Biophys Res Commun, 2003, 307(4): 973-979.

[226] Cheng X, Gu J, Klaassen C D. Adaptive hepatic and intestinal alterations in mice after deletion of NADPH-cytochrome P450 Oxidoreductase (Cpr) in hepatocytes[J]. Drug Metab Dispos, 2014, 42(11): 1826-1833.

[227] Nebert D W, Roe A L, Dieter M Z, et al. Role of the aromatic hydrocarbon receptor and[Ah] gene battery in the oxidative stress response, cell cycle control, and apoptosis[J]. Biochem Pharmacol, 2000, 59(1): 65-85.

[228] Corre S, Galibert M D. Upstream stimulating factors: highly versatile stress-responsive transcription factors[J]. Pigment Cell Res, 2005, 18(5): 337-348.

[229] Matsuda M, Tamura K, Wakui H, et al. Upstream stimulatory factors 1 and 2 mediate the transcription of angiotensin II binding and inhibitory protein[J]. J Biol Chem, 2013, 288(26): 19238-19249.

[230] Van Deursen D, Jansen H, Verhoeven A J. Glucose increases hepatic lipase expression in HepG2 liver cells through upregulation of upstream stimulatory factors 1 and 2 [J]. Diabetologia, 2008, 51(11): 2078-2087.

[231] Chen M L, Lee K D, Huang H C, et al. HNF-4alpha determines hepatic differentiation of human mesenchymal stem cells from bone marrow[J]. World J Gastroenterol, 2010, 16(40): 5092-5103.

[232] Gonzalez F J. Regulation of hepatocyte nuclear factor 4 alpha-mediated transcription[J]. Drug Metab Pharmacokinet, 2008, 23(1): 2-7.

[233] Sladek F M. Orphan receptor HNF-4 and liver-specific gene expression[J]. Receptor, 1994, 4(1): 64.

[234] Stoffel M, Duncan S A. The maturity-onset diabetes of the young (MODY1) transcription factor HNF4alpha regulates expression of genes required for glucose transport and metabolism [J]. Proc Natl Acad Sci USA, 1997, 94(24): 13209-13214.

[235] Watts G F, Chan D C, Barrett P H, et al. Effect of a statin on hepatic apolipoprotein B-100 secretion and plasma campesterol levels in the metabolic syndrome[J]. Int J Obes Relat Metab Disord, 2003, 27(7): 862-865.

[236] Viitala P, Posti K, Lindfors A, et al. cAMP mediated upregulation of CYP2A5 in mouse hepatocytes[J]. Biochem Biophys Res Commun, 2001, 280(3): 761-767.

[237] Arpiainen S, Jarvenpaa S M, Manninen A, et al. Coactivator PGC-1alpha regulates the fasting inducible xenobiotic-metabolizing enzyme CYP2A5 in mouse primary hepatocytes[J]. Toxicol Appl Pharmacol, 2008, 232(1): 135-141.

[238] Lin J, Yang R, Tarr P T, et al. Hyperlipidemic effects of dietary saturated fats mediated through PGC-1beta coactivation of SREBP[J]. Cell, 2005, 120(2): 261-273.

[239] Lavery D J, Lopez-Molina L, Margueron R, et al. Circadian expression of the steroid 15 alpha-hydroxylase (Cyp2a4) and coumarin 7-hydroxylase (Cyp2a5) genes in mouse liver is regulated by the PAR leucine zipper transcription factor DBP[J]. Mol Cell Biol, 1999, 19(10): 6488-6499.

[240] Canaple L, Rambaud J, Dkhissi-Benyahya O, et al. Reciprocal regulation of brain and muscle Arnt-like protein 1 and peroxisome proliferator-activated receptor alpha defines a novel positive feedback loop in the rodent liver circadian clock[J]. Mol Endocrinol, 2006, 20(8): 1715-1727.

[241] Rudic R D, Mcnamara P, Curtis A M, et al. BMAL1 and CLOCK, two essential components of the circadian clock, are involved in glucose homeostasis[J]. PLoS Biol, 2004, 2(11): e377.

[242] Yamauchi T, Watanabe K, Fukazawa A, et al. Ethylene and reactive oxygen species are involved in root aerenchyma formation and adaptation of wheat seedlings to oxygen-deficient conditions[J]. J Exp Bot, 2014, 65(1): 261-273.

[243] Siewert E, Bort R, Kluge R, et al. Hepatic cytochrome P450 down-regulation during aseptic inflammation in the mouse is interleukin 6 dependent[J]. Hepatology, 2000, 32(1): 49-55.

[244] Gilmore W J, Kirby G M. Endoplasmic reticulum stress due to altered cellular redox status positively regulates murine hepatic CYP2A5 expression[J]. J Pharmacol Exp Ther, 2004, 308(2): 600-608.

[245] Tiong K H, Mohammed Yunus N A, Yiap B C, et al. Inhibitory potency of 8-methoxypsoralen

on cytochrome P450 2A6 (CYP2A6) allelic variants CYP2A6 15, CYP2A6 16, CYP2A6 21 and CYP2A6 22: differential susceptibility due to different sequence locations of the mutations[J]. PLoS One, 2014, 9(1): e86230.

[246] Stephens E S, Walsh A A, Scott E E. Evaluation of inhibition selectivity for human cytochrome P450 2A enzymes[J]. Drug Metab Dispos, 2012, 40(9): 1797-1802.

[247] Enomoto A, Itoh K, Nagayoshi E, et al. High sensitivity of Nrf2 knockout mice to acetaminophen hepatotoxicity associated with decreased expression of ARE-regulated drug metabolizing enzymes and antioxidant genes[J]. Toxicol Sci, 2001, 59(1): 169-177.

[248] Lamle J, Marhenke S, Borlak J, et al. Nuclear factor-eythroid 2-related factor 2 prevents alcohol-induced fulminant liver injury[J]. Gastroenterology, 2008, 134(4): 1159-1168.

[249] Lu Y, Gong P, Cederbaum A I. Pyrazole induced oxidative liver injury independent of CYP2E1/2A5 induction due to Nrf2 deficiency[J]. Toxicology, 2008, 252(1-3): 9-16.

[250] Lu Y, Zhang X H, Cederbaum A I. Ethanol induction of CYP2A5: role of CYP2E1-ROS-Nrf2 pathway[J]. Toxicol Sci, 2012, 128(2): 427-438.

[251] Yokota S, Higashi E, Fukami T, et al. Human CYP2A6 is regulated by nuclear factor-erythroid 2 related factor 2[J]. Biochem Pharmacol, 2011, 81(2): 289-294.

[252] Niemela O, Parkkila S, Juvonen R O, et al. Cytochromes P450 2A6, 2E1, and 3A and production of protein-aldehyde adducts in the liver of patients with alcoholic and non-alcoholic liver diseases[J]. J Hepatol, 2000, 33(6): 893-901.

[253] Abu-Bakar A, Moore M R, Lang M A. Evidence for induced microsomal bilirubin degradation by cytochrome P450 2A5[J]. Biochem Pharmacol, 2005, 70(10): 1527-1535.

[254] Cai Y, Konishi T, Han G, et al. The role of hepatocyte RXR alpha in xenobiotic-sensing nuclear receptor-mediated pathways[J]. Eur J Pharm Sci, 2002, 15(1): 89-96.

[255] Martin-Montalvo A, Villalba J M, Navas P, et al. NRF2, cancer and calorie restriction[J]. Oncogene, 2011, 30(5): 505-520.

[256] Slocum S L, Kensler T W. Nrf2: control of sensitivity to carcinogens[J]. Arch Toxicol, 2011, 85(4): 273-284.

[257] Benowitz N L, Swan G E, Jacob P, et al. CYP2A6 genotype and the metabolism and disposition kinetics of nicotine[J]. Clin Pharmacol Ther, 2006, 80(5): 457-467.

[258] Zhou X, Zhuo X, Xie F, et al. Role of CYP2A5 in the clearance of nicotine and cotinine: insights from studies on a Cyp2a5-null mouse model[J]. J Pharmacol Exp Ther, 2010, 332(2): 578-587.

[259] Siu E C, Wildenauer D B, Tyndale R F. Nicotine self-administration in mice is associated with rates of nicotine inactivation by CYP2A5[J]. Psychopharmacology (Berl), 2006, 184(3-4): 401-408.

[260] Miyazaki M, Yamazaki H, Takeuchi H, et al. Mechanisms of chemopreventive effects of 8-methoxypsoralen against 4-(methylnitrosamino)-1-(3-pyridyl)-1-butanone-induced mouse lung adenomas[J]. Carcinogenesis, 2005, 26(11): 1947-1955.

[261] Liu X, Dai A, Tan S. Expression and interactions of transcription factors ATF3/ATF4 and Nrf2 in chronic obstructive pulmonary disease. chinese journal of pathophysiology[J]. 2011, 27 (10): 1961-1966.

[262] 海燕. 非小细胞肺癌细胞中 Nrf2 调控与生物学功能研究[D]. 杭州: 浙江大学, 2011.

# 第三章
# 中药在动物肝疾病防治中的应用研究

中药是我国在世界各国中最有影响的学科领域之一，在我国已经拥有几千年的历史，中兽医学是我国传统医学的一个学科，中兽医学对动物疾病有着深入研究，是我国古代劳动人民同动物疾病作斗争的经验总结。从神农尝百草到李时珍的《本草纲目》，再到中兽医经典著作《元亨疗马集》的出现，在畜禽疾病防治中已经积累了大量的临床经验，先辈们对动物疾病很早就已经做出过深入研究和实践，在防病治病，保健等方面，具有独特的治疗效果和优势。我国疆域辽阔地大物博，资源丰富，中草药资源也具有特别的优势，其中草药数量达到了上万种之多，临床常用有几百种。所以临床上可以充分利用中草药资源来防治动物疾病，利用中草药防治奶牛代谢性疾病也有大量研究。

## 第一节
## 中药在动物疾病防治中的研究进展

中药饲料添加剂是指以天然植物或动物为原料，结合传统医学的理念，按照使用意图，以提高动物生产性能和提高饲料利用率为目的，添加于饲料中的纯天然的物质。

研究发现大量的中药都不易产生耐药性，具有温和、低毒、无残留、功能多样等特点，并且兼有药物与营养双重功效，既可增强动物机体免疫能力，又可作为保健生物活性添加剂，从而调节机体的新陈代谢，促进营养物质的吸收。临床应用植物类药居多，动物药和矿物药使用相对较少。为此，中药添加剂具有广阔的应用前景。

## 一、中药添加剂的作用

**1. 增进食欲，提高营养物质的吸收**

常用的中药麦芽、山楂、神曲、莱菔子、肉桂等可增强食欲促进营养吸收，齐亚山等将酸枣仁、贯众、神曲、麦芽等组成的中药饲添加剂进行肥猪的饲养试验，结果表明：中药添加剂能够促进育肥猪生长，提高饲料利用率，并增加了经济效益。此外，一些中药具有芳香甜味，可以改善饲料适口性。

**2. 改善瘤胃环境**

顾小卫等研究发现，通过对奶牛饲喂中药添加剂，可使奶牛瘤胃氨氮浓度降低，瘤胃 pH 改变，使瘤胃微生物利用度提高。

**3. 提高产奶量，改善乳成分**

饲喂中草药添加剂的奶牛可以提高产奶量，使乳成分得到改善。王秋芳等选用黄芪、川芎、当归饲喂奶山羊，母畜不仅可以改善体质，而且产奶量可增加 0.38kg/g，达到 9.6% 的增长率；刘深廷等用复合的中药党参、黄芪、王不留行、当归等饲喂奶牛，可以显著提高奶牛的产奶量，并使乳成分得到改善，提高 11.2% 的乳脂率。

**4. 增强畜禽的免疫功能**

中药中含有多糖类物质，可增强动物的体液免疫和细胞免疫。黄一帆等研究，用淫羊藿等中药饲料添加剂饲喂蛋用雏鸡，结果表明：显著提高了多项免疫指标。这是由于淫羊藿等中药中含有活性多糖，这些多糖均有免疫刺激作用。

## 二、中药在非酒精性脂肪肝疾病防治中的应用

脂肪肝对畜牧行业的影响尤为严重，探索防治 NAFLD 的有效方法具有十分重要的意义。目前大多数治疗 NAFLD 的方法都是通过改善胰岛素敏感性来减少代谢综合征的发生。代谢综合征机制的靶向药物，如胰岛素增敏剂和抗氧化剂/细胞保护疗法，已经在动物试验中得到评估。此类疗法在临床试验中具有一定的局限性，有些甚至具有副作用。此外，由于脂沉积在 NAFLD 发病过程中起到关键作用，因此抑制脂质积聚也是 NAFLD 防治药物研发中的一个主要焦点。各种可以抑制脂沉积的西药如他汀类药物在临床试验中作为 NAFLD 治疗药物被使用。然而，这些药物有明显的副作用，包括增加感染和导致骨质疏松的风险等。因此，对于 NAFLD 的防治，迫切需

要一种副作用小、作用全面的新型药物。因此，目前有越来越多的研究集中于中药提取物或天然产物，其中许多研究发现中药产品对于 NAFLD 的防治具有较好作用。因此，中药可以作为防治 NAFLD 的候选药物。

中药具有十分丰富的生物活性物质，可用于预防多种疾病。中药组方具有多水平、多靶点、多种药理活性的复杂化学成分。中药组方由君、臣、佐、使四部分组成：君药物，也称为主要药物，旨在提供主要治疗作用来治疗主要疾病或主要综合征。臣药具有辅助君药治疗主要疾病或原发综合征的作用。佐药为辅助药物，可通过辅助君臣药物，间接治疗原发病，或者直接治疗继发性综合征。使药具有引导其他药物到达疾病部位的作用。中药复方是根据传统理论开发的，它根据处方原则指导，选择合适的药物并确定每种药物的剂量。据报道，许多中药组方都具有显著的防治 NAFLD 的作用。如著名中药方剂——茵陈蒿汤（YCHD），由毛蒿、栀子和掌叶大黄三种药用植物组成，最早见于《神农经》，几百年来一直用于治疗肝胆疾病。近年来的研究表明，中药组方-养肝活血方能通过减少肝脂肪堆积、促进脂联素分泌和增加 PPAR-γ 表达来治疗 NAFLD。另一种众所周知的中药方剂——祛湿化瘀汤（QSHYD），能有效逆转肝脏内 FFA 和 TG 水平的升高，并能通过多种信号通路抑制脂肪沉积和炎症反应。除此之外，还有很多中药方剂，如四逆散、肝脂消汤、利肝石榴八味散等众多中药复方也是治疗 NAFLD 的有效方法。总之，随着对 NAFLD 发病机制及中药药理作用研究的深入，中药因为其作用靶点多、副作用小等优点逐渐被用到 NAFLD 的防治中。

## 三、传统中药组方——四君子汤的研究

四君子汤原名"白术汤"，后在《太平惠民和局方》中被更名为"四君子汤"。四君子汤作为传统中药组方具有益气健脾等功能，主要由人参、白术、茯苓、甘草四位中药组成，现如今在临床使用中多以党参代替人参。随着研究的深入，四君子汤更多的作用也逐渐被大家所发现。Wangui Yu 等人通过大鼠体内实验证实四君子汤对 3% 硫酸葡聚糖钠诱导的大鼠肠炎具有较好的治疗作用。同时，也有学者研究表明，四君子汤的有效成分能够对肠道菌群进行调节。四君子汤还能够对化疗引起的免疫毒性进行预防并对患者的免疫功能具有良好的保护作用。此外，纪晓霞通过小鼠体内实验研究证实，四君子汤能够改善急性酒精性肝损伤小鼠肝脏的病理状态，并能够促进小鼠免疫细胞增殖。四君子汤是一种具有多种疗效的传统中药组方，现在被大家广泛研究和使用。也有众多学者在四君子汤基础上进行药物的加减组成

新的中药组方,从而发挥新的作用。在临床上,如香砂六君子汤、参苓白术散等多种中药组方均是在四君子汤基础上进行药物加减演化而来的。J. M. Chen等人在四君子汤的基础上加入红芪、女贞子等中草药组成新的中药组方,用于抵抗小鼠肿瘤。李玉等人通过在四君子汤中加入黄芩、山楂等中草药组成新的中药组方,对小鼠脾虚症状进行改善。施盛英等人在四君子汤中加入石斛、半枝莲等中药组成新的中药组方,通过对PI3K/Akt/mTOR通路进行阻断来阻止Hep-G2肝癌细胞的增殖。四君子汤是传统中药组方,而对其成分的适当改变能够组成新的中药组方,使其发挥更多的药理作用。

## 四、新的中药组方——加味四君子汤组成分析

在应用中药防治脂肪肝疾病的过程中,多数学者采用具有清热利湿、祛除痰阻、健脾理气等作用的中草药进行配伍。四君子汤是具有益气健脾功能的传统中药组方。近年来,经众多学者研究发现,四君子汤还具有抑制细胞凋亡、调节肠道微生物、提高免疫力等作用。因此,我们在四君子汤基础上加入具有保肝作用的菟丝子、具有清热解毒功效的半枝莲等药物组成新的中药组方-加味四君子汤,以期能够对NAFLD疾病进行预防,各药物传统功效如表3-1所示:

表3-1 加味四君子汤各组成药物性味、归经及其功效

| 药名 | 性味 | 归经 | 相关功效 |
| --- | --- | --- | --- |
| 党参 | 平、甘 | 脾、肺 | 补脾益肺、生津止渴 |
| 白术 | 温、甘 | 脾、胃 | 健脾益气、燥湿利水 |
| 车前子 | 寒、甘 | 肝、肾、小肠 | 清热利尿、痰多咳嗽 |
| 藿香 | 温、辛 | 肺、脾、胃 | 化湿醒脾、辟秽和中 |
| 茯苓 | 平、甘 | 心、肺、脾、肾 | 宁心健脾、利水渗湿 |
| 菟丝子 | 平、辛、甘 | 肝、脾、肾 | 补益肝肾、缩尿止泻 |
| 熟地 | 微温、甘 | 肝、肾 | 补益真阴、聪耳明目 |
| 陈皮 | 温、苦、辛 | 肺、脾 | 理气健脾、燥湿化痰 |
| 半枝莲 | 寒、辛、苦 | 肺、肝、肾 | 消肿利尿、清热解毒 |
| 甘草 | 平、甘 | 心、肺、脾、胃 | 清热解毒、益气补脾 |

除上述古籍中记载的功效外,随着众多学者深入研究发现,加味四君子汤中各组成药物还具有抗炎、抗氧化、降脂等多种作用,各药物现代药理学作用见表3-2:

表 3-2　加味四君子汤各组成药物现代药理学作用

| 药名 | 主要化学成分 | 现代药理学作用 |
| --- | --- | --- |
| 党参 | 糖苷类、甾醇类 | 抑菌、抗氧化、抗炎 |
| 白术 | 萜类、挥发油 | 抗炎、抗肿瘤 |
| 车前子 | 环烯醚萜、黄酮 | 降脂、抗炎、抗肿瘤、抗氧化 |
| 藿香 | 甲基胡椒酚 | 抗菌、抗炎、抗氧化 |
| 茯苓 | 三萜类、多糖类 | 抗炎、保肝、免疫 |
| 菟丝子 | 黄酮类、糖苷类 | 保肝、降血糖 |
| 熟地 | 梓醇、糖类、地黄素 | 降血糖、降脂、抗氧化 |
| 陈皮 | 黄酮、黄酮醇 | 抗氧化、抗肿瘤、降胆固醇 |
| 半枝莲 | 黄酮类、多糖 | 抗炎、抗氧化、抗癌、保肝 |
| 甘草 | 甘草次酸、甘草黄酮 | 抗炎、抗病毒、抗氧化 |

NAFLD 被认为是一系列复杂的、多方面的病理过程，涉及炎症反应、脂代谢障碍、氧化应激等。在过去的几十年中，中药由于其高效率和低副作用的优点，作为预防和治疗 NAFLD 的潜在药物而受到越来越多的关注。因此，笔者课题组谨遵中医药基本理论和前人研究成果，在四君子汤原方基础上进行药材及用量的加减，选用党参为主药，配伍以具有降糖、调节脂代谢等作用的车前子、藿香等中草药，按照君、臣、佐、使的关系组成复方中药，以期研制出一种疗效好、副作用小的 NAFLD 预防药物。

# 第二节
# 中药对非酒精性脂肪肝防治的作用机制

## 一、中药对非酒精性脂肪肝模型鼠的防治研究

### 1. 加味四君子汤对高脂饮食诱导的小鼠非酒精性脂肪肝的干预作用

（1）实验材料

① 实验所需主要仪器设备，见表 3-3。

表 3-3　实验所需主要仪器设备

| 设备名称 | 生产厂家 | 设备型号 |
| --- | --- | --- |
| 台式低俗离心机 | 湖南可成仪器设备有限公司 | L3-5K |
| 电子天平 | 梅特勒-托利多仪器公司 | ME203E/02 |
| 电子秤 | 上海越平科学仪器制造有限公司 | YP2002 |
| 酶标仪 | 上海三科仪器有限公司 | 318MC |

续表

| 设备名称 | 生产厂家 | 设备型号 |
|---|---|---|
| 电泳仪 | 美国 BIO-BAD | 043BR68839 |
| 电泳槽 | 美国 BIO-BAD | 552BR189451 |
| 转膜仪 | 美国 BIO-BAD | 043BR68839 |
| 电泳转印槽 | 北京君意东方电泳设备有限公司 | JY-ZY5 |
| 摇床 | 海门市其林贝尔仪器制造有限公司 | TS-1000 |
| Amersham Imager 600 成像仪 | | |
| 混合球磨仪 | Retsch | MM400 |
| 制冰机 | | |
| 超微量分光光度计 | Thermo Scientific | 2000C |
| qPCR 仪 | Analytikjena | qTOWER3G |
| 脱水机 | 武汉俊杰电子有限公司 | JT-12J |
| 包埋机 | 武汉俊杰电子有限公司 | JB-L5 |
| 病理切片机 | 上海徕卡仪器有限公司 | RM2016 |

② 实验所需主要试剂，见表3-4。

**表3-4 实验所需主要试剂**

| 试剂名称 | 生产厂家 | 试剂货号 |
|---|---|---|
| RIPA 裂解液 | 碧云天生物技术有限公司 | P0013B |
| 蛋白酶抑制剂 | 康为世纪生物科技有限公司 | CW2200S |
| Tris-base | | |
| 甘氨酸 | | |
| SDS | | |
| NaCl | | |
| 吐温 20 | 碧云天生物技术有限公司 | ST825 |
| 脱脂奶粉 | | |
| 10%APS | | |
| BCA 蛋白浓度测定试剂盒 | 碧云天生物技术有限公司 | P0012S |
| 5×SDS-PAGE Loading Buffer | 康为世纪生物科技有限公司 | CW0028S |
| DTT | Biosharp | top0856 |
| 30% Acr-Bis(29∶1) | 康为世纪生物科技有限公司 | CW0024S |
| 4×分离胶缓冲液 | CWBIO | CW0026 |
| 4×浓缩胶缓冲液 | CWBIO | CW0025 |
| TEMED | 碧云天生物技术有限公司 | ST728 |
| 异丙醇 | 泉瑞试剂 | |
| 彩虹 Marker | Solardio | pr1920 |
| 超敏 ECL 化学发光试剂盒 | 碧云天生物技术有限公司 | P0018S |

续表

| 试剂名称 | 生产厂家 | 试剂货号 |
|---|---|---|
| Trizol 提取液 | 美国英杰生命技术有限公司 | |
| 氯仿 | 天津市科密欧化学试剂有限公司 | |
| DEPC 水 | Invitrogen | |
| Oligo(dT)18 Primer | TaKaRa | |
| dNTP | TaKaRa | 4030 |
| M-MLV 反转录酶 | TaKaRa | |
| SYBR Green | Roche | |
| 4%多聚甲醛 | Biosharp | |
| 二甲苯 | 天津市科密欧化学试剂有限公司 | |
| 乙醇 | 天津市科密欧化学试剂有限公司 | |
| 肝脏 IL-6 检测试剂盒 | 上海朗顿生物科技有限公司 | — |
| 肝脏 TNF-α 检测试剂盒 | 上海朗顿生物科技有限公司 | — |
| 肝脏 SOD 检测试剂盒 | 上海朗顿生物科技有限公司 | — |
| 肝脏 MDA 检测试剂盒 | 上海朗顿生物科技有限公司 | — |
| 肝脏 CAT 检测试剂盒 | 上海朗顿生物科技有限公司 | — |
| 肝脏 GSH 检测试剂盒 | 上海朗顿生物科技有限公司 | — |
| 肝脏 TC 检测试剂盒 | 上海朗顿生物科技有限公司 | — |
| 肝脏 TG 检测试剂盒 | 上海朗顿生物科技有限公司 | — |
| SREBP-1c 抗体 | | |
| ACC1 抗体 | | |
| FAS 抗体 | | |
| IKKβ 抗体 | | |
| IκB 抗体 | | |
| NF-κB(P65)抗体 | | |
| PERK 抗体 | | |
| IRE1 抗体 | | |
| ATF6 抗体 | | |
| CHOP 抗体 | | |
| HRP 标记山羊抗小鼠 IgG(H+L) | 碧云天生物技术有限公司 | A0216 |
| HRP 标记山羊抗兔 IgG(H+L) | 碧云天生物技术有限公司 | |

(2) 实验方法

① 主要试剂的配制。

裂解液：RIPA 裂解液：蛋白酶抑制剂＝99∶1

5×电泳液：Tris-base 15.1g，甘氨酸 94g，SDS 5.0g，加入蒸馏水定容至 1L。

## 第三章　中药在动物肝疾病防治中的应用研究

1×电泳液：5×电泳液直接 5 倍稀释即可。

10×转膜液：甘氨酸 151.1g，Tris-base 30.3g，加入蒸馏水至 1L。

1×转膜液：10×转膜液 800mL，蒸馏水 560mL，甲醇溶液 160mL，混匀即可。

10×TBST：Tris-base 24.2g，NaCl 80.0g，加蒸馏水至 1L。

1×TBST：10×TBST 10 倍稀释后加入适量吐温 20（1L 液体中加入 1mL）即可。

5%脱脂牛奶封闭液：5g 脱脂奶粉，加入 1×TBST 至 100mL。

10% APS：称取 AP 1.0g 于 1.5mL 离心管中，加入 1mL 蒸馏水溶解即可。

② 中药处理。

参照褟雪梅方法并加以改良：

a. 按比例称取中药饮片，加入 10 倍量蒸馏水浸泡过夜。

b. 药物浸泡过夜后加热至微沸，保持微沸 50min 后用纱布过滤得滤液。

c. 中药残渣加入 8 倍量蒸馏水继续煎煮，保持微沸 30min 后用纱布过滤得滤液。

d. 合并两次滤液，按照所需浓度进行加热浓缩既得所需药液。

e. 药液流通蒸汽灭菌后 4℃留存备用。

③ 非酒精性脂肪肝动物模型的建立。

a. 实验动物。健康雄性昆明小鼠（18～22g），购买于哈尔滨医科大学（大庆分校）。

b. 实验动物饲养环境。本实验所用小鼠均饲养于黑龙江八一农垦大学动物医院动物房中，环境温度及湿度恒定（温度 23℃±2℃，相对湿度 65%），每日光照时间 7：00～19：00。

c. 实验动物给药剂量的确定。实验过程中，小鼠给药剂量参照黄继汉等人方法，按实验动物与人体体表面积比等效量核算比率法计算动物的等效用药剂量。根据需要浓缩药液至所需浓度，控制每次给药体积为 0.2mL/10g。

d. 实验动物模型建立及分组。雄性昆明小鼠经过 1 周的适应性饲喂后，随机分为 5 组，分组及处理见表 3-5：

表 3-5 小鼠分组及处理

| 分组 | 实验动物数/只 | 每日饮食 | 灌胃体积/mL | 最终给药剂量/(g/kg) |
| --- | --- | --- | --- | --- |
| CON 组 | 10 | 常规饮食 | 0.4 | 0 |
| HFD 组 | 10 | 高脂饮食 | 0.4 | 0 |

续表

| 分组 | 实验动物数/只 | 每日饮食 | 灌胃体积/mL | 最终给药剂量/(g/kg) |
|---|---|---|---|---|
| HFD+L 组 | 10 | 高脂饮食 | 0.4 | 21.6 |
| HFD+M 组 | 10 | 高脂饮食 | 0.4 | 54.0 |
| HFD+H 组 | 10 | 高脂饮食 | 0.4 | 108.0 |

CON 组小鼠饲喂常规饮食，HFD 组及各中药组小鼠饲喂高脂日粮（猪油 15%、胆固醇 3%、丙基硫氧嘧啶 0.2%、胆酸钠 0.5%、基础日粮 81.3%）。各组小鼠采用灌胃方式给药，给药前调整中药液浓度，使各组小鼠给药体积相同；CON 组与 HFD 组小鼠灌服相同体积饮用水，每日灌胃 1 次。实验持续 8 周，实验过程中各组小鼠均自由摄食与饮水。

e. 实验样品采集。待实验结束后，将小鼠禁食 12h，随后乙醚麻醉并摘眼球取血，将血液收集至 1.5mL 离心管中，4℃，1000g 离心 10min 后取上清，−80℃留存备用。随后采集各脏器并进行称重，根据实验需求将肝脏组织进行分割，取部分肝脏立即放入 4% 多聚甲醛固定，其余样品立即放入 −80℃留存备用。

④ 小鼠肝脏组织 HE 染色。

a. 将固定好的肝脏组织吸除多余液体进行石蜡包埋，待石蜡完全凝固后（4℃）取出石蜡块。

b. 用切片机将包含组织的石蜡块切成厚度为 $0.3\mu m$ 的石蜡薄片，将石蜡片于 37℃恒温水面上轻轻展开，铺于载玻片上制备成为石蜡切片。

c. 将石蜡切片放入二甲苯中浸泡 3 次，每次 5min，之后依次放入不同浓度乙醇溶液中进行脱蜡（无水乙醇Ⅰ 5min—无水乙醇Ⅱ 5min—75%酒精 5min—双蒸水 1min）。

d. 小心吸除切片上多余水分后，将切片放入装有苏木精染液的染色缸中，5min 后轻轻洗去多余苏木精染液。

e. 将石蜡切片依次放入 85%乙醇与 95%乙醇中各 5min 进行脱水。

f. 吸除石蜡切片上多余乙醇，将石蜡切片置于装有伊红染液的染色缸中浸泡 5min 后取出，用双蒸水轻轻洗去浮色。

g. 将染色完成的石蜡切片依次放入乙醇及二甲苯溶液中进行脱水（70%乙醇 5min—95%乙醇 5min—无水乙醇 5min—正丁醇 5min—二甲苯Ⅰ 5min—二甲苯Ⅱ 5min）。

h. 将石蜡切片上多余液体轻轻吸干后用中性树胶进行封片。

i. 切片在通风橱内吹干后镜下观察结果。

⑤ 小鼠肝脏组织油红染色。小鼠肝脏组织取出后立即放入4%多聚甲醛（4℃提前预冷）固定，后交由武汉博尔夫生物科技有限公司进行油红染色。

⑥ 小鼠血液生化指标测定。用半自动血液生化分析仪测定各组小鼠血清中 IL-6、TNF-α、TG、总蛋白（TC）、谷丙转氨酶（ALT）、谷草转氨酶（AST）含量。

⑦ 小鼠肝脏生化指标测定。参照 ELISA 试剂盒说明书，适量称取小鼠肝脏组织，按比例（肝脏组织：PBS＝1：9）加入 PBS，用混合球磨仪制备肝脏组织匀浆，4℃，3000r/min 离心 30min 后小心吸取上清，随后按照说明书操作，检测小鼠肝脏组织中 IL-6、TNF-α、ALT、AST、SOD、CAT、戊二醛（MDA）、谷胱甘肽（GSH）、TG、TC 含量。

⑧ Western Blot 法检测小鼠肝脏中目的蛋白相对表达量。

a. 小鼠肝脏总蛋白提取。

i. 称取 50 mg 肝脏组织放入干净的 1.5mL 离心管中，随后加入 200μL RIPA 裂解液（预混有蛋白酶抑制剂）。

ii. 球磨仪震荡 3min 使肝脏组织彻底匀浆后冰上裂解 30min（每隔 10min 漩涡混匀 1 次）。

iii. 4℃，14000g 离心 10min 后小心吸取上清液转移至新的 1.5mL 离心管中，-80℃留存备用。

b. 小鼠肝脏总蛋白浓度测定。

i. 参照 BCA 蛋白浓度测定试剂盒说明书要求配制蛋白标准品溶液及 BCA 工作液。

ii. 按照说明书中步骤分别在 96 孔板对应孔内加入蛋白标准品及待测样品溶液。

iii. 在对应孔内加入 200μL 配制好的 BCA 工作液，37℃孵育 30min。

iv. 将 96 孔板放入酶标仪，560nm 波长下测定 OD 值。

v. 将标准品浓度和 OD 值分别作为横、纵坐标绘制蛋白标准曲线。

vi. 将待测样品 OD 值代入标准曲线计算待测样品浓度。

c. 蛋白样品配制。

根据蛋白浓度测定结果调整蛋白样品浓度，加入适量 5×Loading Buffer（上样缓冲液）和 DTT（蛋白样品：5×Loading Buffer：DTT＝7：2：1）混匀即配制成蛋白上样缓冲液，蛋白上样质量 20μg，上样体积 20μL。

d. SDS-PAGE 凝胶电泳。

ⅰ.配胶：

按照 SDS-PAGE 凝胶试剂盒说明书配制分离胶及浓缩胶：

表 3-6　SDS-PAGE 分离胶及浓缩胶的配制

| 项目 | 10％分离胶(15mL) | 5％浓缩胶(4mL) |
| --- | --- | --- |
| 纯水/mL | 6.25 | 2.28 |
| 30％ Acr-Bis(29∶1)/mL | 5.00 | 1.02 |
| 4×分离胶缓冲液/mL | 3.75 | — |
| 4×浓缩胶缓冲液/mL | — | 1.00 |
| 10％APS/mL | 0.15 | 0.04 |
| TEMED/mL | 0.010 | 0.004 |

ⅱ.灌胶与上样：

（ⅰ）按照表 5-6 配制 10％分离胶，于 15mL 离心管混匀后取 5mL 均匀地加入玻璃板中。

（ⅱ）立即在分离胶上层缓慢加入 1mL 异丙醇，室温静置 30min 待分离胶完全凝固后倒掉并小心吸干异丙醇。

（ⅲ）按照表 5-6 配制 5％浓缩胶，混匀后取 2mL 均匀加在凝固的分离胶上层，立即插入梳子，室温静置 20min。

（ⅳ）制备蛋白上样缓冲液后，在沸水中煮 5min。

（ⅴ）待浓缩胶凝固后，向电泳槽中缓慢倒入 1×电泳缓冲液，随后轻轻拔掉梳子。

（ⅵ）将煮好的蛋白上样缓冲液进行瞬离并混匀后，吸取 20μL 缓慢加入对应样品孔中，左右两侧加样孔中分别缓慢加入 2.5μL 彩虹预染蛋白 Marker。

ⅲ.电泳：

（ⅰ）电泳槽盖子对应正负极盖好并连接电泳仪，调整电压 80 V，时间 25min。

（ⅱ）待蛋白跑到浓缩胶底部，刚刚进入分离胶时调整电压至 120 V，时间 70min。

（ⅲ）待蛋白跑至分离胶底部时即可停止电泳。

e. 转膜。

ⅰ.按照凝胶的大小裁切 PVDF 膜，并将其用甲醇浸泡 1~2min 进行激活。

ⅱ.按照需要剪切转印滤纸,将转印滤纸、激活的 PVDF 膜、海绵垫以及转印夹在 1×转膜液中浸泡 5~10min。

ⅲ.轻轻撬开电泳凝胶玻璃板,根据需要切割凝胶,按照黑夹子-海绵垫-3 层转印滤纸-凝胶-PVDF 膜-3 层滤纸-海绵垫-红夹子的顺序依次夹好(每一层均不能有气泡及空隙)。

ⅳ.将转印夹对准正负极放入转印槽中,加入足量 1×转膜液后将转印槽置于冰中,调整电压及时间为 100V、60min。

f.免疫反应。

ⅰ.封闭:将转印好的 PVDF 膜做好正反标记后放入 5%脱脂牛奶中,置于摇床上室温封闭 60min。

ⅱ.稀释一抗:按照抗体说明书所述比例用 1×TBST 稀释一抗。

ⅲ.孵育一抗:按照目的蛋白条带大小,根据 Marker 提示位置切割 PVDF 膜(做好正反标记)。将 PVDF 膜与对应一抗置于孵育盒中,使膜的蛋白面与一抗充分接触,4℃孵育过夜。

ⅳ.洗涤一抗:孵育过夜后回收抗体,在孵育盒内加入适量 1×TBST 并置于摇床上洗涤 3 次,每次 5min。

ⅴ.孵育二抗:按照抗体说明书所述比例用 1×TBST 稀释二抗,加入对应孵育盒内,使 PVDF 膜与二抗充分结合。

ⅵ.洗涤二抗:回收二抗后在孵育盒内加入适量 1×TBST 置于摇床上洗涤 5 次,每次 10min。

g.ECL 显影。

ⅰ.按照超敏 ECL 化学发光试剂盒说明书配制显影液(现用现配)。

ⅱ.将 PVDF 膜上多余液体用滤纸轻轻吸除,将膜蛋白面朝上并铺满显影液,放入 Amersham Imager 600 成像仪中进行曝光成像并拍照保存。

h.结果分析

用 ImageJ 软件测定目的蛋白和 β-actin 灰度值,以 β-actin 作为内参蛋白计算目的蛋白相对表达水平。

⑨ 小鼠肝脏组织相关 mRNA 相对表达量的测定。

a.小鼠肝脏组织总 RNA 提取。

ⅰ.将分装好的小鼠肝脏组织从－80℃取出置于研钵中,立即向研钵中加入少量液氮并进行研磨。

ⅱ.小鼠肝脏组织充分研磨后,向研钵中加入 1mL Trizol 提取液继续研

ⅲ. 向上述 1.5mL 离心管中加入 200μL 氯仿，剧烈震荡后室温静置 10min。

ⅳ. 4℃，10625g 离心 10min，此时溶液分为三层，小心吸取上层清液（注意不要吸到中层白色沉淀）转移至新的 1.5mL 离心管（以下步骤均冰上操作）。

ⅴ. 向上述离心管加入 500μL 异丙醇，上下轻轻颠倒混匀，冰上静置 10min，4℃，10625g 离心 10min 后弃上清。

ⅵ. 加入 1mL 75% 乙醇（DEPC 水配制）轻轻摇晃进行洗涤，4℃，6800g 离心 5min 后弃上清，重复 2 次。

ⅶ. 吸除多余液体后将 1.5mL 离心管倒扣于超净台内，待液体挥发完全后加入 20μL DEPC 水，-80℃保存备用。

b. 小鼠肝脏组织 RNA 反转录。

ⅰ. 取出 RNA 溶液，充分混匀后吸取 1μL 用超微量分光光度计测定 RNA 浓度。

ⅱ. 吸取 11μL RNA 样品（根据 RNA 浓度调整 RNA 质量为 2μg）与 1μL Oligo（dT）在 200μL PCR 反应管中充分混匀，放入 PCR 仪 70℃反应 10min。

ⅲ. 待反应程序结束后立即将 PCR 反应管置于冰上，使其快速降温。

ⅳ. 于冰上配制并加入以下预混液：

| | |
|---|---|
| 缓冲液 | 4μL |
| dNTP | 1μL |
| 反转录酶 | 0.5μL |
| DEPC $H_2O$ | 2.5μL |
| 总体积 | 8μL |

ⅴ. 将 PCR 反应管重新放入 PCR 仪，按照以下反应程序继续进行反转录：

| | |
|---|---|
| 42℃ | 60min |
| 70℃ | 15min |

ⅵ. 反应结束后取出 PCR 反应管，-80℃保存备用。

c. 小鼠肝脏组织荧光定量 PCR。

ⅰ. 本实验所用引物均交由上海生工生物工程股份有限公司设计并合成，引物序列如表 3-7：

表 3-7 实验所需引物序列

| 基因 | 正向引物 (5'-3') | 反向引物 (5'-3') |
|---|---|---|
| $Srebp\text{-}1c$ | GATGTGCGAACTGGACACAG | CATAGGGGGCGTCAAACAG |
| $Fas$ | GCTGGCATTCGTGATGGAGTCGT | AGGCCACCAGTGATGTAACTC |
| $Acc1$ | TAATGGGCTGCTTCTGTGACTC | CTCAATATCGCCATCAGTCTTG |
| $Nf\text{-}\kappa b$ | GCTCCTGTTCGAGTCTCCATG | CATCTGTGTCTGGCAAGTACTGG |
| $Ikk\text{-}\beta$ | CATCCACATTCCACAGGCACAGAG | TTCAGGAGGCAAGCAACACAATCTAG |
| $I\kappa b\text{-}\alpha$ | ATGAATGGTGCGACAGCG | CGTAGCCGAAGACGAGGG |
| $\beta\text{-}actin$ | GAGACCTTCAACACCCCAGC | ATGTCACGCACGATTTCCC |

ii. 按照如下所示配制 PCR 反应体系：

| | |
|---|---|
| SYBR Green | 10μL |
| 正向引物（10μmol/L） | 1μL |
| 反向引物（1μmol/L） | 1μL |
| DEPC $H_2O$ | 6μL |
| cDNA | 2μL |
| 总体积 | 20μL |

iii. 将上述反应体系于 8 联管内充分混匀后，用瞬离机离心 30s 使反应体系沉降在 8 联管底部。

iv. 将 8 联管放入 PCR 仪，按照表 3-8 所示 qRT-PCR 扩增程序进行扩增及测定。

表 3-8 荧光定量 PCR 反应程序

| 温度/℃ | 时间 | 循环数 |
|---|---|---|
| 95 | 3min | 1 |
| 95 | 10s | |
| 60 | 30s | 40 |
| 72 | 45s | |
| 65 | 5s | |
| 95 | 5s | 1 |

v. 用 $2^{-\Delta\Delta C}$ 法计算目的基因相对表达水平。

⑩ 数据分析与统计。

用 Excel 表格对数据进行统计，结果表示为"平均值±标准差"。用 SPSS 23.0 对数据进行显著性分析，以单因素方差分析比较各组之间的差异显著性，$P<0.05$ 时具有统计学意义。使用 GraphPad Prism 7.0 软件绘制

柱状图及折线图。

(3) 结果

① 加味四君子汤对 NAFLD 小鼠体重和脏器指数的影响,见表 3-9 和图 3-1。

表 3-9 各组小鼠每周体重结果

| 时间/周 | CON | HFD | HFD+L | HFD+M | HFD+H |
| --- | --- | --- | --- | --- | --- |
| 0 | 28.95±1.55 | 28.84±1.79 | 29.40±0.83 | 28.85±1.64 | 29.63±1.29 |
| 1 | 31.89±2.39 | 32.17±1.91 | 34.17±1.47 | 32.63±1.66 | 31.88±2.26 |
| 2 | 32.84±1.96 | 36.19±0.94# | 35.49±2.46 | 33.00±1.10* | 32.51±2.78** |
| 3 | 33.38±2.59 | 37.32±1.11## | 36.48±2.69 | 33.73±1.35 | 34.74±1.82* |
| 4 | 33.80±2.21 | 38.94±0.84### | 37.46±2.26 | 34.18±2.43** | 34.74±1.28** |
| 5 | 35.08±2.95 | 40.15±0.60### | 38.06±1.69 | 35.93±1.42** | 35.15±1.47*** |
| 6 | 36.28±2.62 | 41.18±1.37### | 39.42±1.74 | 37.75±2.10* | 36.24±1.54*** |
| 7 | 37.02±2.28 | 42.66±1.35### | 40.12±1.39 | 38.72±2.63** | 36.87±2.21*** |
| 8 | 36.51±2.04 | 39.76±1.74# | 39.70±1.91 | 38.20±2.59 | 35.52±1.58** |

注:结果表示为平均值±标准差。标注"♯""♯♯""♯♯♯"分别表示 HFD 组与 CON 组相比差异显著及极显著($P<0.05$;$P<0.01$;$P<0.001$);标注"*""**""***"分别表示相应数据与 HFD 组相比差异显著及极显著($P<0.05$;$P<0.01$;$P<0.001$)。

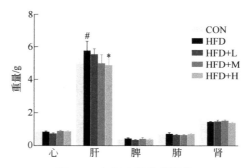

图 3-1 各组小鼠脏器指数

[柱状图结果表现为平均值±标准差。"♯""♯♯""♯♯♯"分别表示 HFD 组与 CON 组相比差异显著及极显著($P<0.05$;$P<0.01$;$P<0.001$);"*""**""***"分别表示相应数据与 HFD 组相比差异显著及极显著($P<0.05$;$P<0.01$;$P<0.001$)]

体重变化是 NAFLD 的重要表现之一。在整个实验期间,我们每周固定时间对小鼠体重进行称量并记录,结果如表 3-9 所示:实验开始 2 周后,HFD 组小鼠体重迅速增加,其中,在实验第 4 到 7 周,HFD 组小鼠体重极显著高于 CON 组($P<0.001$);实验第 8 周,HFD 组小鼠体重显著高于

CON 组（$P<0.05$），说明高脂日粮的饲喂使小鼠体重显著升高。实验进行 2 周至实验结束，HFD＋L 组小鼠体重均低于 HFD 组小鼠，但差异不显著（$P>0.05$），表明低浓度加味四君子汤对高脂日粮饲喂的小鼠体重影响不大。HFD＋M 组小鼠体重在实验第 2 周显著低于 HFD 组（$P<0.05$）；在第 4、5、7 周，极显著低于 HFD 组（$P<0.01$），说明中浓度加味四君子汤的灌服能够抑制高脂饮食导致的小鼠体重的增长。此外，在实验的第 2、4、8 周，HFD＋H 组小鼠体重极显著低于 HFD 组（$P<0.01$）；第 3 周时，HFD＋H 组小鼠体重显著低于 HFD 组小鼠（$P<0.05$）；实验的第 5、6、7 周，与 HFD 组相比，HFD＋H 组小鼠体重极显著降低（$P<0.001$），说明高浓度中药的灌服能够显著抑制高脂饮食饲喂的小鼠体重增加。

肝脏指数的升高是 NAFLD 评价中的关键因素之一。由图 3-1 可知，HFD 组小鼠肝脏指数显著高于 CON 组（$P<0.05$）；HFD＋H 组小鼠肝脏指数显著低于 HFD 组小鼠（$P<0.05$），表明高脂饮食的饲喂会导致小鼠肝脏指数的显著增长，但高浓度加味四君子汤的灌服能够抑制这种增长。此外，各组小鼠其余脏器的脏器系数间均无显著差异（$P>0.05$），表明各浓度加味四君子汤的长期灌服并未对其余脏器造成影响。

② 小鼠肝脏组织病理学观察。

组织病理学切片能够直观表现出组织的病理变化。为确定高脂饮食的饲喂和加味四君子汤的灌服对小鼠肝脏的影响，我们对小鼠肝脏进行了 HE 染色及油红染色，结果见图 3-2。HE 染色显示 CON 组小鼠肝脏组织中肝细胞呈规则的多边形排列，围绕中央静脉呈索状分布，肝小叶结构清晰，肝细胞索清晰可见，肝脏中央静脉大而壁薄，间质正常；与 CON 组相比，HFD 组小鼠肝脏组织可见弥漫性、混合性的空泡及气球样改变，肝细胞出现气球样变的同时伴有颗粒变性，细胞核被挤向一边，胞浆内可见空泡，肝细胞索结构消失；与 HFD 组相比，各浓度中药均在一定程度上减轻了高脂饮食诱导的小鼠肝脏病变：其中，HFD＋L 组及 HFD＋M 组小鼠肝脏内空泡样变显著改善；HFD＋H 组小鼠肝脏中肝细胞排列规则，可见肝细胞索结构，肝脏仅存在少量炎性浸润，其余几乎无明显病变。肝脏组织油红染色显示 CON 组小鼠肝脏内无脂滴；与 CON 组相比，HFD 组小鼠肝脏组织内可见较多红色区域，显示肝组织内存在脂滴累积，以肝静脉周围肝细胞为主，脂滴含量较多；与 HFD 组相比，HFD＋M 组肝脏组织内脂滴明显减少，HFD＋H 组小鼠肝脏组织内脂滴几乎消失。

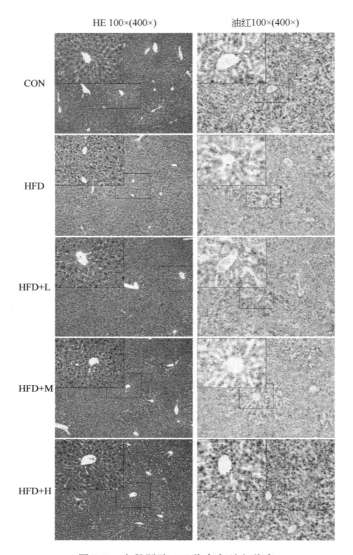

图 3-2 小鼠肝脏 HE 染色与油红染色

③ 加味四君子汤对 NAFLD 小鼠脂代谢的影响。

为确定加味四君子汤对 NAFLD 小鼠肝脏脂质蓄积的作用，我们对小鼠肝脏及血清中 TG 及 TC 的含量进行了检测，如图 3-3（a）所示，与 CON 组相比，HFD 组小鼠血清中 TG（$P>0.05$）及 TC（$P<0.001$）水平均有所上升；与 HFD 组相比，各中药处理组小鼠血清中 TC 及 TG 含量呈浓度依赖性下降，其中 HFD+M 与 HFD+H 组小鼠血清中 TC 水平极显著低于 HFD 组（$P<0.001$）。由图 3-3（b）可知，高脂饮食诱导的 HFD 组小鼠肝

脏中 TG 及 TC 含量明显高于普通日粮饲喂的 CON 组小鼠，各浓度加味四君子汤的灌服能够明显抑制小鼠肝脏中 TG 及 TC 水平的升高，其中 HFD+L 与 HFD+H 组小鼠肝脏 TC 水平较 HFD 组显著下降（$P<0.05$）。为进一步明确加味四君子汤对肝脏脂沉积调控作用的机制，我们对 SREBP 脂代谢通路相关蛋白和基因的相对表达量进行测定，结果见图 3-3（c）、(d)。蛋白结果［图 3-3（c）］表明，HFD 组小鼠肝脏中 SREBP-1c（$P<0.001$）、FAS（$P>0.05$）以及 ACC1（$P>0.05$）蛋白的相对表达量均明显高于 CON 组；与 HFD 组相比，HFD+L、HFD+M 和 HFD+H 组小鼠肝脏 SREBP-1c 蛋白的相对表达量极显著降低（$P<0.001$）；HFD+M（$P<0.05$）与 HFD+H（$P<0.001$）组小鼠肝脏 ACC1 蛋白相对表达量显著降低；此外，与 HFD 组相比，HFD+L（$P<0.05$）、HFD+M（$P<0.001$）以及 HFD+H（$P<0.001$）组小鼠肝脏 FAS 蛋白相对表达量显著降低。如图 3-3（d）所示，HFD 组小鼠肝脏 *Srebp*-1c（$P>0.05$）、*Fas*（$P>0.05$）及 *Acc*1（$P<0.001$）基因相对表达量较 CON 组小鼠增加；与 HFD 组小鼠相比，HFD+M 及 HFD+H 组小鼠肝脏 *Fas* 基因相对表达量显著降低（$P<0.05$）。此外，HFD+L（$P<0.05$）、HFD+M（$P<0.001$）及 HFD+H（$P<0.001$）组小鼠肝脏 *Acc*1 基因相对表达量较 HFD 组显著减少。

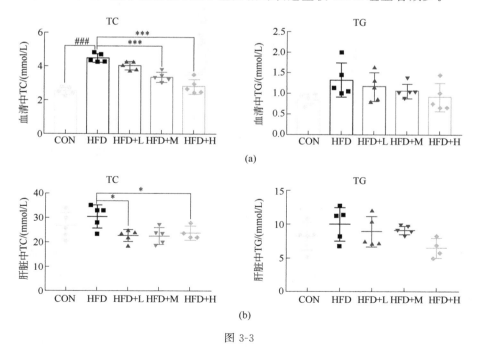

图 3-3

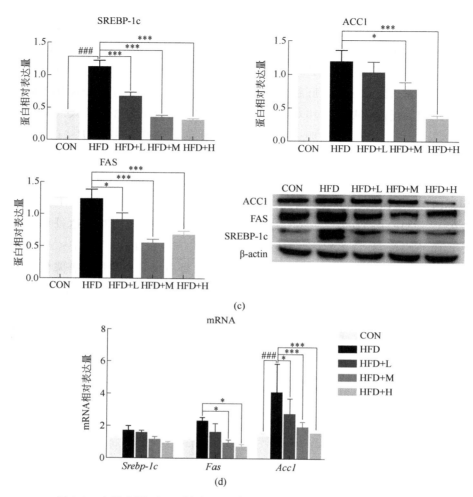

图 3-3 小鼠血清（a）、肝脏（b）中 TG、TC 含量及 SREBP-1c 通路蛋白相对表达量（c）和基因相对表达量（d）

[柱状图结果表现为平均值±标准差。"#""##""###"分别表示 HFD 组与 CON 组相比差异显著及极显著（$P<0.05$；$P<0.01$；$P<0.001$）；"*""**""***"分别表示与 HFD 组相比差异显著及极显著（$P<0.05$；$P<0.01$；$P<0.001$）]

④ 加味四君子汤对 NAFLD 小鼠血清及肝脏炎症指标的影响。

炎症反应是 NAFLD 发病过程中的重要表现之一。为确定加味四君子汤对 NAFLD 小鼠肝损伤及炎症反应的作用，我们对小鼠血液及肝脏中炎症相关生化指标进行测定，结果见图 3-4。由图 3-4（a）可以知：HFD 组小鼠血清中 ALT 水平显著高于 CON 组（$P<0.05$）；与 HFD 组相比，HFD+L 与 HFD+M 组小鼠血清中 ALT 水平有所下降但差异不显著（$P>0.05$）；HFD+H 组小鼠血清中 ALT 水平较 HFD 组显著降低（$P<0.05$）。与

CON 组相比，HFD 组小鼠血清中 AST 水平有所升高但差异不显著（$P>0.05$）；HFD+H 组小鼠血清中 AST 水平较 HFD 组显著降低（$P<0.05$）。此外，与 CON 组相比，HFD 组小鼠血清中 IL-6 含量极显著升高（$P<0.001$）；与 HFD 组相比，HFD+M 组小鼠血清中 IL-6 水平显著下降（$P<0.05$），HFD+H 组极显著下降（$P<0.001$）。同时，与 CON 组相比，HFD 组小鼠血清中 TNF-α 水平明显升高（$P>0.05$）；与 HFD 组小鼠相比，HFD+L 及 HFD+M 组小鼠血清中 TNF-α 含量有所减少，但无显著性差异（$P>0.05$）；HFD+H 组小鼠血清中 TNF-α 含量较 HFD 组显著降低（$P<0.05$）。

由图 3-4（b）可以看出：在肝脏中，HFD 组小鼠 ALT 水平高于 CON 组，但无显著差异（$P>0.05$）；HFD+M 组小鼠肝脏 ALT 水平较 HFD 组显著降低（$P<0.05$）；HFD+L、HFD+H 组小鼠肝脏 ALT 水平较 HFD 组极显著降低（$P<0.01$）。同时，与 CON 组相比，HFD 组小鼠肝脏 AST 水平明显升高；HFD+L、HFD+M 及 HFD+H 组小鼠肝脏 AST 水平较 HFD 组呈剂量依赖性降低，但无显著差异（$P>0.05$）。此外，HFD 组小鼠肝脏中 IL-6 含量较 CON 组升高（$P>0.05$）；而高浓度加味四君子汤灌服的 HFD+H 组小鼠肝脏中 IL-6 水平较 HFD 组显著降低（$P<0.05$）。

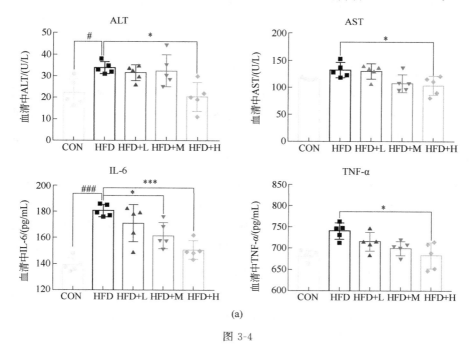

(a)

图 3-4

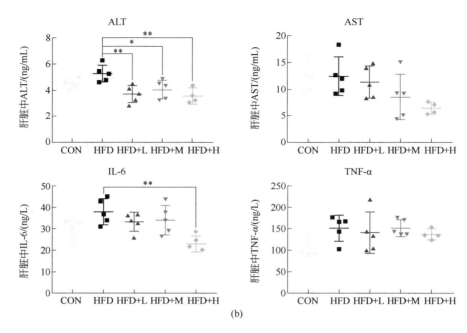

图 3-4　各组小鼠血清（a）及肝脏（b）中炎性相关因子含量

［结果表现为平均值±标准差。"♯""♯♯""♯♯♯"分别表示 HFD 组与 CON 组相比差异显著及极显著（$P<0.05$；$P<0.01$；$P<0.001$）；"*""**""***"分别表示与 HFD 组相比差异显著及极显著（$P<0.05$；$P<0.01$；$P<0.001$）］

⑤ 加味四君子汤对 NAFLD 小鼠肝脏 NF-κB 炎症通路的影响

为进一步明确 CHF 对 NAFLD 发病过程中炎症反应的预防机制，我们对炎症反应中关键通路之一的 NF-κB 通路中相关蛋白及基因相对表达量进行测定，结果见图 3-5。如图 3-5（a）所示，与 CON 组相比，HFD 组小鼠肝脏中 IKK-β 蛋白相对表达量有所增加，但无显著差异（$P>0.05$）；与 HFD 组相比，HFD+L、HFD+M 和 HFD+H 组小鼠肝脏中 IKK-β 蛋白相对表达量均极显著下降（$P<0.001$）。同时，高脂饮食的饲喂导致 HFD 组小鼠肝脏内 IκB-α 的相对表达量有所下降，但随着 CHF 灌服浓度的增加，HFD+L、HFD+M 和 HFD+H 组小鼠肝脏中 IκB-α 的相对表达量较 HFD 组增加。此外，HFD 组小鼠肝脏中 NF-κB 蛋白相对表达水平较 CON 组有所升高，高浓度 CHF 处理能够显著抑制这种趋势（$P<0.05$）。同时，与 CON 组相比，HFD 组小鼠 NF-κB 蛋白磷酸化水平极显著升高（$P<0.01$），而低浓度及高浓度 CHF 的灌服能够抑制 pNF-κB 相对表达水平的升高，但无差异显著性（$P>0.05$）。图 3-5（b）可以看出，与 CON 组相比，HFD

组小鼠肝脏 $Ikk\text{-}\beta$ 基因相对表达量极显著升高（$P<0.001$）；而 HFD+L（$P<0.01$）、HFD+M（$P<0.001$）及 HFD+H（$P<0.001$）组小鼠肝脏 $Ikk\text{-}\beta$ 基因相对表达量均极显著低于 HFD 组。此外，与 CON 组相比，HFD 组小鼠肝脏 $I\kappa b\text{-}\alpha$ 基因相对表达量显著降低（$P<0.001$），高浓度中药的灌服能够极显著改善高脂饮食饲喂小鼠肝脏内 $I\kappa b\text{-}\alpha$ 基因相对表达水平的改变（$P<0.001$）。

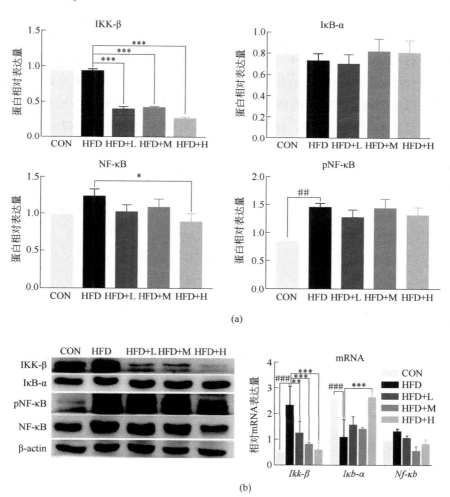

图 3-5 小鼠肝脏 NF-κB 通路相关蛋白及基因相对表达量
[结果表现为平均值±标准差。"#""##""###"分别表示 HFD 组与 CON 组相比差异显著及极显著（$P<0.05$；$P<0.01$；$P<0.001$）；"*""**""***"分别表示与 HFD 组相比差异显著及极显著（$P<0.05$；$P<0.01$；$P<0.001$）]

⑥ 加味四君子汤对 NAFLD 小鼠肝脏氧化应激的影响。

为探究加味四君子汤对 NAFLD 小鼠肝脏氧化应激的影响，我们检测了小鼠肝脏氧化应激指标，并对小鼠肝脏中氧化应激相关蛋白进行了检测，结果如图 3-6 所示。由图 3-6（a）可知，与 CON 组相比，HFD 组小鼠肝脏中 SOD、CAT（$P<0.05$）的活性明显降低，然而高浓度中药的灌服能够显著抑制小鼠肝脏 CAT 与 SOD 活性的降低（$P<0.05$）。此外，HFD 组小鼠肝脏中 MDA 水平较 CON 组小鼠明显升高，而 HFD+H 组小鼠肝脏中 MDA 水平较 HFD 组显著降低（$P<0.05$）。由图 3-6（b）可知，与 CON 组小鼠相比，HFD 组小鼠肝脏中 PERK（$P>0.05$）、IRE1（$P<0.001$）及 CHOP（$P<0.001$）蛋白的相对表达量均有所增加；而中浓度及高浓度中药的灌服能够极显著抑制高脂饮食诱导小鼠肝脏中 PERK 蛋白相对表达量的升高（$P<0.01$）；此外，HFD+L（$P<0.01$）、HFD+M（$P<0.001$）及 HFD+H（$P<0.001$）组小鼠肝脏中 IRE1 蛋白相对表达量极显著低于 HFD 组；HFD+M 及 HFD+H 组小鼠肝脏中 CHOP 蛋白相对表达量极显著低于 HFD 组（$P<0.01$）。

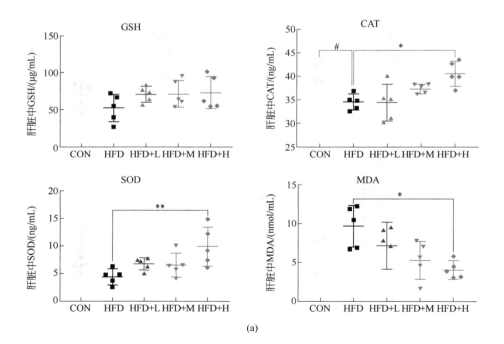

(a)

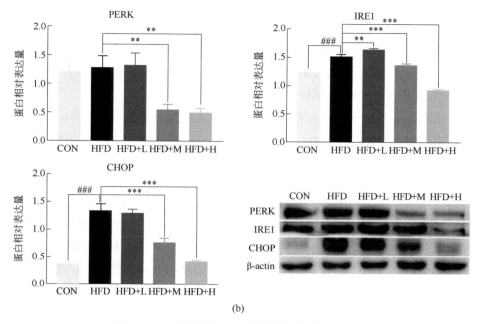

图 3-6 小鼠肝脏氧化应激相关因子含量（a）及
内质网应激相关蛋白相对表达量（b）结果

[结果表现为平均值±标准差。"♯""♯♯""♯♯♯"分别表示 HFD 组与 CON 组相比差异显著及极显著（$P<0.05$；$P<0.01$；$P<0.001$）；"*""**""***"分别表示与 HFD 组相比差异显著及极显著（$P<0.05$；$P<0.01$；$P<0.001$）]

（4）讨论

① 加味四君子汤对高脂饮食诱导小鼠 NAFLD 的预防作用。

高脂饮食诱导的小鼠 NAFLD 模型是国内最常用的 NAFLD 造模方法，该类模型还具备胰岛素抵抗、高脂血症等代谢综合征的综合表现。本实验中所用高脂日粮是参照前人方法，在饲料中加入了一定比例的胆盐和丙基硫氧嘧啶。胆盐和丙基硫氧嘧啶可以干扰肝脏的正常代谢，阻碍肝脏内源性脂肪转运，从而造成肝脏内脂肪的沉积，因此很快形成小鼠脂肪肝模型。本实验中高脂饮食的饲喂可导致小鼠体重及肝脏指数的显著增加，并导致肝细胞普遍发生轻至中度变性，肝脏细胞内脂滴沉积的同时出现炎性浸润，表明高脂饮食诱导的 HFD 组小鼠肝脏存在明显的脂质代谢紊乱及炎症反应。而加味四君子汤可呈剂量依赖性降低小鼠体重及肝指数，同时，加味四君子汤还能够显著改善肝脏内的脂沉积及炎性浸润，对 NAFLD 具有一定的预防作用。此外，脏器系数可以在一定程度上体现药物对机体的毒性及毒性作用的靶器官，是一个重要的观察指标。本实验中，在长期灌服加味四君子汤后，各组小鼠仅肝脏系数表现出差异显著，综合分析，肝脏的这种差异可能是由于肝脏发脂肪变性所引起，而非加味四君子汤毒性累积的结果。因此，在本实验中，加味四君子汤的长期灌服能够在一定程度上对高脂饮食诱导的小鼠NAFLD进行预防，并且在此过程中并未对小鼠其他脏器造成实质性损伤。

② 加味四君子汤对 NAFLD 小鼠肝脏脂代谢的影响。

组织病理学切片能够直观地显示组织的病理变化，对了解疾病的发病机理以及评价药物的疗效具有十分重要的作用。而油红染色能够更加准确的提示细胞变性类别。本实验通过 HE 染色及油红染色对小鼠肝脏组织进行病理检查，结果表明模型组小鼠肝脏出现明显脂肪变性。各浓度 CHF 灌服组小鼠肝细胞脂肪变性程度较 HFD 组具有明显的减轻，结果提示加味四君子汤能够在一定程度上抑制肝细胞内脂肪蓄积，从而减轻肝脏病变程度。此外，血清及肝脏中 TC 与 TG 等水平与肝脏脂沉积关系密切。TG 是血液中血脂的重要组成部分，主要分布于脂肪组织和血清中，可由肝脏进行合成，当肝脏受损或出现脂肪代谢异常等障碍时会导致其水平升高。TC 是血液中所有脂蛋白所含胆固醇的总和，肝脏是其合成和存在的主要器官。当 NAFLD 发生时，肝脏合成胆固醇能力加强，从而导致血液中 TC 及 TG 水平上升，这也与本实验中 HFD 组小鼠血清变化趋势相一致。与 HFD 组相比，中浓度及高浓度加味四君子汤的灌服能够使小鼠血液及肝脏中 TC 水平显著下降，TG 具有明显下降趋势，进一步表明该中药组方在降低肝脏脂质沉积方面效果显著。

SREBP-1c 是调节关键产脂酶转录的转录因子家族成员之一。SREBP-1c 通路激活后可通过促进 ACC1、FAS 等产脂基因的表达，增加脂肪酸的合成并进一步发展为高 TG 血症。因此，SREBP-1c 信号通路也一直被认为是防治 NAFLD 的潜在靶点。在本实验中，我们发现加味四君子汤能够呈剂量依赖性抑制高脂饮食诱导的小鼠肝脏中 *Srebp-1c*、*Acc1*、*Fas* 基因及 SREBP-1c、ACC1 蛋白相对表达量的升高，表明加味四君子汤可能通过对 SREBP-1c 蛋白及基因进行作用，进而抑制其下游 ACC1、FAS 等蛋白及基因的相对表达量，从而减少了小鼠肝脏内过多的脂质生成及 TG 的蓄积，并最终对 NAFLD 小鼠肝脏脂沉积发挥了抑制作用。

③ 加味四君子汤对 NAFLD 小鼠肝脏炎症的影响。

ALT 与 AST 被大多数学者公认是反映肝细胞损害的最敏感指标。ALT 主要存在于肝细胞胞浆中，在肝细胞质中起到传输氨基酸的作用；AST 存在于肝细胞线粒体和胞浆中；AST 及 ALT 水平的升高，往往代表肝脏损伤的发生。本实验中，HFD 组小鼠血清中 ALT 和 AST 含量均较 CON 组增加，这可能是由于小鼠肝脏内大量 TG 的沉积导致自由基增加，肝脏细胞膜通透性随之增强，AST 与 ALT 从胞浆中释放并进入血液，从而造成二者在血清中浓度的升高，表明脂质沉积一定程度上引起了肝脏细胞损害。而高浓度加味四君子汤的灌服能够显著降低高脂饮食饲喂小鼠血液中 AST 与 ALT 含量，并能够显著降低肝脏中 ALT 含量，说明加味四君子汤在脂肪肝发生过程中对由肝脏脂质沉积引起的肝细胞损伤具有一定的保护作用。此外，IL-6 和 TNF-α 是两种关键的促炎性细胞因子，在 NAFLD 及其相关纤维化的发病机制中发挥重要作用。IL-6 及 TNF-α 水平的升高，会进一步促进肝脏炎症反应的发生。本实验中，高浓度药物能够显著抑制小鼠血清中 IL-6 及 TNF-α 水平的增加，表明高浓度加味四君子汤对小鼠血清中炎性因子的分泌具有显著抑制作用。

IKK-β/NF-κB 信号通路被认为是 NAFLD 炎症反应的重要机制之一。在 NAFLD 发病过程中，该通路中 IKK-β 蛋白被激活，其下游 IκB-α 激酶随之激活并引起 IκB-α 磷酸化，从而导致 NF-κB/IκB-α 复合物解离并释放出 NF-κB，NF-κB 被激活后启动下游 TNF-α 及 IL-6 等促炎性细胞因子，最终引起炎症反应。在本实验中，加味四君子汤能够呈剂量依赖性降低 IKK-β 蛋白及基因相对表达量，并抑制 IκB-α 相对表达水平的降低，同时，NF-κB 蛋白及基因的相对表达量也有所下降。表明加味四君子汤可能通过对 IKK-β/NF-κB 信号的调控来预防 NAFLD 发病过程中的炎性反应。

④ 加味四君子汤对 NAFLD 小鼠肝脏氧化应激的影响。

氧化应激是启动及维持 NAFLD 的重要病理因素，过多抗氧化物的缺失会导致细胞损伤。GSH 作为细胞内主要的生物抗氧化剂和自由基清除剂，能够把肝脏内的毒害物质排出肝脏外，在维持肝脏正常的氧化状态和抗氧化防御机制中起着重要的作用。MDA 含量的多少可间接反映自由基的产生情况和机体组织细胞的脂质过氧化程度，脂质过氧化反应越活跃，生成的 MDA 就越多，因此，MDA 常被作为可靠的脂质过氧化检测指标。除了上述几种抗氧化酶外，在维持机体氧化平衡方面，SOD 和 CAT 也是非常重要的酶，并被认为是抵御 ROS 的第一道防线，二者对维护肝细胞和线粒体结构的完整性以及正常功能起到重要作用。在本实验中，高浓度加味四君子汤组与 HFD 组相比，上述几种与肝脏氧化相关的指标均表现出显著差异（MDA、SOD、CAT）或呈明显的变化趋势（GSH），表明加味四君子汤在减轻肝脏氧化应激方面有一定的效果。

在 NAFLD 发病过程中，由于小鼠体内 FFA 的增多，导致细胞中 ROS 生成增加。ROS 和细胞抗氧化能力之间的不平衡导致了肝脏氧化应激（OS），并最终引起 ERs 及细胞损伤。最近的研究表明，OS 可以通过减少蛋白质折叠途径的效率和增加错误折叠蛋白的产生而引起氧化还原失衡并加重 ERs。UPR 是 ERs 发生过程中一种适应性信号传导途径，如前所述，ATF6、PERK 和 IRE1 三个 ER 传感器启动 UPR。这些传感器在 ER 中大量存在，但其与分子伴侣结合时不活跃，一旦错误折叠的蛋白质在 ER 形成或发生 ERs，分子伴侣便会与其解离使其发挥活性。ERs 发生过程中通常通过降低 IRE1、PERK 途径的蛋白质翻译来促进 ER 的恢复。在本实验中，加味四君子汤呈剂量依赖性降低小鼠肝脏中 PERK、IRE1 与 CHOP 蛋白相对表达量，表明加味四君子汤可能通过对 ERs 的缓解来预防 NAFLD 发生过程中肝脏的氧化应激。

总之，加味四君子汤的灌服可能是通过对 SREBP-1c 脂代谢通路的调控来预防 NAFLD 小鼠肝脏脂沉积；通过对 IKK-β/NF-κB 通路的调控来预防 NAFLD 小鼠肝脏的炎症反应；并通过对 ERs 的改善来预防小鼠肝脏氧化应激，从而发挥对高脂饮食诱导的小鼠 NAFLD 的预防作用。

## 2. 加味四君子汤对 FFA 诱导 AML 12 细胞模型的作用

（1）实验材料

① 实验所需主要仪器设备，见表 3-10。

表 3-10　实验所需主要仪器设备

| 设备名称 | 生产厂家 | 设备型号 |
| --- | --- | --- |
| $CO_2$ 培养箱 | BINDER | CB160 |
| 倒置显微镜 | 重庆重光实业有限公司 | XDS-1B |
| 电动移液器 | | |
| 激光共聚焦显微镜 | | |
| 流式细胞仪 | BIO-BAD | FACSCalibur |

② 实验所需主要试剂，见表 3-11。

表 3-11　实验所需主要试剂

| 试剂名称 | 生产厂家 | 试剂货号 |
| --- | --- | --- |
| DMEM/F12 培养基 | Invitrogen | |
| 地塞米松 | Invitrogen | |
| ITS | Gibco | 2004580 |
| 胎牛血清 | Gibco | |

第三章　中药在动物肝疾病防治中的应用研究

续表

| 试剂名称 | 生产厂家 | 试剂货号 |
|---|---|---|
| 青霉素链霉素混合液 | Solarbio | |
| BSA | biofroxx | |
| 胰蛋白酶-EDTA 消化液 | Solarbio | T1300-100ml |
| MTT | Solarbio | |
| DMSO | VETEC | V900090 |
| 油酸 | SIGMA | O1383-5G |
| 棕榈酸 | SIGMA | P5585-10G |
| 饱和油红染液 | Solarbio | G1260-100ml |
| 苏木精染液 | | |
| 山羊血清 | | |
| Triton 100 | | |
| DAPI 细胞核染液 | Solarbio | C0065 |
| 活性氧检测试剂盒 | 北京普利莱基因技术有限公司 | C1300 |
| 台式液 | | |
| 荧光二抗 | | |

（2）实验方法

① 主要试剂配制。

DMEM/F12 培养基：DMEM/F12 培养基加入 1L 超纯水溶解后按照说明书要求加入 1.2g $NaHCO_3$。

AML 12 细胞生长培养基：取 DMEM/F12 培养基 88mL 用 0.22$\mu$m 微孔滤膜过滤后加入地塞米松至 40 ng/mL，ITS 1mL，胎牛血清 10mL，青链霉素混合液 1mL。

BSA 培养基：DMEM/F12 培养基 500mL，BSA 25g，混匀后 0.22$\mu$m 微孔滤膜过滤，4℃保存备用。

FFA 配制：用 10% BSA 按照比例配制（油酸：棕榈酸＝2：1），浓度为 50mmol/L。

② AML 12 小鼠肝细胞培养。

a. AML 12 细胞复苏。

ⅰ. 从液氮保存罐中取出存有 AML 12 细胞的细胞冻存管，立即放入超纯水中（预热至37℃）并快速摇晃，直至冻存管内液体完全融化。

ⅱ. 将融化的细胞悬液转移至 15mL 离心管中，向离心管内缓慢加入 8mL 细胞生长培养基（需提前预热至37℃）。

ⅲ. 175g 离心 5min 后弃去上清液。

ⅳ. 再次向离心管内缓慢加入 8mL 培养基重悬细胞，175g 离心 5min 后弃去上清液。

ⅴ. 向离心管中加入 5mL 培养基重悬细胞沉淀，随后将细胞悬液移入 T 75 细胞培养瓶中。

ⅵ. 向培养瓶中加入细胞生长培养基定容至 15mL，轻轻"8 字"混匀后放入 $CO_2$ 培养箱（37℃，5% $CO_2$）中培养 2～3d（根据细胞生长情况决定）。

b. AML 12 细胞传代培养。显微镜下观察细胞长满整个底部且状态良好后进行细胞传代：

ⅰ. 弃去细胞瓶内培养基，用 5mL PBS 缓冲液（需提前预热至 37℃）轻轻冲洗 2～3 遍后吸除多余 PBS 缓冲液。

ⅱ. 向细胞瓶内加入 1mL 胰蛋白酶-EDTA 消化液，轻轻晃动细胞培养瓶，注意使胰蛋白酶-EDTA 消化液均匀的铺在细胞培养瓶底部，使细胞与其充分接触。

ⅲ. 放入 $CO_2$ 培养箱中培养 1～2min，显微镜下观察细胞回缩、变圆、成为单个细胞，用手轻磕细胞培养瓶时有少量细胞脱落即可。

ⅳ. 立即加入 5mL 细胞培养液终止消化，用培养液将贴壁细胞吹落，反复轻轻吹吸细胞团，使其分散成为均匀的单个细胞。

ⅴ. 按照 1 传 5 的比例（1mL/瓶）将细胞转移至新的 T 75 细胞培养瓶中。

ⅵ. 加入细胞生长培养基补足细胞培养瓶内液体至 15mL，轻轻"8 字"混匀后放入 $CO_2$ 培养箱（37℃，5% $CO_2$）中培养。

c. AML 12 细胞计数。

按照上述步骤②获得单个细胞悬液后，吸取 10μL 细胞悬液缓慢加入细胞计数板与盖玻片之间（注意不要有气泡），倒置显微镜下进行细胞计数，计数时数出 4 个大格子内的细胞数，按照公式 [细胞悬液细胞数/mL=（数出的细胞数/4）×$10^4$] 计算细胞悬液中的细胞数。

③ 实验所需主要试剂见表 3-12。

表 3-12　实验所需主要试剂

| 试剂名称 | 生产厂家 | 试剂货号 |
| --- | --- | --- |
| RIPA 裂解液 | 碧云天生物技术有限公司 | P0013B |
| 蛋白酶抑制剂 | 康为世纪生物科技有限公司 | CW2200S |

续表

| 试剂名称 | 生产厂家 | 试剂货号 |
| --- | --- | --- |
| Tris-base | | |
| 甘氨酸 | | |
| SDS | | |
| NaCl | | |
| 吐温 20 | 碧云天生物技术有限公司 | ST825 |
| 脱脂奶粉 | | |
| 10%APS | | |
| BCA 蛋白浓度测定试剂盒 | 碧云天生物技术有限公司 | P0012S |
| 5×SDS-PAGE Loading Buffer | 康为世纪生物科技有限公司 | CW0028S |
| DTT | Biosharp | top0856 |
| 30% Acr-Bis(29∶1) | 康为世纪生物科技有限公司 | CW0024S |
| 4×分离胶缓冲液 | CWBIO | CW0026 |
| 4×浓缩胶缓冲液 | CWBIO | CW0025 |
| TEMED | 碧云天生物技术有限公司 | ST728 |
| 异丙醇 | 泉瑞试剂 | |
| 彩虹 Marker | Solardio | pr1920 |
| 超敏 ECL 化学发光试剂盒 | 碧云天生物技术有限公司 | P0018S |
| Trizol 提取液 | 美国英杰生命技术有限公司 | |
| 氯仿 | 天津市科密欧化学试剂有限公司 | |
| DEPC 水 | Invitrogen | |
| Oligo(dT)18 Primer | TaKaRa | |
| dNTP | TaKaRa | 4030 |
| M-MLV 反转录酶 | TaKaRa | |
| SYBR Green | Roche | |
| 4%多聚甲醛 | Biosharp | |
| 二甲苯 | 天津市科密欧化学试剂有限公司 | |
| 乙醇 | 天津市科密欧化学试剂有限公司 | |
| 肝脏 IL-6 检测试剂盒 | 上海朗顿生物科技有限公司 | — |
| 肝脏 TNF-α 检测试剂盒 | 上海朗顿生物科技有限公司 | — |
| 肝脏 SOD 检测试剂盒 | 上海朗顿生物科技有限公司 | — |
| 肝脏 MDA 检测试剂盒 | 上海朗顿生物科技有限公司 | — |
| 肝脏 CAT 检测试剂盒 | 上海朗顿生物科技有限公司 | — |
| 肝脏 GSH 检测试剂盒 | 上海朗顿生物科技有限公司 | — |
| 肝脏 TC 检测试剂盒 | 上海朗顿生物科技有限公司 | — |
| 肝脏 TG 检测试剂盒 | 上海朗顿生物科技有限公司 | — |

续表

| 试剂名称 | 生产厂家 | 试剂货号 |
|---|---|---|
| SREBP-1c 抗体 | | |
| ACC1 抗体 | | |
| FAS 抗体 | | |
| IKK-β 抗体 | | |
| IκB 抗体 | | |
| NF-κB(P65) 抗体 | | |
| PERK 抗体 | | |
| IRE1 抗体 | | |
| ATF6 抗体 | | |
| CHOP 抗体 | | |
| HRP 标记山羊抗小鼠 IgG(H+L) | 碧云天生物技术有限公司 | A0216 |
| HRP 标记山羊抗兔 IgG(H+L) | 碧云天生物技术有限公司 | |

获得中药液后用 $0.22\mu m$ 微孔滤器过滤，4℃留存备用。

④ MTT 实验检测细胞活性。

a. 参照②所述步骤进行细胞消化和计数，随后进行细胞铺板（96孔板），控制每孔细胞数为 $1\times10^4$ 个，每孔液体体积为 $10\mu L$。

b. 细胞铺板后于 $CO_2$ 培养箱中培养24h，随后分别加入含有 0.2mmol/L、0.4mmol/L、0.6mmol/L、0.8mmol/L、1.0mmol/L、1.2mmol/L、1.4mmol/L、1.6mmol/L、1.8mmol/L、2.0mmol/L FFA 或 10mg/mL、20mg/mL、30mg/mL、40mg/mL、50mg/mL、60mg/mL、70mg/mL、80mg/mL、90mg/mL、100mg/mL CHF 的培养基，继续培养20h。

c. 向各细胞孔中加入 $10\mu L$ 配制好的 MTT 溶液（5mg/mL），继续于 $CO_2$ 培养箱中避光培养4h。

d. 取出96孔板，弃去板内液体，向各孔内加入 $150\mu L$ DMSO 溶液。

e. 在酶标仪中中速震荡5min后测定450nm下的OD值，根据OD值计算细胞存活率。

⑤ 非酒精性脂肪肝体外模型的建立。

a. 参照②所述消化细胞及计数，将细胞接种于六孔细胞培养板中（接种密度为 $8\times10^5$ 个/孔），并用培养基调整每孔体积至2mL。

b. 于 $CO_2$ 细胞培养箱中培养24h后将六孔板取出，弃去培养基，按表3-13所示浓度分别在BSA培养基中加入对应体积FFA及CHF，随后将配好的BSA培养基加入六孔板。

第三章 中药在动物肝疾病防治中的应用研究

表 3-13　AML 12 细胞分组及处理

| 组别 | FFA 终浓度/(mmol/L) | CHF 终浓度/(mg/mL) |
| --- | --- | --- |
| CON 组 | — | — |
| FFA 组 | 1.0 | — |
| FFA+L 组 | 1.0 | 12.5 |
| FFA+M 组 | 1.0 | 25.0 |
| FFA+H 组 | 1.0 | 50.0 |

c. 将六孔板放入 $CO_2$ 细胞培养箱中继续培养 24h 后根据需要进行细胞样品收集。

⑥ Western Blot 法检测 AML 12 细胞中目的蛋白相对表达量

a. AML 12 细胞样品收集及总蛋白提取。

ⅰ. 细胞于 6 孔板中加药孵育结束后取出，弃去培养基，用 4℃预冷的 PBS 轻轻冲洗 3 次。

ⅱ. 弃掉多余 PBS，用细胞刮轻轻将细胞从底部刮下，加入 1mL PBS 吹吸几次，将细胞板底部细胞全部吹下后将细胞悬液转移至 1.5mL 离心管中。

ⅲ. 4℃，800g 离心 5min 后弃掉上清。

ⅳ. 加入 1mL PBS 重悬细胞，4℃，800g 离心 5min，重复 2 次。

ⅴ. 吸干离心管内多余液体，根据细胞量加入含有蛋白酶抑制剂的 RIPA 裂解液。

ⅵ. 漩涡震荡仪震荡 20s 后置于冰上裂解 30min（每 10min 旋涡混匀一次）。

ⅶ. 4℃，14000g 离心 10min 后将上清液小心转移到新的 1.5mL 离心管中，−80℃留存备用。

b. AML 12 细胞总蛋白浓度测定。

ⅰ. 小鼠肝脏总蛋白提取。

（ⅰ）称取 50 mg 肝脏组织放入干净的 1.5mL 离心管中，随后加入 200μL RIPA 裂解液（预混有蛋白酶抑制剂）。

（ⅱ）球磨仪震荡 3min 使肝脏组织彻底匀浆后冰上裂解 30min（每隔 10min 漩涡混匀 1 次）。

（ⅲ）4℃，14000g 离心 10min 后小心吸取上清液转移至新的 1.5mL 离心管中，−80℃留存备用。

ⅱ. 小鼠肝脏总蛋白浓度测定。

（ⅰ）参照 BCA 蛋白浓度测定试剂盒说明书要求配制蛋白标准品溶液及

BCA 工作液。

（ⅱ）按照说明书中步骤分别在 96 孔板对应孔内加入蛋白标准品及待测样品溶液。

（ⅲ）在对应孔内加入 200μL 配制好的 BCA 工作液，37℃孵育 30min。

（ⅳ）将 96 孔板放入酶标仪，560nm 波长下测定 OD 值。

（ⅴ）将标准品浓度和 OD 值分别作为横纵坐标绘制蛋白标准曲线。

（ⅵ）将待测样品 OD 值代入标准曲线计算待测样品浓度。

ⅲ. 蛋白样品配制。根据蛋白浓度测定结果调整蛋白样品浓度，加入适量 5×Loading Buffer 和 DTT（蛋白样品：5×Loading Buffer：DTT＝7∶2∶1）混匀即配制成蛋白上样缓冲液，蛋白上样质量 20μg，上样体积 20μL。

c. SDS-PAGE 凝胶电泳。

ⅰ. 配胶。按照 SDS-PAGE 凝胶试剂盒说明书配制分离胶及浓缩胶，见表 3-14：

表 3-14　SDS-PAGE 分离胶及浓缩胶的配制

| 组分 | 10%分离胶（15mL） | 5%浓缩胶（4mL） |
| --- | --- | --- |
| 纯水/mL | 6.25 | 2.28 |
| 30% Acr-Bis(29∶1)/mL | 5.00 | 1.02 |
| 4×分离胶缓冲液/mL | 3.75 | — |
| 4×浓缩胶缓冲液/mL | — | 1.00 |
| 10%APS/mL | 0.15 | 0.04 |
| TEMED/mL | 0.010 | 0.004 |

ⅱ. 灌胶与上样。

（ⅰ）按照表 3-14 配制 10%分离胶，于 15mL 离心管混匀后取 5mL 均匀地加入玻璃板中。

（ⅱ）立即在分离胶上层缓慢加入 1mL 异丙醇，室温静置 30min 待分离胶完全凝固后倒掉并小心吸干异丙醇。

（ⅲ）按照表 3-14 配制 5%浓缩胶，混匀后取 2mL 均匀加在凝固的分离胶上层，立即插入梳子，室温静置 20min。

（ⅳ）制备蛋白上样缓冲液后，在沸水中煮 5min。

（ⅴ）待浓缩胶凝固后，向电泳槽中缓慢倒入 1×电泳缓冲液，随后轻轻拔掉梳子。

（ⅵ）将煮好的蛋白上样缓冲液进行瞬离并混匀后，吸取 20μL 缓慢加入对应样品孔中，左右两侧加样孔中分别缓慢加入 2.5μL 彩虹 Marker。

ⅲ. 电泳。

（ⅰ）将电泳槽盖子对应正负极盖好并连接电泳仪，调整电压 80V，时间 25min。

（ⅱ）待蛋白跑到浓缩胶底部，刚刚进入分离胶时调整电压至 120V，时间 70min。

（ⅲ）待蛋白跑至分离胶底部时即可停止电泳。

ⅳ. 转膜。

（ⅰ）按照凝胶的大小裁切 PVDF 膜，并将其用甲醇浸泡 1～2min 进行激活。

（ⅱ）按照需要剪切转印滤纸，将转印滤纸、激活的 PVDF 膜、海绵垫以及转印夹在 1×转膜液中浸泡 5～10min。

（ⅲ）轻轻撬开电泳凝胶玻璃板，根据需要切割凝胶，按照黑夹子-海绵垫-3 层转印滤纸-凝胶-PVDF 膜-3 层滤纸-海绵垫-红夹子的顺序依次夹好（每一层均不能有气泡及空隙）。

（ⅳ）将转印夹对准正负极放入转印槽中，加入足量 1×转膜液后将转印槽置于冰中，调整电压及时间为 100V，60min。

ⅴ. 免疫反应。

（ⅰ）封闭：将转印好的 PVDF 膜作好正反标记后放入 5%脱脂牛奶中，置于摇床上室温封闭 60min。

（ⅱ）稀释一抗：按照抗体说明书所述比例用 1×TBST 稀释一抗。

（ⅲ）孵育一抗：按照目的蛋白条带大小，根据 Marker 提示位置切割 PVDF 膜（做好正反标记）。将 PVDF 膜与对应一抗置于孵育盒中，使膜的蛋白面与一抗充分接触，4℃孵育过夜。

（ⅳ）洗涤一抗：孵育过夜后回收抗体，在孵育盒内加入适量 1×TBST 并置于摇床上洗涤 3 次，每次 5min。

（ⅴ）孵育二抗：按照抗体说明书所述比例用 1×TBST 稀释二抗，加入对应孵育盒内，使 PVDF 膜与二抗充分结合。

（ⅵ）洗涤二抗：回收二抗后在孵育盒内加入适量 1×TBST 置于摇床上洗涤 5 次，每次 10min。

ⅵ. ECL 显影。

（ⅰ）按照超敏 ECL 化学发光试剂盒说明书配制显影液（现用现配）。

（ⅱ）将 PVDF 膜上多余液体用滤纸轻轻吸除，将膜蛋白面朝上并铺满显影液，放入 Amersham Imager 600 成像仪中进行曝光成像并拍照保存。

（ⅲ）结果分析。用 ImageJ 软件测定目的蛋白和 β-actin 灰度值，以

β-actin 作为内参蛋白计算目的蛋白相对表达水平。

⑦ AML 12 细胞目的基因相对表达量的测定。

a. AML 12 细胞总 RNA 提取。

ⅰ. 细胞于 6 孔板中加药孵育结束后取出，弃去孔内液体，用 4℃ 预冷的 PBS 轻轻冲洗 3 次。

ⅱ. 加入 1mL Trizol 提取液充分冲洗 6 孔板底部，待底部细胞完全吹落后将液体转移至新的 1.5mL 离心管中。

ⅲ.

（ⅰ）向上述 1.5mL 离心管中加入 200μL 氯仿，剧烈震荡后室温静置 10min。

（ⅱ）4℃，10625g 离心 10min，此时溶液分为三层，小心吸取上层清液（注意不要吸到中层白色沉淀）转移至新的 1.5mL 离心管（以下步骤均冰上操作）。

（ⅲ）向上述离心管加入 500μL 异丙醇，上下轻轻颠倒混匀，冰上静置 10min，4℃，10625g 离心 10min 后弃上清。

（ⅳ）加入 1mL 75％乙醇（DEPC 水配制）轻轻摇晃进行洗涤，4℃，6800g 离心 5min 后弃上清，重复 2 次。

（ⅴ）吸除多余液体后将 1.5mL 离心管倒扣于超净台内，待液体挥发完全后加入 20μL DEPC 水，−80℃ 保存备用。

b. AML 12 细胞 RNA 反转录。

ⅰ. 取出 RNA 溶液，充分混匀后吸取 1μL 用超微量分光光度计测定 RNA 浓度。

ⅱ. 吸取 11μL RNA 样品（根据 RNA 浓度调整 RNA 质量为 2μg）与 1μL Oligo（dT）在 200μL PCR 反应管中充分混匀，放入 PCR 仪 70℃ 反应 10min。

ⅲ. 待反应程序结束后立即将 PCR 反应管置于冰上，使其快速降温。

ⅳ. 于冰上配制并加入以下预混液：

| | |
|---|---|
| 缓冲液 | 4μL |
| dNTP | 1μL |
| 反转录酶 | 0.5μL |
| DEPC $H_2O$ | 2.5μL |
| 总体积 | 8μL |

ⅴ.将 PCR 反应管重新放入 PCR 仪，按照以下反应程序继续进行反转录：

| | |
|---|---|
| 42℃ | 60min |
| 70℃ | 15min |

ⅵ.反应结束后取出 PCR 反应管，-80℃保存备用。

c. AML 12 细胞荧光定量 PCR。

ⅰ.本实验所用引物均交由上海生工生物工程股份有限公司设计并合成，引物序列见表 3-7。

ⅱ.按照如下所示配制 PCR 反应体系：

| | |
|---|---|
| SYBR Green | 10μL |
| 正向引物（10μM） | 1μL |
| 反向引物（1μM） | 1μL |
| DEPC $H_2O$ | 6μL |
| cDNA | 2μL |
| 总体积 | 20μL |

ⅲ.将上述反应体系于 8 联管内充分混匀后，用瞬离机离心 30s 使反应体系沉降在 8 联管底部。

ⅳ.将 8 联管放入 PCR 仪，按照表 3-8 所示 qRT-PCR 扩增程序进行扩增及测定。

ⅴ.用 $2^{-\Delta\Delta C}$ 法计算目的基因相对表达水平。

d. AML 12 细胞油红染色

ⅰ.细胞于 6 孔板中加药孵育结束后取出，弃去板内多余液体，PBS 轻轻冲洗 2~3 次。

ⅱ.每个细胞孔中加入 1.5mL 4％多聚甲醛溶液，4℃固定 30min。

ⅲ.按照饱和油红储存液说明书所述，加入去离子水配制油红染液（油红储存液：去离子水＝3：2），用滤纸将油红染液过滤后室温静置 10min。

ⅳ.移除细胞固定液，用 PBS 轻轻冲洗 3 次后每孔加入 1.5mL 油红染液，37℃孵育 40min。

ⅴ.弃去板内染液，每孔加入 1mL 60％异丙醇脱色，30s 后迅速移除异丙醇并用 PBS 轻轻冲洗 3 次。

ⅵ. 吸除多余 PBS，每孔加入 1mL 苏木精染液，染色 1min。

ⅶ. 移除苏木精染液，PBS 轻轻冲洗 3 次后镜下观察结果。

⑧ AML 12 细胞免疫荧光。

a. 铺板时直接将细胞按照每孔 5000 个的密度接种于放置了细胞爬片的 12 孔板中，加药孵育结束后取出 12 孔板，弃去板内多余液体，PBS 轻轻冲洗 2 次。

b. 每个细胞孔中加入 0.5mL 4% 多聚甲醛溶液，4℃ 固定 30min。

c. 弃去板内液体，PBS 浸洗 3 次，每次 5min。

d. 吸除多余 PBS，每孔加入 500μL 封闭液（用 PBS 配制成含 3% BSA，5% 山羊血清，0.5% Triton 100 的封闭液）室温封闭 30min。

e. 按照抗体说明书建议浓度用封闭液稀释一抗，每个细胞孔内加 500μL，4℃ 孵育过夜。

f. 回收一抗，每孔加入适量 PBS 浸洗 3 次，5min/次。

g. 吸除多余 PBS 溶液，按照荧光二抗说明书稀释抗体，每个细胞孔加入 500μL 抗体，室温孵育 60min（此步骤开始全程避光）。

h. 回收二抗，每孔加入适量 PBS 浸洗 3 次，5min/次。

i. 每孔加入 500μL DAPI 细胞核染液，室温孵育 8min。

j. 弃去孔内液体，每孔加入适量 PBS 浸洗 3 次，5min/次。

k. 吸除细胞孔内多余液体，取出细胞爬片，在载玻片上滴加一滴甘油，将细胞爬片倒扣于甘油上（不要有气泡），荧光显微镜下观察结果。

⑨ 流式细胞术检测 ROS。

a. 按照活性氧检测试剂盒说明书所述比例，将 DCFH-DA 用 DMEM/F12 培养基稀释至终浓度为 10μmol/L。

b. 细胞于 6 孔板中加药孵育结束后取出，吸除孔内液体，用 PBS（提前预热至 37℃）轻轻冲洗 2 次。

c. 每个细胞孔中加入 500μL 胰蛋白酶消化液室温消化 3min，待观察细胞板底部细胞消化脱落后，每孔加入 1mL 培养基反复轻轻吹打细胞团，使其成为单细胞悬液并移入 1.5mL 离心管中。

d. 175$g$ 下室温离心 4min 后弃去上清液。

e. 每管加入 200μL PBS，175$g$ 室温离心 4min。

f. 吸除多余 PBS，每管加入 200μL 稀释好的 DCFH-DA 探针，37℃ 避光孵育 20min（每 4min 上下颠倒混匀一次）。

g. 175$g$ 室温离心 4min 后重复 2 次步骤（5）洗涤细胞。

h. 吸除多余 PBS，加入 200μL 台式液后流式细胞仪检测。

⑩ 数据分析与统计。

用 Excel 表格对数据进行统计，结果表示为"平均值±标准差"。用 SPSS 23.0 对数据进行显著性分析，以单因素方差分析比较各组之间的差异显著性，$P<0.05$ 时具有统计学意义。使用 GraphPad Prism 7.0 软件绘制柱状图及折线图。

（3）结果

① 不同浓度加味四君子汤及游离脂肪酸对 AML 12 细胞活性的影响。

为确定不同浓度 FFA 及加味四君子汤对 AML 12 小鼠肝细胞活性的影响，我们用不同浓度 FFA 及中药组方分别对细胞进行刺激，通过 MTT 实验对细胞活性进行测定，结果见图 3-7。由图 3-7（a）可知，FFA 对细胞刺激浓度超过 1.0mmol/L 时细胞存活率出现下降趋势，1.4mmol/L、1.6mmol/L、1.8mmol/L、2.0mmol/L FFA 刺激会极显著降低细胞存活率（$P<0.001$）。由图 3-7（b）可以看出，CHF 刺激浓度超过 50mg/mL 后细胞存活率明显下降，60mg/mL、70mg/mL、80mg/mL、90mg/mL 及 100mg/mL 药物刺激下细胞存活率极显著降低（$P<0.001$）。

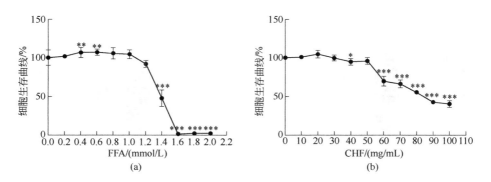

图 3-7　不同浓度 FFA（a）及 CHF（b）对 AML 12 细胞活性的影响
["*""**""***"分别表示与各浓度刺激组与空白对照组相比差异显著和极显著（$P<0.05$；$P<0.01$；$P<0.001$）]

② 加味四君子汤对 FFA 诱导的 AML 12 细胞 SREBP 脂代谢通路的影响。

为验证加味四君子汤对 FFA 诱导的小鼠 AML 12 肝细胞脂沉积的影响，我们对细胞进行了油红染色，结果表明 [图 3-8（c）]：与 CON 组相比，FFA 组细胞周围有大量的脂滴生成，而随着药物浓度的增加，FFA+L、FFA+M 与 FFA+H 组细胞周围脂滴逐渐减少。为明确 CHF 对细胞脂代谢影响的机制，我们对细胞脂代谢关键通路之一的 SREBP-1c 通路中相关蛋白及基因进行了检测。蛋白结果表明 [图 3-8（a）]，与 CON 组相比，FFA 组细胞中 SREBP-1c（$P>0.05$）及 ACC1（$P<0.001$）蛋白相对表达量有所升高；而 FFA+L（$P<0.05$）、FFA+M（$P<0.01$）与 FFA+H（$P<0.001$）组细胞中 ACC1 蛋白相对表达量较 FFA 组显著降低；同时，FFA+H 组细胞中 SREBP-1c 蛋白相对表达量极显著低于 FFA 组（$P<0.01$）。此外，与 FFA 组相比，FFA+M（$P<0.01$）与 FFA+H（$P<0.001$）组细胞 FAS 蛋白相对表达水平均极显著降低。由细胞 mRNA 结果可知 [图 3-8（b）]，与 CON 组相比，FFA 的刺激使细胞 *Srebp-1c*（$P<0.01$）、*Fas*（$P<0.05$）及 *Acc1*（$P<0.001$）基因相对表达水平显著升高；同时，与 FFA 组相比，低浓度药物刺激的 FFA+L 组细胞中 *Srebp-1c* 及 *Fas* 基因相对表达水平极显著降低（$P<0.01$），*Acc1* 基因相对表达量极显著减少（$P<0.001$）；此外，中浓度及高浓度药物的刺激能够极显著抑制 FFA 诱导的细胞 *Srebp-1c*、*Fas* 及 *Acc1* 基因相对表达量的升高（$P<0.001$）。

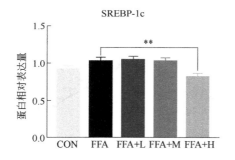

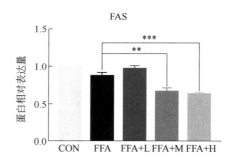

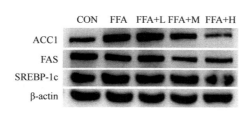

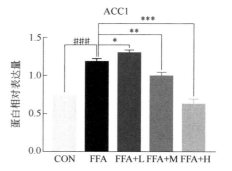

(a)

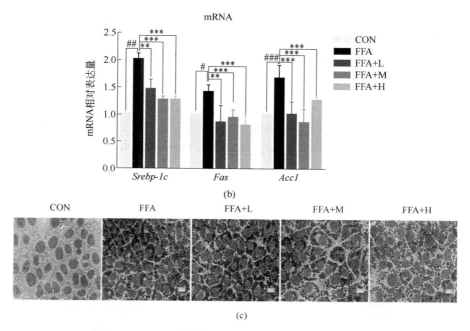

图 3-8　AML 12 细胞 SREBP-1c 通路相关蛋白（a）和
基因（b）相对表达量及细胞油红染色（c）

[结果表现为平均值±标准差。"#""##""###"分别表示 HFD 组与 CON 组相比差异显著及极显著（$P<0.05$；$P<0.01$；$P<0.001$）；"*""**""***"分别表示与 HFD 组相比差异显著及极显著（$P<0.05$；$P<0.01$；$P<0.001$）]

③ 加味四君子汤对 FFA 诱导的 AML 12 细胞 NF-κB 炎症通路的影响。

为探究加味四君子汤对 FFA 诱导的 AML 12 小鼠肝细胞炎症反应的作用，我们对 NF-κB 通路相关蛋白及基因进行了检测。图 3-9（b）细胞蛋白结果表明，FFA 刺激的细胞中 IKK-β 蛋白相对表达水平显著高于 CON 组（$P<0.05$），而高浓度药物刺激的 FFA+H 组细胞中 IKK-β 蛋白相对表达水平显著低于 FFA 组（$P<0.05$）。同时，FFA 组细胞 IκB-α 蛋白相对表达量显著低于 CON 组（$P<0.05$）；不同浓度加味四君子汤的刺激使 IκB-α 蛋白相对表达水平升高，但与 FFA 组相比无显著差异（$P>0.05$）。FFA 组细胞 NF-κB 蛋白相对表达量及其磷酸化水平均较 CON 组有所升高，而 FFA+M 与 FFA+H 组细胞中 NF-κB 蛋白相对表达量及其磷酸化量较 FFA 组减少。此外，由图 3-10 细胞免疫荧光结果可以看出，细胞中加入 FFA 刺激后，NF-κB 蛋白量较 CON 组明显增加，同时逐渐向细胞核内转移；不同浓度药物刺激的 FFA+L、FFA+M 及 FFA+H 组细胞中 NF-κB 蛋白表达量降低的同时逐渐向细胞核外转移。如图 3-9（b）细胞 mRNA 结果所示，

FFA 组细胞中 $Nf\text{-}\kappa b$ 基因相对表达水平较 CON 组极显著升高（$P<0.01$），而 FFA+M（$P<0.01$）及 FFA+H（$P<0.001$）组的药物刺激能够极显著抑制其相对表达量的增加。与 CON 组相比，FFA 组细胞 $Ikk\text{-}\beta$ 基因相对表达水平有所升高，但无显著差异（$P>0.05$）；与 FFA 组相比，FFA+M 组细胞 $Ikk\text{-}\beta$ 基因相对表达量显著减少（$P<0.05$），FFA+H 组极显著减少（$P<0.01$）。此外，FFA 组细胞中 $I\kappa b\text{-}\alpha$ 基因相对表达水平较 CON 组有所降低，但无显著差异（$P>0.05$），FFA+H 组细胞 $I\kappa b\text{-}\alpha$ 基因相对表达量较 FFA 组极显著增加（$P<0.001$）。

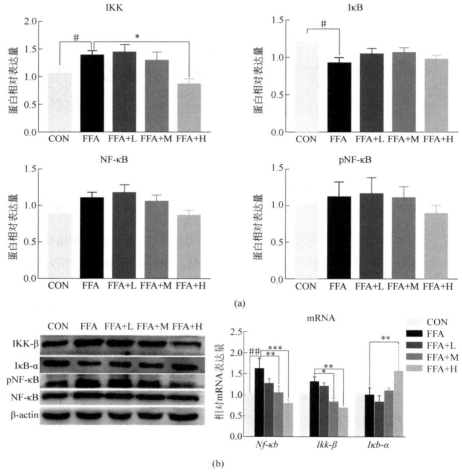

图 3-9　AML 12 小鼠肝细胞 NF-κB 通路相关蛋白（a）及基因（b）相对表达量
[结果表现为平均值±标准差。"#"、"##"、"###"分别表示 HFD 组与 CON 组相比差异显著及极显著（$P<0.05$；$P<0.01$；$P<0.001$）；"*"、"**"、"***"分别表示与 HFD 组相比差异显著及极显著（$P<0.05$；$P<0.01$；$P<0.001$）]

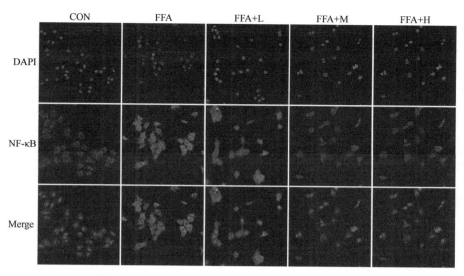

图3-10 AML 12小鼠肝细胞 NF-κB 免疫荧光结果

④ 加味四君子汤对 FFA 诱导的 AML 12 细胞氧化应激的影响。

为确定加味四君子汤对 FFA 诱导的 AML 12 小鼠肝细胞氧化应激的调节作用，我们对 ERs 相关蛋白的相对表达量进行检测，并对细胞内 ROS 含量进行测定。由图 3-11（a）细胞蛋白结果可知，与 CON 组相比，FFA 组

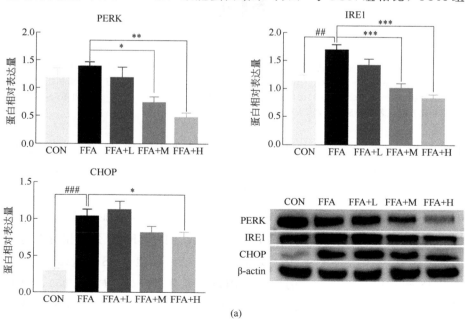

(a)

图 3-11

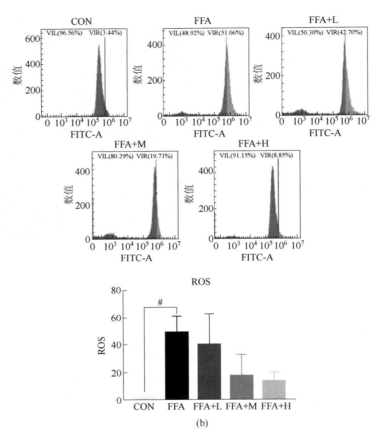

图 3-11 AML 12 小鼠肝细胞细胞内质网应激相关蛋白相对表达量（a）及 ROS 含量（b）
[结果表现为平均值±标准差。"♯"、"♯♯"、"♯♯♯"分别表示 HFD 组与 CON 组相比差异显著及极显著（$P<0.05$；$P<0.01$；$P<0.001$）；"＊"、"＊＊""＊＊＊"分别表示与 HFD 组相比差异显著及极显著（$P<0.05$；$P<0.01$；$P<0.001$）]

细胞中 PERK（$P>0.05$）、IRE1（$P<0.01$）及 CHOP（$P<0.001$）蛋白相对表达量均有所升高，而 FFA＋M 组（$P<0.05$）及 FFA＋H（$P<0.01$）组细胞中 PERK 蛋白相对表达水平较 FFA 组显著下降。此外，FFA＋M 组及 FFA＋H 组细胞中 IRE1 蛋白相对表达水平均极显著低于 FFA 组（$P<0.001$）。高浓度药物刺激的 FFA＋H 组细胞中 CHOP 蛋白相对表达水平显著低于 FFA 组（$P<0.05$）。由图 3-11（b）细胞 ROS 含量结果可知，与 CON 组相比，FFA 刺激的细胞中 ROS 含量显著升高（$P<0.05$），而不同浓度 CHF 刺激的 FFA＋L、FFA＋M 与 FFA＋H 组细胞中 ROS 含量较 FFA 组有所下降（$P>0.05$）。

**(4) 讨论**

肝脏脂肪变性是由于机体过度摄入 FFA，造成过多脂质沉积于肝脏而不能及时代谢引起的。因此，为进一步确定加味四君子汤对 NAFLD 的预防作用，参照前人方法，我们采用 FFA 对 AML 12 小鼠肝细胞进行刺激来诱导体外 NAFLD 模型。NAFLD 发生过程中，SREBP-1c 将会通过复杂的级联反应被激活，从而促进细胞 DNL，最终导致肝脏脂肪变性。SREBP-1c 还可以诱导编码在脂肪酸和 TG 合成途径中各步骤催化酶的 mRNA，如 ACC1，FAS 等。在本实验中，我们发现加味四君子汤能够预防 FFA 诱导的细胞脂沉积，这种预防作用可能是由于下调了细胞 SREBP-1c 通路中各种蛋白和基因的表达，从而减少细胞内脂质合成而实现的。

当细胞内有过多脂沉积时，线粒体的 β-氧化作用会变得不堪重负，导致 ROS 的生成增加。ROS 的含量超过细胞的抗氧化能力，细胞氧化应激随之发生。细胞氧化应激发生后又会通过增加错误折叠蛋白等途径来引起 ERs，进一步对细胞造成损伤。此外，也有研究表明，过多 TG、TC 等蓄积引起的脂毒性也可直接损伤 ER 引起 ERs。而 PERK、IRE1 两种酶在 ERs 过程中发挥至关重要的作用，在本实验中，中浓度及高浓度加味四君子汤的刺激能够显著减少两种酶的相对表达量，说明该组方对预防 ERs 的产生具有一定效果，此结果与上述体内实验结果相一致。此外，FFA 刺激的细胞中 ROS 含量随加入药物浓度的增加呈现剂量依赖性降低。因此，加味四君子汤对细胞氧化应激的预防作用可能是由于抑制了细胞中 ROS 的产生，从而减弱了肝脏中的 ERs，进而对细胞的氧化应激进行预防。

此外，ERs 与炎症途径的激活密切相关。越来越多的证据表明，ERs 可能作为 NAFLD 发病过程中的"第二次打击"，引发 NAFLD 过程中的炎症反应。ERs 通过 PERK 及 IRE1 途径激活核转录因子 NF-κB，使 NF-κB 与 IκB-α 解离并将 NF-κB 释放进入细胞核，从而激活下游促炎因子。同时，包括 NF-κB 在内的几种炎症转录因子对氧化还原敏感，ROS 产生过多也可引发细胞炎症。在本研究中，加味四君子汤能够抑制 FFA 诱导的 AML 12 小鼠肝细胞中 IKK-β 的高表达，并抑制 NF-κB 的磷酸化，显示出与体内实验相似的结果。同时，加味四君子汤还能够阻止 NF-κB 进入细胞核，从而抑制细胞炎性反应的发生。

总之，加味四君子汤可能通过对 SREBP-1c 脂代谢通路的调控来预防 FFA 诱导的 AML 12 小鼠肝细胞脂沉积；可能通过抑制细胞中 ROS 的产生，从而减弱细胞 ERs 状态并抑制细胞氧化应激的发生；此外，加味四君子汤还可能通过对细胞 NF-κB 通路进行调节来预防炎症反应；在体外试验中呈现与体内实验相似结果。

综上所述，我们通过体内实验与体外实验两个方面对加味四君子汤在 NAFLD 中的预防作用及其作用机制进行了研究，结果表明，加味四君子汤对 NAFLD 具有较好的预防作用；如图 3-12 所示，加味四君子汤对 NAFLD 的预防作用可能是通过对 ERs、NF-κB 和 SREBP-1c 途径的调控来实现的。

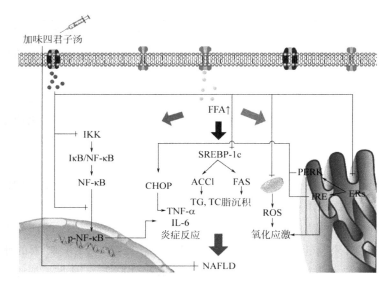

图 3-12　加味四君子汤预防 NAFLD 的机制

## 二、中药对围产期奶牛能量代谢的影响研究

### 1. 试验材料

材料：本试验所使用的中草药半枝莲、陈皮、藿香、甘草由成都荷花池中药材专业市场提供，符合 GMP 标准；兽用大蒜素由新乡市八牧科技有限公司提供；BHBA 试剂盒由上海朗顿生物技术有限公司提供；肝素钠抗凝剂（1170GR001）由德国 BioFroxx 有限公司提供；产奶量由牧场阿菲金系统提供；乳成分由大庆市农产品技术中心检测；其他血液指标由湖南锋锐生物科技有限公司检测。

主要仪器设备：

试验所用到的主要仪器设备见表 3-15。

表 3-15　试验使用仪器设备

| 仪器名称 | 生产厂家 |
|---|---|
| 台式低速离心机 | 湖南湘仪试验仪器开发有限公司 |
| 电子秤 | 美国 Thermo 公司 |
| −20℃冰箱 | 青岛海尔股份有限公司 |
| 移液器 | 西安超杰仪器设备有限公司 |
| 全自动生化分析仪 | 迈瑞生物医疗电子股份有限公司 |
| 医用冷藏箱 | 浙江太古制冷科技有限公司 |
| 怡成奶牛专用酮体检测仪 | 北京田园奥瑞生物技术有限公司 |
| 三诺血糖仪 | 三诺生物传感股份有限公司 |
| 丹麦 FOSS 乳液分析仪 | 上海励昂科学仪器有限公司 |
| 粉碎机 | 四川盛新来机械设备有限公司 |
| 液氮罐 | 河南天驰仪器设备有限公司 |

## 2. 试验动物与设计

试验动物选自黑龙江省中部某大型现代集约化奶牛场，选取体况、体重、年龄相近，2～5 胎次，上一胎次产乳量接近的奶牛，对选取的奶牛进行疾病既往史调查，将不符合标准的奶牛舍弃，选择临床检查健康，处于围产期的中国荷斯坦奶牛 40 头，将其随机分为对照组、大蒜素组、低剂量组、中剂量组、高剂量组，每个试验组 8 头牛（表 3-16）。试验组与对照组正常饲喂常规基础日粮，试验组大蒜素组、低剂量组、中剂量组、高剂量组分别在常规日粮基础上添加大蒜素 100g/d/头、中草药添加剂 100g/d/头、300g/d/头、500g/d/头，于每天清晨 4:00 上料后手动均匀添加到 TMR 日粮中（表 3-17，表 3-18），正式饲喂期为 21d，预饲期为 7d，试验期间任其自由采食、自由饮水、散栏式运动。试验饲喂开始后分别在产后 1d、7d、14d、21d 第一次挤奶时，采集奶样，并在 12h 内通过全自动乳成分分析仪丹麦 FOSS 乳液分析仪，分析乳成分，检测乳脂、乳蛋白、尿素氮、乳糖、体细胞指标。在试验期 1d、7d、14d、21d，饲喂后尾静脉采集血液 10mL 用于检测其血液指标。同时记录监测试验奶牛的生理状态，生产性能等基本情况。

表 3-16　试验组奶牛基本信息

| 项目 | 对照组 | 大蒜素 | 低剂量 | 中剂量 | 高剂量 |
|---|---|---|---|---|---|
| 年龄 | 4.00±0.71 | 3.42±0.65 | 3.40±0.55 | 3.60±0.89 | 4.00±0.71 |
| 胎次 | 2.40±0.55 | 2.40±0.55 | 2.40±0.55 | 2.40±0.55 | 2.40±0.55 |

注：同行间标注"**"表示与对照组相比差异极显著（$P<0.01$），标注"*"表示与对照组相比差异显著（$P<0.05$）；同行间标不标注表示差异不显著（$P>0.05$）。

表 3-17　围产前期基础日粮配方组成及表　　　　　单位:%

| 基础日粮 | 原料配比 | 营养水平 | 含量 |
| --- | --- | --- | --- |
| 羊草 | 14.5 | 泌乳净能/(MJ/kg) | 8.23 |
| 青贮 | 72.8 | 粗蛋白/% | 16.94 |
| 豆粕 | 2.8 | 中性洗涤纤维/% | 25.70 |
| 棉籽 | 2.5 | 酸性洗涤纤维/% | 13.16 |
| 菜粕 | 2.0 | 钙/% | 1.15 |
| 干啤酒糟 | 2.9 | 磷/% | 0.97 |
| 麸皮 | 1.2 | | |
| 食盐 | 0.1 | | |
| 预混料 | 1.2 | | |
| 合计 | 100 | | |

注：预混料每千克提供：维生素 A：200000IU；维生素 D：45000IU；维生素 E：1500mg；烟酸：1560mg；铜：400mg；锰：600mg；锌：2140mg；镁：34800mg；硒：20mg；钴：14mg。

表 3-18　围产后期基础日粮配方组成及营养水平表　　　　单位:%

| 基础日粮 | 原料配比 | 营养水平 | 含量 |
| --- | --- | --- | --- |
| 羊草 | 5.2 | 泌乳净能/(MJ/kg) | 11.4 |
| 青贮 | 38.8 | 粗蛋白/% | 20.4 |
| 苜蓿 | 6.0 | 中性洗涤纤维/% | 20.70 |
| DDGS | 11.5 | 酸性洗涤纤维/% | 11.1 |
| 糖蜜 | 9.0 | 钙/% | 1.15 |
| 玉米 | 9.0 | 磷/% | 1.08 |
| 豆粕 | 5.0 | | |
| 棉粕 | 5.0 | | |
| 菜粕 | 3.0 | | |
| 干啤酒糟 | 5.0 | | |
| 小苏打 | 0.1 | | |
| 食盐 | 0.1 | | |
| 预混料 | 2.3 | | |
| 合计 | 100 | | |

注：预混料每千克提供：维生素 A：200000IU；维生素 D：45000IU；维生素 E：1500mg；烟酸：1560mg；铜：400mg；锰：600mg；锌：2140mg；镁：34800mg；硒：20mg；钴：14mg。

**3. 样品采集与检测**

（1）产奶量及奶牛生产信息监测

在饲喂试验开始后，每天利用牧场阿波罗系统监测试验奶牛的泌乳量，生产性能以及奶牛生产的基本信息，保存数据并做相应记录，并于试验开始的第 1d、7d、14d、21d 第一次挤奶时，采集奶样加入重铬酸钾放入冰箱保存，并在12h内采用冷源保温送检，利用全自动乳液分析仪测定相应的乳蛋白、乳糖、尿素氮、体细胞等指标。

（2）血液样品收集与检测

在饲喂试验开始后的1d、7d、14d、21d，清晨空腹采集尾静脉血液10mL肝素钠抗凝处理，常温下4000r/min，离心5min，采用奶牛专业血酮仪和血糖仪检测酮体值和血糖值，再将血清置于EP管内，并将EP管放入液氮中瞬间冷冻15s，冷冻结束，冻存于冰箱内待检。待试验完成后将采集冻存的所有试验奶牛的血清进行生理生化指标检测分析。

其中TP、ALB、GLB、A/G、ALT、AST、ALP、GLU、BUN、TG指标由湖南锋锐生物科技有限公司检测后提供相应的数据。

### 4. 数据统计分析

使用Excel软件整理数据，试验数据采用SPSS软件进行统计分析，以$P<0.05$作为差异显著性试验结果判断标准，试验结果均以平均值±标准差（Mean±SD）表示。用graphpad prism7.0软件对试验结果进一步分析绘图。

### 5. 结果与分析

（1）"牛益康"对泌乳量的影响

图3-13统计结果显示，在中草药添加剂饲喂后，各试验组与对照组产奶量随着泌乳天数的增加都出现持续升高趋势，在泌乳第1～3d时低剂量组的奶量与对照组相比没有增长，中剂量与高剂量有增长趋势；在第6d时大蒜素组的奶量增长高于对照组、低剂量组和高剂量组，但高剂量增长最多，差异性极显著（$P<0.01$）；其中第6d至12d时高剂量组与对照组相比差异

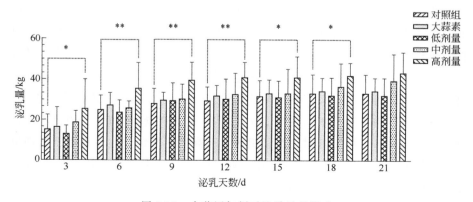

图3-13 中药添加剂对泌乳量的影响

极显著（$P<0.01$）奶量涨幅最明显；第 6～21d 时大蒜素组奶量高于对照组和低剂量组；总体趋势，各试验组奶量均有所增长，高剂量组产奶量增长最显著；第 21d 时虽然统计结果各试验组无明显的差异性，但是均有所增高，并伴随着中药添加剂剂量的增高产奶量也相应地增高。

(2)"牛益康"对乳成分的影响

①"牛益康"对乳脂率的影响。表 3-19 统计分析结果可知，中草药添加剂饲喂后，在产奶第 1d、7d、14d、21d 的 4 次乳成分测定分析后发现饲喂中草药添加剂的奶牛，乳脂在第 1d 时，中剂量组和高剂量组显著性（$P<0.05$）高于对照组、大蒜素组、低剂量组；随着泌乳天数增加，在泌乳第 14d 时大蒜素显著性（$P<0.05$）高于对照组、低剂量组、高剂量组；但在第 7d、14d 和 21d 时低剂量、高剂量和中剂量与对照组相比均差异不显著（$P>0.05$），这表明了中草药添加剂在提高奶牛乳脂率时初期会提高一些，但随着泌乳天数的增加各中草药添加组效果不显著。

表 3-19　中药添加剂对试验奶牛乳脂率的影响　　　　单位：%

| 时间/d | 对照组 | 大蒜素 | 低剂量 | 中剂量 | 高剂量 |
| --- | --- | --- | --- | --- | --- |
| 1 | 3.14±1.21 | 3.41±1.74 | 3.39±1.13 | 4.23±1.10* | 4.16±0.83* |
| 7 | 4.15±1.33 | 3.85±1.75 | 4.06±1.25 | 3.79±1.43 | 3.56±1.84 |
| 14 | 3.90±1.64 | 2.57±1.27* | 3.65±1.60 | 4.10±1.80 | 3.83±1.72 |
| 21 | 4.12±1.95 | 3.40±1.53 | 3.32±1.28 | 4.08±1.06 | 3.81±1.63 |

注：同行间标注"**"表示与对照组相比差异极显著（$P<0.01$），标注"*"表示与对照组相比差异显著（$P<0.05$）；同行间标不标注表示差异不显著（$P>0.05$）。

②"牛益康"对乳蛋白的影响。表 3-20 统计分析结果可知，中草药添加剂饲喂后，在第 1d 时中草药添加试验组和大蒜素组对比对照组均无差异显著性（$P>0.05$），对乳蛋白没有影响；但第 1d 乳蛋白由于是初乳，所以蛋白含量相对于后期泌乳时高；在第 7d 时低剂量组、中剂量组和大蒜素组乳蛋白显著高于对照组和高剂量组（$P<0.05$），高剂量组并无显著差异性（$P>0.05$）；大蒜素也有一定的提高乳蛋白的效果；在第 14d 时中剂量乳蛋白极显著高于对照组、大蒜素组和低剂量组（$P<0.01$），乳蛋白明显提高，高剂量组乳蛋白显著高于对照组、大蒜素组和低剂量组（$P<0.05$），乳蛋白有一定提高；在第 21d 时高剂量组极显著高于对照组、大蒜素组、低剂量组、中剂量组（$P<0.01$），并且大蒜素、低剂量、中剂量相比对照组有差异显著性（$P<0.05$）；各试验组整体对于提高乳蛋白的效果明显，大蒜素与中草药添加剂可提高奶牛乳蛋白，中剂量效果最好。

表 3-20　中药添加剂对试验奶牛乳蛋白的影响　　　　　单位:%

| 时间/d | 对照组 | 大蒜素 | 低剂量 | 中剂量 | 高剂量 |
|---|---|---|---|---|---|
| 1 | 7.59±3.40 | 8.96±3.78 | 9.61±3.54 | 6.93±4.60 | 8.89±2.97 |
| 7 | 3.20±0.95 | 2.40±0.90* | 3.65±0.86* | 2.39±0.68* | 2.64±0.70 |
| 14 | 3.36±0.28 | 3.39±0.26 | 3.54±0.31 | 3.70±0.26** | 3.69±0.30** |
| 21 | 3.59±0.40 | 3.19±0.38* | 3.13±0.42* | 3.21±0.46* | 2.94±0.33** |

注：同行间标注"**"表示与对照组相比差异极显著（$P<0.01$），标注"*"表示与对照组相比差异显著（$P<0.05$）；不标注表示差异不显著（$P>0.05$）。

③ "牛益康"对乳糖的影响。表 3-21 统计分析结果可知，中草药添加剂饲喂后，在第 1d 时试验奶牛乳糖含量低剂量、中剂量、高剂量显著高于对照组和大蒜素组（$P<0.05$）；在第 7d 时饲喂中草药添加剂各试验组乳糖相比对照组和大蒜素组均没有显著性（$P>0.05$）；在第 14d 时低剂量组乳糖极显著高于对照组、大蒜素组、中剂量组、高剂量组（$P<0.01$）；在第 21d 时大蒜素组和中剂量组显著高于对照组、低剂量组和高剂量组；奶牛乳糖有增高趋势，中草药添加剂对提高乳糖含量是用一定的作用，但没有表现出剂量依赖。

表 3-21　中药添加剂对试验奶牛乳糖的影响　　　　　单位:%

| 时间/d | 对照组 | 大蒜素 | 低剂量 | 中剂量 | 高剂量 |
|---|---|---|---|---|---|
| 1 | 4.34±1.16 | 3.82±1.38 | 5.31±0.95* | 5.19±0.60* | 5.58±1.60* |
| 7 | 3.83±1.19 | 3.30±1.33 | 4.51±0.80 | 3.02±1.14 | 3.76±1.42 |
| 14 | 3.96±0.15 | 3.76±1.42 | 4.89±0.70** | 4.70±1.10* | 3.35±1.97 |
| 21 | 4.78±0.23 | 4.30±0.69* | 4.92±0.30 | 5.03±0.23* | 4.96±0.28 |

注：同行间标注"**"表示与对照组相比差异极显著（$P<0.01$），标注"*"表示与对照组相比差异显著（$P<0.05$）；不标注表示差异不显著（$P>0.05$）。

④ "牛益康"对乳中尿素氮的影响。

表 3-22 统计分析结果可知，在第 1d 时各中草药试验组乳中尿素氮含量对比对照组无差异性（$P>0.05$），只有大蒜素组与对照组差异显著（$P<0.05$）；在第 7d 时大蒜素组与各中草药添加剂试验组与对照组均无差异显著性（$P>0.05$）；在第 14d 时低剂量组乳中尿素氮含量显著高于对照组、大蒜素组、中剂量组、高剂量组（$P<0.05$）；在 21d 时中剂量乳中尿素氮增加明显，极显著高于对照租、大蒜素组、高剂量组（$P<0.01$），同时低剂量组也显著高于对照组、大蒜素组、高剂量组；整体趋势来分析，中草药添加剂不能显著改善奶牛乳中尿素氮含量，只是有一定趋势；大蒜素也不具有明显可提高乳中尿素氮的效果。

表 3-22　中草药添加剂对乳中尿素氮的影响　　单位：mg/mL

| 时间/d | 对照组 | 大蒜素 | 低剂量 | 中剂量 | 高剂量 |
|---|---|---|---|---|---|
| 1 | 12.05±5.04 | 18.27±7.66* | 15.03±6.02 | 10.05±4.63 | 15.48±4.07 |
| 7 | 13.04±4.01 | 12.20±6.20 | 14.35±4.51 | 12.65±4.86 | 14.88±3.21 |
| 14 | 12.14±5.01 | 13.95±6.18 | 16.04±3.30* | 10.11±4.76 | 13.13±6.86 |
| 21 | 11.78±3.02 | 13.45±3.01 | 16.96±5.43* | 19.02±4.93** | 13.83±5.76 |

注：同行间标注"**"表示与对照组相比差异极显著（$P<0.01$），标注"*"表示与对照组相比差异显著（$P<0.05$）；不标注表示差异不显著（$P>0.05$）。

⑤"牛益康"对干物质的影响。

表 3-23 统计分析结果可知，中草药添加剂饲喂后，在第 1d、7d、14d 时大蒜素组、不同剂量中草药添加剂各试验组的干物质含量与对照组无显著性差异（$P>0.05$）；在第 21d 时只有高剂量组干物质含量有显著性差异（$P<0.05$），其余 4 组试验组均无显著性差异（$P>0.05$），大蒜素与添加剂并不能影响试验奶牛乳中干物质。

表 3-23　中草药添加剂对乳中干物质的影响　　单位：%

| 时间/d | 对照组 | 大蒜素 | 低剂量 | 中剂量 | 高剂量 |
|---|---|---|---|---|---|
| 1 | 16.09±4.35 | 14.41±4.98 | 18.38±4.07 | 13.94±4.84 | 14.74±4.39 |
| 7 | 12.33±5.15 | 9.02±3.84 | 11.19±5.54 | 8.72±3.62 | 9.53±4.50 |
| 14 | 12.64±1.60 | 11.74±1.61 | 12.35±1.23 | 12.64±1.82 | 12.64±1.58 |
| 21 | 14.19±3.39 | 12.21±1.67 | 12.44±1.22 | 13.38±2.79 | 11.53±0.96* |

注：同行间标注"**"表示与对照组相比差异极显著（$P<0.01$），标注"*"表示与对照组相比差异显著（$P<0.05$）；不标注表示差异不显著（$P>0.05$）。

⑥"牛益康"对体细胞的影响。

表 3-24 统计分析结果可知，中草药添加剂饲喂后，第 1d、7d、14d、21d 各试验组体细胞均无变化，差异不显著（$P>0.05$）。大蒜素和中草药添加剂对炎症并不能起到消除炎症的作用以及降低体细胞含量也无改善。

表 3-24　中草药添加剂对乳中体细胞的影响　　单位：$\times 10^4$/mL

| 时间/d | 对照组 | 大蒜素 | 低剂量 | 中剂量 | 高剂量 |
|---|---|---|---|---|---|
| 1 | 41.39±29.78 | 38.09±24.40 | 40.03±20.96 | 39.14±23.07 | 39.34±13.99 |
| 7 | 35.26±24.18 | 39.22±22.99 | 39.92±20.49 | 31.80±15.43 | 42.15±13.62 |
| 14 | 34.74±26.62 | 37.41±14.04 | 43.18±23.26 | 38.58±18.91 | 34.04±12.41 |
| 21 | 38.80±19.47 | 29.60±14.10 | 28.19±11.00 | 33.50±11.76 | 37.94±14.41 |

注：同行间标注"**"表示与对照组相比差异极显著（$P<0.01$），标注"*"表示与对照组相比差异显著（$P<0.05$）；不标注表示差异不显著（$P>0.05$）。

（3）"牛益康"对免疫能力的影响

①"牛益康"对总蛋白的影响。

表 3-25 统计分析结果可知，饲喂中草药添加剂后，血浆中总蛋白在第 1d 时，中草药试验组的总蛋白含量与对照组差异不显著（$P>0.05$）；在第 7d 时大蒜素组、中剂量组和高剂量组的总蛋白含量显著高于对照组和低剂量组（$P<0.05$），低剂量组对比对照组并没有显著性（$P>0.05$）；在第 14d 时中草药添加剂各试验组的血浆总蛋白均显著高于对照组和大蒜素组（$P<0.05$），对总蛋白的提高效果显著，大蒜素组对比对照组差异并不显著（$P>0.05$），并没有起到作用；在第 21d 时中剂量组总蛋白显著高于对照组、大蒜素、低剂量组和高剂量组（$P<0.05$），其余 3 组均无显著性（$P>0.05$）。

表 3-25　中草药添加剂对总蛋白的影响　　　　单位：g/L

| 时间/d | 对照组 | 大蒜素 | 低剂量 | 中剂量 | 高剂量 |
|---|---|---|---|---|---|
| 1 | 74.40±7.50 | 65.04±6.65* | 68.90±12.30 | 68.66±16.06 | 73.04±9.08 |
| 7 | 74.92±5.97 | 68.00±4.90* | 78.82±12.76 | 59.64±14.63* | 83.44±7.65* |
| 14 | 73.54±7.61 | 65.32±9.07 | 89.28±15.95* | 84.50±9.10* | 82.68±7.30* |
| 21 | 73.12±14.62 | 67.28±9.23 | 81.62±16.65 | 89.00±10.50* | 75.16±16.41 |

注：同行间标注"**"表示与对照组相比差异极显著（$P<0.01$），标注"*"表示与对照组相比差异显著（$P<0.05$）；不标注表示差异不显著（$P>0.05$）。

② "牛益康"对白蛋白的影响。

表 3-26 统计分析结果可知，饲喂中草药添加剂后，血浆中白蛋白在第 1d 时，中剂量组白蛋白显著高于对照组、大蒜素组、低剂量组、高剂量组（$P<0.05$），大蒜素组、低剂量组和高剂量组与对照组无显著性（$P>0.05$）；在第 7d 时中剂量白蛋白极显著高于对照组、大蒜素组低剂量组和高剂量组，血浆白蛋白含量提高显著，而大蒜素组白蛋白含量也优于对照组、低剂量组和高剂量组具有显著性（$P<0.05$）；在第 14d 时，低剂量组白蛋白含量极显著高于对照组（$P<0.01$），大蒜素组、中剂量组和高剂量组白蛋白含量显著高于对照组（$P<0.05$），各试验组白蛋白含量都有升高；在第 21d 时，高剂量组和大蒜素组白蛋白显著高于对照组（$P<0.05$），其余 2 组无差异显著性（$P>0.05$）。

表 3-26　中草药添加剂对白蛋白的影响　　　　单位：g/L

| 时间/d | 对照组 | 大蒜素 | 低剂量 | 中剂量 | 高剂量 |
|---|---|---|---|---|---|
| 1 | 32.86±3.10 | 31.38±3.50 | 33.84±4.09 | 37.40±4.53* | 35.34±4.89 |
| 7 | 27.30±2.64 | 30.30±3.59* | 29.67±4.90 | 35.78±4.59** | 26.44±5.00 |

续表

| 时间/d | 对照组 | 大蒜素 | 低剂量 | 中剂量 | 高剂量 |
| --- | --- | --- | --- | --- | --- |
| 14 | 33.65±2.76 | 36.60±3.20* | 38.84±4.58** | 38.02±4.56* | 36.86±3.95* |
| 21 | 34.64±4.32 | 38.58±3.26* | 35.46±6.77 | 32.24±5.60 | 39.50±3.60* |

注：同行间标注"**"表示与对照组相比差异极显著（$P<0.01$），标注"*"表示与对照组相比差异显著（$P<0.05$）；不标注表示差异不显著（$P>0.05$）。

③ "牛益康"对球蛋白的影响。

表 3-27 统计分析结果可知，饲喂中草药添加剂后，血浆中球蛋白在第 1d 时各试验组与对照组均无显著性（$P>0.05$）血浆球蛋白含量无明显变化；在第 7d 时，高剂量组球蛋白含量显著高于对照组（$P<0.05$），其余 3 组试验组与对照组均无显著性（$P>0.05$）；在第 14d 时，只有低剂量组球蛋白显著高于对照组（$P<0.05$），大蒜素组、低剂量组和高剂量组与对照组无差异显著性（$P>0.05$）；在第 21d 时，低剂量组球蛋白含量显著高于对照组（$P<0.05$），其余 3 组试验组与对照组球蛋白含量均无显著性（$P>0.05$）。

表 3-27　中草药添加剂对球蛋白的影响　　　　单位：g/L

| 时间/d | 对照组 | 大蒜素 | 低剂量 | 中剂量 | 高剂量 |
| --- | --- | --- | --- | --- | --- |
| 1 | 36.04±4.08 | 34.66±6.34 | 35.06±8.69 | 36.36±10.01 | 37.70±6.85 |
| 7 | 38.62±4.66 | 33.10±4.50 | 43.70±9.74 | 33.86±10.11 | 45.00±5.57* |
| 14 | 38.24±5.49 | 36.66±8.41 | 50.44±12.20* | 37.98±11.89 | 37.36±7.93 |
| 21 | 38.48±11.01 | 37.94±8.58 | 49.88±7.20* | 38.64±9.82 | 43.32±9.63 |

注：同行间标注"**"表示与对照组相比差异极显著（$P<0.01$），标注"*"表示与对照组相比差异显著（$P<0.05$）；不标注表示差异不显著（$P>0.05$）。

④ "牛益康"对白球比的影响。

由表 3-28 统计分析结果可知，饲喂中草药添加剂后，在第 1d 时，大蒜素组与对照组白球比有差异性（$P<0.05$），其余 3 组试验组与对照组差异不显著（$P>0.05$）；在第 7d 时中剂量组与对照组差异极显著（$P<0.01$），低剂量组、高剂量组与对照组相比差异显著（$P<0.05$）；在第 14d 时，中剂量组与对照组差异及显著（$P<0.01$），大蒜素组与对照组相比差异显著（$P<0.05$），但低剂量组、高剂量组与对照组相比无差异性（$P>0.05$）；在第 21d 时，只有高剂量组与对照组相比差异显著（$P<0.05$），其余 3 组试验组均无差异性。

## 第三章 中药在动物肝疾病防治中的应用研究

表 3-28 中草药添加剂对白球比的影响　　　　　　　　　　　单位：%

| 时间/d | 对照组 | 大蒜素 | 低剂量 | 中剂量 | 高剂量 |
| --- | --- | --- | --- | --- | --- |
| 1 | 1.05±0.09 | 0.90±0.14* | 0.99±0.16 | 0.95±0.19 | 0.96±0.20 |
| 7 | 0.95±0.09 | 0.88±0.18 | 0.80±0.14* | 0.76±0.08** | 0.81±0.13* |
| 14 | 0.93±0.10 | 0.75±0.16* | 0.80±0.14 | 0.75±0.06** | 0.80±0.13 |
| 21 | 0.94±0.19 | 0.80±0.16 | 0.82±0.17 | 0.77±0.10 | 0.74±0.07* |

注：同行间标注"**"表示与对照组相比差异极显著（$P<0.01$），标注"*"表示与对照组相比差异显著（$P<0.05$）；不标注表示差异不显著（$P>0.05$）。

(4) "牛益康"对肝功能的影响

① "牛益康"对谷丙转氨酶的影响。

表 3-29 统计分析结果可知，饲喂中草药添加剂后，在第 1d 时，血浆中 ALT 的含量高剂量组与对照组有显著性（$P<0.05$），呈降低趋势，而其余三组试验组与对照组相比差异不显著（$P>0.05$）；在第 7d 时，各试验组与对照组相比均无显著性（$P>0.05$）；在 14d 时，中剂量组、高剂量组、大蒜素组与对照组相比均差异显著（$P<0.05$），ALT 含量都有不同的降低，而低剂量组有降低的趋势但与对照组相比差异不显著（$P>0.05$）；在第 21d 时，各试验组与对照组均无显著性（$P>0.05$）。

表 3-29 中草药添加剂对谷丙转氨酶的影响　　　　　　　　　单位：U/L

| 时间/d | 对照组 | 大蒜素 | 低剂量 | 中剂量 | 高剂量 |
| --- | --- | --- | --- | --- | --- |
| 1 | 17.80±2.59 | 17.20±5.26 | 17.40±5.59 | 17.20±5.17 | 14.60±2.14* |
| 7 | 16.60±14.55 | 22.40±14.40 | 17.80±5.81 | 13.40±7.89 | 18.67±8.40 |
| 14 | 26.20±10.50 | 15.87±5.50* | 21.40±4.62 | 15.40±4.22* | 16.34±4.42* |
| 21 | 17.60±5.73 | 17.40±3.71 | 20.60±6.43 | 15.60±4.45 | 18.60±2.88 |

注：同行间标注"**"表示与对照组相比差异极显著（$P<0.01$），标注"*"表示与对照组相比差异显著（$P<0.05$）；不标注表示差异不显著（$P>0.05$）。

② "牛益康"对谷草转氨酶的影响。

表 3-30 统计分析结果可知，饲喂中草药添加剂后，在第 1d 时，各试验组血浆 AST 含量与对照组相比差异不显著（$P>0.05$），在第 7d 时，大蒜素组血浆 AST 含量极显著高于对照组（$P<0.01$），AST 呈显著增高，高剂量组血浆 AST 含量显著高于对照组（$P<0.05$），低剂量组与中剂量组无显著性（$P>0.05$）；在第 14d 时，各试验组 AST 含量均无显著性（$P>0.05$）；在第 21d 时，中剂量组、高剂量组血浆 AST 含量显著高于对照组（$P<0.05$），大蒜素组、低剂量组与对照组比较均无显著性（$P>0.05$）。

表 3-30　中草药添加剂对谷草转氨酶的影响　　　　　单位：U/L

| 时间/d | 对照组 | 大蒜素 | 低剂量 | 中剂量 | 高剂量 |
| --- | --- | --- | --- | --- | --- |
| 1 | 99.80±21.87 | 83.20±20.39 | 98.00±50.29 | 105.40±36.98 | 91.60±28.60 |
| 7 | 94.00±29.33 | 151.00±27.38** | 97.60±38.02 | 89.40±19.27 | 132.00±30.14* |
| 14 | 118.3±35.66 | 108.40±33.16 | 133.00±28.96 | 108.60±33.74 | 156.00±39.30 |
| 21 | 79.60±23.70 | 84.40±18.98 | 91.40±34.86 | 120.45±28.70* | 118.7±34.20* |

注：同行间标注"**"表示与对照组相比差异极显著（$P<0.01$），标注"*"表示与对照组相比差异显著（$P<0.05$）；不标注表示差异不显著（$P>0.05$）。

③"牛益康"对碱性磷酸酶的影响。

表 3-31 统计分析结果可知，饲喂中草药添加剂后，在第 1d 时，不同剂量中草药添加剂试验组血浆 ALP 含量与对照组相比差异显著（$P<0.05$）血浆 AST 含量有降低趋势，大蒜素组与对照组相比较无差异性（$P>0.05$）；在第 7d 时，只有中剂量组与对照组相比差异显著（$P<0.05$），血浆 ALP 浓度降低，其余 3 组试验组与对照组相比均无差异性（$P>0.05$）；在第 14d 时，只有高剂量组 ALP 下降明显，与对照组相比较差异显著（$P<0.05$）；在第 21d 时，大蒜素组、各中草药添加剂组与对照组相比无显著性（$P>0.05$）。

表 3-31　中草药添加剂对碱性磷酸酶的影响　　　　　单位：U/L

| 时间/d | 对照组 | 大蒜素 | 低剂量 | 中剂量 | 高剂量 |
| --- | --- | --- | --- | --- | --- |
| 1 | 61.60±19.24 | 48.60±12.38 | 43.00±9.27* | 38.00±19.12* | 41.40±13.31* |
| 7 | 56.00±32.58 | 34.80±12.13 | 33.00±10.86 | 22.40±10.99* | 37.00±15.22 |
| 14 | 50.60±29.51 | 32.00±13.54 | 36.80±14.34 | 30.60±10.03 | 22.00±14.56* |
| 21 | 35.40±18.17 | 29.80±12.86 | 32.80±14.34 | 27.00±8.83 | 33.80±12.91 |

注：同行间标注"**"表示与对照组相比差异极显著（$P<0.01$），标注"*"表示与对照组相比差异显著（$P<0.05$）；不标注表示差异不显著（$P>0.05$）。

（5）"牛益康"对能量代谢的影响

①"牛益康"对葡萄糖的影响

表 3-32 统计分析结果可知，饲喂中草药添加剂后，在第 1d 时，高剂量组与对照组比差异显著（$P<0.05$），但葡萄糖含量呈降低趋势，大蒜素、低剂量、中剂量与对照组比较，均无显著性（$P>0.05$）；在第 7d 时，只有低剂量组与对照组相比有显著性（$P<0.05$），其余 3 组均无显著性（$P>0.05$）；在第 14d 时，大蒜素组与对照组相比差异显著（$P<0.05$），低剂量组、中剂量组、高剂量组均差异不显著（$P>0.05$）；在第 21d 时，中剂量

组、高剂量组相比对照组差异显著（$P<0.05$）中剂量血浆葡萄糖升高，低剂量组、大蒜素组相比对照组差异不显著（$P>0.05$）。

表 3-32　中草药添加剂对葡萄糖的影响　　单位：mmoL/L

| 时间/d | 对照组 | 大蒜素 | 低剂量 | 中剂量 | 高剂量 |
| --- | --- | --- | --- | --- | --- |
| 1 | 5.40±2.90 | 4.42±3.33 | 5.11±2.60 | 4.88±1.01 | 2.90±0.70* |
| 7 | 3.80±1.18 | 3.38±0.66 | 2.70±0.48* | 3.14±0.40 | 4.09±0.61 |
| 14 | 3.74±0.88 | 2.90±0.30* | 3.64±0.60 | 2.90±0.41 | 3.61±1.16 |
| 21 | 3.45±0.25 | 3.28±0.30 | 3.76±0.69 | 4.00±0.50* | 3.93±0.49* |

注：同行间标注"**"表示与对照组相比差异极显著（$P<0.01$），标注"*"表示与对照组相比差异显著（$P<0.05$）；不标注表示差异不显著（$P>0.05$）。

②"牛益康"对 BHBA 的影响

表 3-33 统计分析结果可知，饲喂中草药添加剂后，在第 1d 时，高剂量组与对照组相比差异显著（$P<0.05$），血浆 BHBA 含量相比对照组高，其余 3 组试验组与对照组相比差异不显著（$P>0.05$）；在第 7d 时，中剂量组相比对照组差异显著（$P<0.05$）血浆 BHBA 含量显著降低，低剂量组、高剂量组、大蒜素组相比对照组均无显著性（$P>0.05$）；在第 14d 时，大蒜素 BHBA 含量显著低于对照组（$P<0.05$），但中草药添加剂各试验组与对照组相比均无显著性（$P>0.05$）；在第 21d 时，中剂量组、高剂量组血浆 BHBA 含量显著低于对照组（$P<0.05$），低剂量组、大蒜素组相比对照组差异不显著（$P>0.05$）。

表 3-33　中草药添加剂对 BHBA 的影响　　单位：mmoL/L

| 时间/d | 对照组 | 大蒜素 | 低剂量 | 中剂量 | 高剂量 |
| --- | --- | --- | --- | --- | --- |
| 1 | 0.57±0.22 | 0.42±0.24 | 0.42±0.30 | 0.58±0.27 | 0.90±0.30* |
| 7 | 1.09±0.67 | 1.08±0.61 | 0.77±0.67 | 0.40±0.33* | 1.10±0.59 |
| 14 | 1.21±0.59 | 0.59±0.40* | 0.99±0.59 | 0.83±0.38 | 1.31±0.83 |
| 21 | 1.21±0.58 | 0.73±0.24 | 0.86±0.23 | 0.50±0.46* | 0.60±0.29* |

注：同行间标注"**"表示与对照组相比差异极显著（$P<0.01$），标注"*"表示与对照组相比差异显著（$P<0.05$）；不标注表示差异不显著（$P>0.05$）。

③"牛益康"对甘油三酯的影响。

表 3-34 统计分析结果可知，饲喂中草药添加剂后，在第 1d 时，各试验组均差异均不显著（$P>0.05$）；在第 7d 时，高剂量组 TG 含量显著低于对照组（$P<0.05$）血浆 TG 含量降低；在第 14d 时，大蒜素组 TG 含量显著低于对照组（$P<0.05$）血浆 TG 含量降低，但中草药添加剂各试验组相比对照组无显著性（$P>0.05$）；在第 21d 时，大蒜素组、中剂量组血浆 TG

含量极显著低于对照组（$P<0.01$），低剂量组、高剂量组血浆 TG 含量显著低于对照组（$P<0.05$）。

表 3-34　中草药添加剂对甘油三酯的影响　单位：mmoL/L

| 时间/d | 对照组 | 大蒜素 | 低剂量 | 中剂量 | 高剂量 |
| --- | --- | --- | --- | --- | --- |
| 1 | 0.13±0.02 | 0.11±0.03 | 0.15±0.03 | 0.11±0.03 | 0.14±0.03 |
| 7 | 0.10±0.04 | 0.08±0.03 | 0.10±0.02 | 0.06±0.02* | 0.12±0.03 |
| 14 | 0.10±0.05 | 0.04±0.05* | 0.10±0.03 | 0.08±0.04 | 0.10±0.03 |
| 21 | 0.18±0.09 | 0.07±0.04** | 0.09±0.05* | 0.07±0.05** | 0.08±0.07* |

注：同行间标注"**"表示与对照组相比差异极显著（$P<0.01$），标注"*"表示与对照组相比差异显著（$P<0.05$）；不标注表示差异不显著（$P>0.05$）。

④"牛益康"对血浆尿素氮的影响。

表 3-35 统计分析结果可知，饲喂中草药添加剂后，在第 1d 时，低剂量血浆 BUN 含量显著低于对照组（$P<0.05$），其余 3 组试验组 BUN 含量与对照组无显著性（$P>0.05$）；在第 7d 时，高剂量组 BUN 含量显著低于对照组（$P<0.05$），大蒜素组、低剂量组、中剂量组对比对照组差异不显著（$P>0.05$）；在第 14d 时，高剂量组血浆 BUN 含量极显著低于对照组（$P<0.01$），其余 3 组试验组与对照组对比无显著性（$P>0.05$）但 BUN 有降低的趋势；在 21d 时，高剂量组 BUN 含量显著低于对照组（$P<0.05$），大蒜素组、低剂量组、中剂量组与对照组相比无显著性（$P>0.05$），但是有降低的趋势。

表 3-35　中草药添加剂对血浆尿素氮的影响　单位：mmoL/L

| 时间/d | 对照组 | 大蒜素 | 低剂量 | 中剂量 | 高剂量 |
| --- | --- | --- | --- | --- | --- |
| 1 | 5.87±0.84 | 6.69±1.16 | 4.86±0.81* | 6.08±0.79 | 5.60±0.82 |
| 7 | 5.50±0.50 | 5.15±0.60 | 5.38±1.29 | 4.96±0.95 | 4.45±0.68* |
| 14 | 5.39±0.80 | 4.56±1.03 | 5.07±0.31 | 4.76±0.77 | 3.71±0.71** |
| 21 | 5.42±1.24 | 5.29±0.84 | 5.12±0.45 | 4.53±0.58 | 4.15±0.80* |

注：同行间标注"**"表示与对照组相比差异极显著（$P<0.01$），标注"*"表示与对照组相比差异显著（$P<0.05$）；不标注表示差异不显著（$P>0.05$）。

（6）"牛益康"对经济效益的影响。

见表 3-36。

表 3-36　中草药添加剂对经济效益的影响　单位：元/（头·d）

| 组别 | 成本 | 牛奶单价/(元/kg) | 产奶量/[kg/(头·d)] | 牛奶收入 | 增加的经济效益 | 增加的净收益 |
| --- | --- | --- | --- | --- | --- | --- |
| 对照组 | 0 | 3.6 | 28.69 | 103.28 | 0 | 0 |

续表

| 组别 | 成本 | 牛奶单价 /(元/kg) | 产奶量 /[kg/(头·d)] | 牛奶收入 | 增加的经济效益 | 增加的净收益 |
| --- | --- | --- | --- | --- | --- | --- |
| 大蒜素 | 1.2 | 3.6 | 28.89 | 104.00 | 0.72 | −0.48 |
| 低剂量 | 1.82 | 3.6 | 27.66 | 99.58 | −3.70 | −5.52 |
| 中剂量 | 5.47 | 3.6 | 31.27 | 112.57 | 9.29 | 3.82 |
| 高剂量 | 9.12 | 3.6 | 38.46 | 138.46 | 35.18 | 26.06 |

### 6. 讨论

(1) "牛益康"对产奶量的影响

牛奶产量的高低不仅直接影响奶牛养殖的效益，而且还影响着整个奶业的发展，有人称牛奶为"液态黄金"。全世界范围都在探索如何能更好地使奶牛达到更高的产量。然而泌乳奶牛的产奶量不仅仅是受到遗传因素、品种、品系、个体大小差异等因素影响，更多因素是乳腺组织的发育以及体内激素的调节、精准饲养管理、合理的日粮配方以及完善的日常保健，因此奶牛的日常保健在生产中也显得尤为重要，近些年来人们在不断地探索提高奶牛生产性能以及利用率的基础上，更高要求的奶牛饲养模式也在改变，绿色、循环、低残留的饲养模式已经成为大部分的饲养标准，伴随而来的保健品以及一些添加剂和新型饲料也成为热点。相对比化学制剂类添加剂，纯天然的植物添加剂以及中草药成为研发焦点，对于中草药应用到奶牛生产中也有大量的研究。

一些研究表明，在奶牛基础日粮中添加中草药添加剂可以提高奶牛生产性能及产奶量。郭玉新采用王不留行提取物作为饲料添加剂，不同剂量四组试验组奶产量分别提高了5.08%、8.44%、13.95%、7.14%。院东等在基础日粮中添加陈皮，产奶量也得到2.15%的提升。这也与贾斌研究的中草药可提高奶牛生产性能的研究结果相同，这些研究充分证明中草药可提升奶牛产奶性能。

本试验研究表明，对于饲喂中草药添加剂的奶牛，随着泌乳时间的增加，中剂量组与高剂量组可以显著的提高奶产量，其中高剂量中草药添加剂组的产奶量在第1～18d时有显著提升，在第21d时虽然没有显著性但是奶量还是出现了升高趋势。同时，大蒜素在第1～21d的泌乳周期中，产奶量也持续增长。有研究表明大蒜素也可以增强反刍动物的生产性能，提高奶产量。而对于本试验所使用的中草药可提高产奶量，一是因为试验所用的草药中存在有植物类激素，可以通过调解与泌乳相关的激素而调解奶牛产奶量，这只是目前初步研究的一种推断，但有试验证明这类中药可提高奶山羊的泌乳量。想要进一步验证，后期仍然需要大量的试验研究来证实。二是由于甘草、陈皮、半枝莲中的多糖、葡萄糖苷、氨基酸等一些成分与黄芪中的黄芪多糖等成分作用相似，能促进乳腺上皮细胞分化增殖，增强乳腺生理功能，提高奶牛产奶性能。另一部分的原因是试验所用的中草药中半枝莲味道微苦，可作为苦味健胃剂，甘草和陈皮具有芳香甜味可刺激奶牛食欲，帮助奶牛增加采食量，通过提高干物质采食量，进而提高奶牛机体的能量输入，为奶牛产奶提供能量原料。同时能减少体脂动用和脂肪的分解，减少酮体产生。帮助奶牛摆脱能量负平衡。

（2）"牛益康"对乳成分的影响

高的产奶量和优质的乳品质是衡量奶牛经济价值的硬性指标，而乳品质的优良受到遗传、营养、日常的饲养管理等因素，但主要因素是营养物质的供给，好的乳品质取决于乳中的乳脂、乳蛋白、乳糖、干物质等成分的组成。有大量的研究表明，中草药对改善乳品质有明显的效果。中草药添加剂可以改善牛奶品质，提高牛奶的总固形物、蛋白质、乳脂含量。有报道，在奶牛基础日粮中添加黄芪、甘草、黄连、麦片等中草药饲料添加剂，对非脂乳固形物、乳蛋白和乳糖有积极作用。有些研究还表明，随着泌乳时间的增加，乳中的体细胞数量会出现上升的态势，而乳脂率和乳蛋白率也会随着泌乳时间的增加而呈现出增加的趋势。本研究的中草药对于提高乳脂率、乳蛋白、乳糖、乳中尿素氮含量有一定的影响，但对干物质和体细胞没有明显的作用。在泌乳第 1d 时，中剂量组和高剂量组可显著提高乳脂率及乳糖、尿素氮的含量。这表明试验所用复方中草药对提高牛奶中的乳糖和乳蛋白有一定的作用。这与麻延峰试验结果一致。也有研究表明，采用青蒿、党参、黄芪、藿香、甘草等为主的中草药添加剂能较好地改善乳蛋白和乳脂。试验进行到第 14d 时中草药添加剂中剂量组和高剂量组的乳蛋白含量也显著增加，但随着泌乳时间增加，在第 21d 时中草药试验组乳蛋白整体降低。综合试验结果分析，中草药添加剂对于改善奶牛的乳品质，并不是随着剂量的增加而乳成分也随之升高，而是有较明显的波动性，这可能是因为随着泌乳时间以及奶产量的增加导致一部分乳糖与蛋白质被消耗，从而影响了乳蛋白和乳糖的含量。有研究结果显示，乳蛋白率在低于 3.0% 时，乳蛋白率与尿素氮含量呈现正相关，乳蛋白率在高于 3.0% 时，呈负相关。但试验结果还显示低剂量组和中剂量组随着泌乳天数增加乳中尿素氮含量也有所增加，这可能与奶牛干物质采食量有关，因为试验所用的中草药有一些芳香气味可诱导奶牛采食，使奶牛采食量增加，进而加大了奶牛对蛋白质饲料的摄入使机体对氮的利用度增高，并随着血液循环到乳中，乳中尿素氮含量也相应升高，至于高剂量组为何没有升高奶牛乳中尿素氮含量还有待进一步研究。另一方面，乳中体细胞数是判断奶牛机体健康状况和乳品质量的重要因素。有研究表明，中药可降低奶牛乳体细胞数和淋巴细胞的凋亡率，从而提高奶牛的免疫功能。但本试验结果表明，饲喂中药添加剂的各试验组对第 1~21d 乳中体细胞没有明显的作用，这与一些研究结果不一致，可能是由于试验所用中草药不同效果也有差异。

(3)"牛益康"对免疫蛋白的影响

血浆中 ALB 与 GLB 总和为 TP，参与机体蛋白质代谢和参加相关的免疫反应，维持血浆胶体渗透压，ALP 还参加动物脂肪的代谢。有研究表明，中草药饲料添加剂可提高免疫功能。如，顾恪波等报道从黄芪中提取的黄芪提取物显著增加 conA 诱导的 T、B 淋巴细胞增殖。李树义应用黄芪多糖增加脾细胞一氧化氮和白细胞介素-2（IL-2）的产生。此外，解慧梅研究还显示人参皂苷和黄芪皂苷能增加网状内皮系统的吞噬功能，提高淋巴细胞转化率，促进抗体形成。本试验结果显示，中草药添加剂各试验组在第 1~21d 中分别提高了奶牛血浆白蛋白与球蛋白的含量，这是因本试验所用中草药中存在大量免疫活性物质，其中的多糖就是一种主要的免疫活性物，所以可提高免疫机能。这与付戴波等研究结果一致，中草药添加剂显著增加了热应激下肉牛血清中 TP、ALB 和 GLB 的含量。而大蒜素组对于球蛋白的含量也有明显提高，刘敏等在哈萨克羊日粮中添加大蒜素粉 1.8g，结果表明，羊血清中球蛋白升高 35%，白蛋白和总蛋白无显著差异，这与相应研究结果趋势相同。所以本研究证实了中草药与大蒜素可提高球蛋白以及白蛋白含量，在一定的程度上提高了奶牛的蛋白质代谢和提高免疫机能。

(4)"牛益康"对肝功能的影响

AST、ALP、ALT 存在于肝脏中，是反映肝脏机能的重要指标。在围产期时奶牛肝脏机能处于代偿状态，大量的游离脂肪酸进入肝脏，使肝细胞损伤。当肝细胞受到损伤时，AST、ALP、ALT 会大量代谢到血液中使血液 AST、ALP、ALT 含量升高。本试验中低剂量、中剂量组、高剂量组在不同的泌乳天数中都降低了血浆中 ALP 和 ALT 的含量，说明本试验所用中草药在奶牛泌乳初期时对于肝脏可起到一定保护作用，降低了肝脏的损伤，这与齐茜等研究，甘草和板蓝根复方中草药显著降低了西伯利亚鲟亲鱼血清 AST 和 ALT 含量结果一致，虽然研究结果趋势一致。但是因为一种是反刍动物一种是水产动物还会存在一些差别。另一方面，本研究中草药试验组在第7d和第21d时，中剂量组和高剂量组血浆AST并没有降低，反而呈上升的趋势，这可能是由于当奶牛在产奶初期处于能量负平衡，导致机体出现酸中毒，酸中毒会损伤肌细胞，然而AST也大量存在肌细胞中，导致AST大量释放到血液中使血浆AST含量升高。

(5)"牛益康"对能量代谢的影响

围产期奶牛能量代谢特点是能量物质摄入减少而GLU等能量物质需求增加，导致能量负平衡。反刍动物体内的葡萄糖约50%来自丙酸，肝脏利用丙酸生成葡萄糖，在泌乳时葡萄糖大部分被奶牛利用合成乳糖，进一步加大了葡萄糖的需求，奶牛机体只能通过脂肪动员和糖异生来获取GLU等，导致大量非酯化脂肪酸（NEFA）和代谢产物BHBA进入血液及肝脏引发酮病。而酮体的主要组成是BHBA。奶牛是反刍动物，主要通过瘤胃发酵系统、小肠、肝脏的糖异生转化，来为机体提供葡萄糖的需要。奶牛采食饲料后，一部分糖在瘤胃微生物的发酵、分解下直接吸收利用，大部分转化为挥发性脂肪酸，挥发性脂肪酸中包括丙酮，丙酮在肝脏中转化异生为葡萄糖，另一部分经肾脏转化进入血液。处于能量负平衡时的奶牛，机体分泌胰高血糖素和肾上腺素，刺激脂肪细胞膜上的腺苷环化酶，产生细胞内第二信使环腺苷酸（cyclic adenosine monophosphate，cAMP），cAMP将信号信息传递给激素蛋白激酶A（proteinkinaseA，PKA），3种脂酶与PKA发生反应，这3种脂酶分别作用于甘油一酯、甘油二酯和甘油三酯（triglycerides，TG），最后降解生成甘油和游离脂肪酸（non-esterifiedfattyacids. NEFA）。

本试验结果显示，"牛益康"在初期，中剂量组和高剂量组对于奶牛GLU的作用是降低的但葡萄糖含量处于正常的范围内，到第21d时中剂量和高剂量组的GLU才增加，出现这种波动，是因在泌乳初期机体对于葡萄糖的需求增高大量的葡萄糖被机体利用导致血浆葡萄糖含量下降，试验中所使用的中草药甘草、陈皮中存在大量的粗蛋白、粗脂肪、杂多糖、甘草甜素、纤维素、维生素B等物质。粗蛋白、粗脂肪、杂多糖、纤维素，这些物质一部分经过瘤胃微生物转化直接吸收，另外一部分在小肠中吸收，而维生素B与甘草甜素经过复杂的肝脏代谢参与升糖先质的合成，为奶牛提供一些糖来源，目前，已有大量的试验研究充分证明维生素可以参与奶牛肝脏代谢，但甘草甜素水解为钾、钙盐的形式，具体如何参与调解，研究机制尚不清楚，有待进一步研究。另一方面试验结果显示，中草药的试验组可降低奶牛血液中酮体和TG的含量，可能是因为试验中的甘草、陈皮、藿香、半枝莲中含有大量的多糖类和维生素等可参与肝脏以及能量物质代谢，为奶牛提供能量物质先体从而调节酮体生成，而甘草中的一些活性物质也可提高肝脏代谢机能加速 TG 的分解，但这些结果与薛正芬等研究结果不一致，详细作用机理尚不明确，有待进一步研究。

（6）"牛益康"对经济效益的影响

奶量的提高影响经济效益提高，本试验结束时，根据目前的试验结果和奶价分析，在试验期间生鲜奶收购价格为 3.6 元/kg，对照组增加的收益为 103.28 元、大蒜素组增加的收益为 104.1 元、低剂量组增加的收益为 99.58 元、中剂量组增加的收益为 112.57 元、高剂量组 138.46 元，而添加剂的成本大蒜素为 1.2 元、低剂量 1.82 元、中剂量 5.47 元、高剂量 9.12 元，虽然剂量越高成本越大但收益也增加，扣除成本，相对比对照组和低剂量组，高剂量组净收益 26.6 元/头/d，中剂量组净收益 3.82 元/头/d，低剂量-3.7 元/头/d、大蒜素组-0.47 元/头/d，显然低剂量组和大蒜素属于亏损，高剂量组和中剂量组具有盈利性。而且中草药大规模采购成本还会进一步减少，相对比市售化学类添加剂优势明显。

## 参 考 文 献

[1] 赵薇. 中草药饲料添加剂对陕北白绒山羊生产性能和粪尿及甲烷排放的影响[D]. 陕西：西北农林科技大学，2014.

[2] 林林. 中草药添加剂对生长肥育猪生产性能、肠道微生物活性和免疫功能的影响[D]. 福州：福建农林大学，2012.

[3] 刘国林. 山楂和黄芪对围产期奶牛血液生化及代谢物的影响[D]. 银川：宁夏大学，2019.

[4] 王鹏. 丙二醇与中草药结合治疗奶牛酮病的研究[D]. 南宁：广西大学，2018.

[5] 谢仲权. 天然物饲料及其添加剂——方兴未艾[J]. 饲料与畜牧，2009(04)：1.

[6] 齐亚山. 中草药饲料添加剂饲喂育肥猪效果好[J]. 农村养殖技术，1996(03)：2.

[7] 顾小卫，赵国琦，金晓君，等. 中草药添加剂对奶牛干物质采食量及瘤胃内环境的影响[J]. 中国奶牛，2010(04)：18-21.

[8] 王秋芳，欧阳五庆，阎守昌，等. 中草药添加剂对山羊泌乳性能的影响[J]. 畜牧兽医学报，1993(05)：385-390.

[9] 刘深廷，徐希军，孙言明，等. 中药增乳添加剂对奶牛血液生化及产奶性能的影响[J]. 中兽医医药杂志，1997(01)：10-11.

[10] 黄一帆，姚金水，李沁光. 中草药饲料添加剂对蛋用雏鸡免疫功能的影响[J]. 中兽医医药杂志，1996(05)：10-12.

[11] Kim M S, Kung S, Grewal T, et al. Methodologies for investigating natural medicines for the treatment of nonalcoholic fatty liver disease (nafld)[J]. Current Pharmaceutical Biotechnology,

2012, 13(2): 278-291.

[12] Liu Q, Zhu L, Cheng C, et al. Natural active compounds from plant food and chinese herbal medicine for nonalcoholic fatty liver disease[J]. Current Pharmaceutical Design, 2017, 23(34): 5136-5162.

[13] Choi Y, Yanagawa Y, Kim S, et al. Involvement of sirt1-ampk signaling in the protective action of indole-3-carbinol against hepatic steatosis in mice fed a high-fat diet[J]. The Journal of Nutritional Biochemistry, 2013, 24(7): 1393-1400.

[14] Ford R J, Fullerton M D, Pinkosky S L, et al. Metformin and salicylate synergistically activate liver ampk, inhibit lipogenesis and improve insulin sensitivity[J]. The Biochemical Journal, 2015, 468(1): 125-132.

[15] Xu X, Lu L, Dong Q, et al. Research advances in the relationship between nonalcoholic fatty liver disease and atherosclerosis[J]. Lipids in Health & Disease, 2015, 14(1): 158.

[16] Yi Y, Wang L, Yang L, et al. Alpha-lipoic acid improves high-fat diet-induced hepatic steatosis by modulating the transcription factors srebp-1, foxo1 and nrf2 via the sirt1/lkb1/ampk pathway [J]. Journal of Nutritional Biochemistry, 2014, 25(11): 1207-1217.

[17] Woo S, Yoon M, Kim J, et al. The anti-angiogenic herbal extract from melissa officinalis inhibits adipogenesis in 3t3-l1 adipocytes and suppresses adipocyte hypertrophy in high fat diet-induced obese c57bl/6j mice[J]. Journal of Ethnopharmacology, 2016, 178: 238-250.

[18] Zhang J G, Liu Q, Liu Z L, et al. Antihyperglycemic activity of anoectochilus roxburghii polysaccharose in diabetic mice induced by high-fat diet and streptozotocin[J]. Journal of Ethnopharmacology, 2015, 164: 180-185.

[19] Yuan L, Bambha K. Bile acid receptors and nonalcoholic fatty liver disease[J]. World Journal of Hepatology, 2015, 7(28): 2811-2818.

[20] Li Y, Wang X, He H, et al. Steroidal saponins from the roots and rhizomes of tupistra chinensis [J]. Molecules, 2015, 20(8): 13659-13669.

[21] Deng X, Zhang Y, Jiang F, et al. The chinese herb-derived sparstolonin b suppresses hiv-1 transcription[J]. Virology Journal, 2015, 12: 108.

[22] He Y, Gai Y, Wu X, et al. Quantitatively analyze composition principle of ma huang tang by structural equation modeling[J]. Journal of Ethnopharmacology, 2012, 143(3): 851-858.

[23] Zhao L, Li W, Li Y, et al. Simultaneous determination of oleanolic and ursolic acids in rat plasma by hplc-ms: Application to a pharmacokinetic study after oral administration of different combinations of qinggansanjie decoction extracts[J]. Journal of Chromatographic Science, 2015, 53(7): 1185-1192.

[24] Chen S D, Zhou H H, Li X M, et al. Inhibitory effects of yinchenhao decoction on fatty deposition and tnf-α secretion in hepg2 cells induced by free fatty acid[J]. China Journal of Traditional Chinese Medicine & Pharmacy, 2010.

[25] Li H S, Feng Q, Hu Y Y. Effect of qushi huayu decoction on high-fat diet induced hepatic lipid deposition in rate[J]. Chinese Journal of Integrated Traditional and Western Medicine, 2009, 29

(12): 1092-1095.

[26] Zhang H, Feng Q, Hong-Shan L I, et al. Effects of qushi huayu decoction on cathepsin b and tumor necrosis factor-α expression in rats with non-alcoholic steatohepatitis[J]. Journal of Integrative Medicine (JIM), 2008, 6(9): 928.

[27] Zhang Q, Zhao Y, Zhang D B, et al. Effect of sinai san decoction on the development of non-alcoholic steatohepatitis in rats[J]. World Journal of Gastroenterology, 2005, 11(9): 1392-1395.

[28] Cheng F, Ma C, Wang X, et al. Effect of traditional chinese medicine formula sinisan on chronic restraint stress-induced nonalcoholic fatty liver disease: A rat study[J]. Bmc Complementary & Alternative Medicine, 2017, 17(1): 203.

[29] Wang N, Dong H, Wei S, et al. Application of proton magnetic resonance spectroscopy and computerized tomography in the diagnosis and treatment of nonalcoholic fatty liver disease[J]. Journal of Huazhong University of Science and Technology Medical Sciences, 2008, 28(3): 295-298.

[30] Jiang Y, Liu C, Hui W, et al. Li-gan-shi-liu-ba-wei-san improves non-alcoholic fatty liver disease through enhancing lipid oxidation and alleviating oxidation stress[J]. Journal of Ethnopharmacology, 2015, 176: 499-507.

[31] 叶蕾. 基于系统药理学的四君子汤作用靶点预测及实验研究[D]. 济南: 山东中医药大学, 2015.

[32] Yu W, Lu B, Zhang H, et al. Effects of the sijunzi decoction on the immunological function in rats with dextran sulfate-induced ulcerative colitis[J]. Biomedical Reports, 2016, 5(1): 83-86.

[33] Gao B, Wang R, Peng Y, et al. Effects of a homogeneous polysaccharide from sijunzi decoction on human intestinal microbes and short chain fatty acids in vitro[J]. Journal of Ethnopharmacology, 2018, 224: 465-473.

[34] Liang C, Zhang S H, Cai Z D. Effects of early intestinal application of sijunzi decoction on immune function in post-operational patients of gastrointestinal tumor[J]. Chinese Journal of Integrated Traditional and Western Medicine, 2005, 25(12): 1070-1073.

[35] 纪小霞. 四君子汤对小鼠急性酒精性肝损伤的干预作用及其机制研究[D]. 扬州: 扬州大学, 2014.

[36] 李玉, 孙志阔, 王希春, 等. 加味四君子汤对脾虚小鼠免疫机能、抗应激和消化吸收的影响[J]. 中国畜牧兽医, 2015, 42(03): 714-720.

[37] 施胜英, 林海桢, 周澂, 等. 加味四君子汤含药血清对肝癌hep-g2细胞的影响[J]. 中国实验方剂学杂志, 2016, 22(18): 88-93.

[38] Qian J, Li J, Jia J, et al. Different concentrations of sijunzi decoction inhibit proliferation and induce apoptosis of human gastric cancer sgc-7901 side population[J]. African Journal of Traditional, Complementary, and Alternative Medicines: AJTCAM, 2016, 13(4): 145-156.

[39] Mehrbani M, Choopani R, Fekri A, et al. The efficacy of whey associated with dodder seed extract on moderate-to-severe atopic dermatitis in adults: A randomized, double-blind, placebo-

controlled clinical trial[J]. Journal of Ethnopharmacology, 2015, 172: 325-332.

[40] Chen X Y, Dou Y X, Luo D D, et al. ²-patchoulene from patchouli oil protects against lps-induced acute lung injury via suppressing nf-°b and activating nrf2 pathways[J]. International Immunopharmacology, 2017, 50: 270-278.

[41] Kho M C, Park J H, Han B H, et al. Plantago asiatica l. Ameliorates puromycin aminonucleoside-induced nephrotic syndrome by suppressing inflammation and apoptosis[J]. Nutrients, 2017, 9(4): 386.

[42] Yang Q, Qi M, Tong R, et al. Plantago asiatica L: Seed extract improves lipid accumulation and hyperglycemia in high-fat diet-induced obese mice[J]. International journal of molecular sciences, 2017, 18(7): 1393.

[43] 黄继汉, 黄晓晖, 陈志扬, 等. 药理试验中动物间和动物与人体间的等效剂量换算[J]. 中国临床药理学与治疗学, 2004, 9(9): 1069-1072.

[44] 刘莹. 茵陈蒿汤及其拆方治疗非酒精性脂肪性肝炎的实验研究[D]. 北京: 北京中医药大学, 2013.

[45] 何芳. 甘油二酯食用油对大鼠非酒精性脂肪肝预防作用的研究[D]. 上海: 第二军医大学, 2007.

[46] 胡一江, 李辉, 刘海燕, 等. 三个不同品种小鼠主要器官重量及长度的比较[J]. 中国比较医学杂志, 1997, 2: 100-101.

[47] Moon Y A. The scap/srebp pathway: A mediator of hepatic steatosis[J]. Endocrinology and Metabolism, 2017, 32(1): 6-10.

[48] Horton J D, Shah N A, Warrington J A, et al. Combined analysis of oligonucleotide microarray data from transgenic and knockout mice identifies direct srebp target genes[J]. Proceedings of the National Academy of Sciences of the United States of America, 2003, 100(21): 12027-12032.

[49] Xu X, So J S, Park J G, et al. Transcriptional control of hepatic lipid metabolism by srebp and chrebp[J]. Seminars in Liver Disease, 2013, 33(4): 301-311.

[50] Zhang Y, Meng T, Zuo L, et al. Xyloketal b attenuates fatty acid-induced lipid accumulation via the srebp-1c pathway in nafld models[J]. Marine Drugs, 2017, 15(6): 163-177.

[51] Fain J N. Release of interleukins and other inflammatory cytokines by human adipose tissue is enhanced in obesity and primarily due to the nonfat cells[J]. Vitamins and Hormones, 2006, 74: 443-477.

[52] You T, Nicklas B J. Chronic inflammation: Role of adipose tissue and Modulation by weight loss [J]. Current Diabetes Reviews, 2006, 2(1): 29-37.

[53] Boden G, She P, Mozzoli M, et al. Free fatty acids produce insulin resistance and activate the proinflammatory nuclear factor-kappab pathway in rat liver[J]. Diabetes, 2005, 54(12): 3458-3465.

[54] 于红燕. 双环醇对实验性非酒精性脂肪肝的保护作用及机制研究[D]. 北京: 中国协和医科大学, 2010.

[55] 曾涛. 大蒜油拮抗酒精性肝损伤及相关机制的研究[D]. 济南: 山东大学, 2010.

## 第三章　中药在动物肝疾病防治中的应用研究

[56] 逢丹. 凹顶藻萜类化合物对酒精暴露大鼠血脂及抗氧化水平影响的研究[D]. 青岛：青岛大学，2008.

[57] Zhang C, Wang N, Xu Y, et al. Molecular mechanisms involved in oxidative stress-associated liver injury induced by chinese herbal medicine: An experimental evidence-based literature review and network pharmacology study[J]. International Journal of Molecular Sciences, 2018, 19(9).

[58] Dowman J K, Tomlinson J W, Newsome P N. Pathogenesis of non-alcoholic fatty liver disease [J]. QJM: Monthly Journal of the Association of Physicians, 2010, 103(2): 71-83.

[59] Pessayre D, Berson A, Fromenty B, et al. Mitochondria in steatohepatitis[J]. Seminars in Liver Disease, 2001, 21(1): 57-69.

[60] Chong W C, Shastri M D, Eri R. Endoplasmic reticulum stress and oxidative stress: A vicious nexus implicated in bowel disease pathophysiology[J]. International Journal of Molecular Sciences, 2017, 18(4).

[61] McGuckin M A, Eri R D, Das I, et al. Er stress and the unfolded protein response in intestinal inflammation[J]. American journal of physiology Gastrointestinal and Liver Physiology, 2010, 298(6): G820-832.

[62] Harding H P, Ron D. Endoplasmic reticulum stress and the development of diabetes: A review [J]. Diabetes, 2002, 51(Suppl 3): S455-461.

[63] Varone E, Pozzer D, Di Modica S, et al. Selenon (sepn1) protects skeletal muscle from saturated fatty acid-induced er stress and insulin resistance[J]. Redox Biology, 2019, 24: 101176.

[64] Xuequn Z, Juntao Y, Yuanbiao G, et al. Functional proteomic analysis of nonalcoholic fatty liver disease in rat models: Enoyl-coenzyme a hydratase down-regulation exacerbates hepatic steatosis [J]. Hepatology, 2010, 51(4): 1190-1199.

[65] Nieto-Vazquez I, Fernandez-Veledo S, Kramer D K, et al. Insulin resistance associated to obesity: The link tnf-alpha[J]. Archives of Physiology and Biochemistry, 2008, 114(3): 183-194.

[66] Stefan N, Kantartzis K, Haring H U. Causes and metabolic consequences of fatty liver[J]. Endocrine Reviews, 2008, 29(7): 939-960.

[67] Horton J D, Bashmakov Y, Shimomura I, et al. Regulation of sterol regulatory element binding proteins in livers of fasted and refed mice[J]. Proceedings of the National Academy of Sciences of the United States of America, 1998, 95(11): 5987-5992.

[68] Horton J D, Shah N A, Warrington J A, et al. Combined analysis of oligonucleotide microarray data from transgenic and knockout mice identifies direct srebp target genes[J]. Proceedings of the National Academy of Sciences of the United States of America, 2003, 100(21): 12027-12032.

[69] Liang G, Yang J, Horton J D, et al. Diminished hepatic response to fasting/refeeding and liver x receptor agonists in mice with selective deficiency of sterol regulatory element-binding protein-1c [J]. The Journal of Biological Chemistry, 2002, 277(11): 9520-9528.

[70] Dowman J K, Tomlinson J W, Newsome P N. Pathogenesis of non-alcoholic fatty liver disease [J]. QJM: Monthly Journal of the Association of Physicians, 2010, 103(2): 71-83.

[71] Pessayre D, Berson A, Fromenty B, et al. Mitochondria in steatohepatitis[J]. Seminars in Liver Disease, 2001, 21(1): 57-69.

[72] Chong W C, Shastri M D, Eri R. Endoplasmic reticulum stress and oxidative stress: A vicious nexus implicated in bowel disease pathophysiology[J]. International Journal of Molecular Sciences, 2017, 18(4): 771.

[73] Cheng F F, Ma C Y, Wang X Q, et al. Effect of traditional chinese medicine formula sinisan on chronic restraint stressinduced nonalcoholic fatty liver disease: A rat study[J]. BMC complementary and alternative medicine, 2017, 17(1): 203.

[74] Day C P, James O F. Steatohepatitis: A tale of two "hits"?[J]. Gastroenterology, 1998, 114(4): 842-845.

[75] Buzzetti E, Pinzani M, Tsochatzis E A. The multiple-hit pathogenesis of non-alcoholic fatty liver disease (nafld)[J]. Metabolism: Clinical and Experimental, 2016, 65(8): 1038-1048.

[76] Guilherme A, Virbasius J V, Puri V, et al. Adipocyte dysfunctions linking obesity to insulin resistance and type 2 diabetes[J]. Nature Reviews Molecular Cell Biology, 2008, 9(5): 367-377.

[77] Cusi K. Role of obesity and lipotoxicity in the development of nonalcoholic steatohepatitis: Pathophysiology and clinical implications[J]. Gastroenterology, 2012, 142(4): 711-725 e716.

[78] 陶俊贤. 应用蛋白组学及 miseq 测序技术研究姜黄素与利拉鲁肽改善大鼠非酒精性脂肪性肝病分子机制[D]. 南京: 南京大学, 2018.

[79] Kirpich I A, Marsano L S, McClain C J. Gut-liver axis, nutrition, and non-alcoholic fatty liver disease[J]. Clinical Biochemistry, 2015, 48(13-14): 923-930.

[80] Yilmaz Y. Review article: Is non-alcoholic fatty liver disease a spectrum, or are steatosis and non-alcoholic steatohepatitis distinct conditions?[J]. Alimentary Pharmacology & Therapeutics, 2012, 36(9): 815-823.

[81] Jacome-Sosa M M, Parks E J. Fatty acid sources and their fluxes as they contribute to plasma triglyceride concentrations and fatty liver in humans[J]. Curr Opin Lipidol, 2014, 25(3): 213-220.

[82] Jacome-Sosa M M, Parks E J. Fatty acid sources and their fluxes as they contribute to plasma triglyceride concentrations and fatty liver in humans[J]. Current Opinion in Lipidology, 2014, 25(3): 213-220.

[83] Cusi K. Role of insulin resistance and lipotoxicity in non-alcoholic steatohepatitis[J]. Clinics in Liver Disease, 2009, 13(4): 545-563.

[84] George J, Liddle C. Nonalcoholic fatty liver disease: Pathogenesis and potential for nuclear receptors as therapeutic targets[J]. Molecular Pharmaceutics, 2008, 5(1): 49-59.

[85] Schultz J R, Tu H, Luk A, et al. Role of lxrs in control of lipogenesis[J]. Genes & Development, 2000, 14(22): 2831-2838.

[86] Mcart J A, Nydam D V, Oetzel G R, et al. Elevated non-esterified fatty acids and β-hydroxybutyrate and their association with transition dairy cow performance[J]. Veterinary Journal, 2013, 198(3): 560-570.

[87] Bremmer D R, Trower S L, Bertics S J, et al. Etiology of fatty liver in dairy cattle: Effects of nutritional and hormonal status on hepatic microsomal triglyceride transfer protein[J]. Journal of Dairy Science, 2000, 83(10): 2239-2251.

[88] Horton J D, Bashmakov Y, Shimomura I, et al. Regulation of sterol regulatory element binding proteins in livers of fasted and refed mice[J]. Proceedings of the National Academy of Sciences of the United States of America, 1998, 95(11): 5987-5992.

[89] Koliwad S K, Streeper R S, Monetti M, et al. Dgat1-dependent triacylglycerol storage by macrophages protects mice from diet-induced insulin resistance and inflammation[J]. The Journal of Clinical Investigation, 2010, 120(3): 756-767.

[90] Yamaguchi K, Yang L, McCall S, et al. Inhibiting triglyceride synthesis improves hepatic steatosis but exacerbates liver damage and fibrosis in obese mice with nonalcoholic steatohepatitis [J]. Hepatology, 2007, 45(6): 1366-1374.

[91] Monetti M, Levin M C, Watt M J, et al. Dissociation of hepatic steatosis and insulin resistance in mice overexpressing dgat in the liver[J]. Cell Metabolism, 2007, 6(1): 69-78.

[92] Liao W, Hui T Y, Young S G, et al. Blocking microsomal triglyceride transfer protein interferes with apob secretion without causing retention or stress in the er[J]. Journal of Lipid Research, 2003, 44(5): 978-985.

[93] Neuschwander-Tetri B A. Hepatic lipotoxicity and the pathogenesis of nonalcoholic steatohepatitis: The central role of nontriglyceride fatty acid metabolites[J]. Hepatology, 2010, 52(2): 774-788.

[94] Han M S, Park S Y, Shinzawa K, et al. Lysophosphatidylcholine as a death effector in the lipoapoptosis of hepatocytes[J]. Journal of Lipid Research, 2008, 49(1): 84-97.

[95] Hotamisligil G S. Inflammation and metabolic disorders[J]. Nature, 2006, 444(7121): 860-867.

[96] Wullaert A, van Loo G, Heyninck K, et al. Hepatic tumor necrosis factor signaling and nuclear factor-kappab: Effects on liver homeostasis and beyond[J]. Endocrine Reviews, 2007, 28(4): 365-386.

[97] Cai D, Yuan M, Frantz D F, et al. Local and systemic insulin resistance resulting from hepatic activation of ikk-beta and nf-kappab[J]. Nature Medicine, 2005, 11(2): 183-190.

[98] Ribeiro P S, Cortez-Pinto H, Sola S, et al. Hepatocyte apoptosis, expression of death receptors, and activation of nf-kappab in the liver of nonalcoholic and alcoholic steatohepatitis patients[J]. The American Journal of Gastroenterology, 2004, 99(9): 1708-1717.

[99] Peverill W, Powell L W, Skoien R. Evolving concepts in the pathogenesis of nash: Beyond steatosis and inflammation[J]. International Journal of Molecular Sciences, 2014, 15(5): 8591-8638.

[100] Bugianesi E, Moscatiello S, Ciaravella M F, et al. Insulin resistance in nonalcoholic fatty liver disease[J]. Current Pharmaceutical Design, 2010, 16(17): 1941-1951.

[101] Lewis G F, Carpentier A, Adeli K, et al. Disordered fat storage and mobilization in the

[102] Arner P. The adipocyte in insulin resistance: Key molecules and the impact of the thiazolidinediones[J]. Trends in Endocrinology and Metabolism: TEM, 2003, 14(3): 137-145.

[103] Hotamisligil G S, Shargill N S, Spiegelman B M. Adipose expression of tumor necrosis factor-alpha: Direct role in obesity-linked insulin resistance[J]. Science, 1993, 259(5091): 87-91.

[104] Sabio G, Das M, Mora A, et al. A stress signaling pathway in adipose tissue regulates hepatic insulin resistance[J]. Science, 2008, 322(5907): 1539-1543.

[105] Tomita K, Tamiya G, Ando S, et al. Tumour necrosis factor alpha signalling through activation of kupffer cells plays an essential role in liver fibrosis of non-alcoholic steatohepatitis in mice[J]. Gut, 2006, 55(3): 415-424.

[106] Videla L A, Rodrigo R, Orellana M, et al. Oxidative stress-related parameters in the liver of non-alcoholic fatty liver disease patients[J]. Clinical Science, 2004, 106(3): 261-268.

[107] Pessayre D, Fromenty B. Nash: A mitochondrial disease[J]. J Hepatol, 2005, 42(6): 928-940.

[108] Paradies G, Paradies V, Ruggiero F M, et al. Oxidative stress, cardiolipin and mitochondrial dysfunction in nonalcoholic fatty liver disease[J]. World Journal of Gastroenterology, 2014, 20(39): 14205-14218.

[109] 高胜男. 苦酸通调方对自发性2型糖尿病胰岛素抵抗大鼠腹部脂肪组织中fas表达的影响[D]. 长春: 长春中医药大学, 2015.

[110] 何立宁, 吕洁, 赵兴鑫, 等. 复方中草药添加剂对围产期奶牛泌乳性能和初乳品质的影响[J]. 中国饲料, 2018(04): 50-54.

[111] 温刘发. 饲用抗生素替代品的研究开发趋势与我国的对策[J]. 中国动物保健, 2008(08): 85-91.

[112] 宋元振. 复方中草药添加剂对奶牛围产期生产性能的影响[D]. 兰州: 甘肃农业大学, 2013.

[113] 郭玉新. 王不留行提取物对泌乳中期奶牛生产性能和血液指标的影响[D]. 郑州: 河南农业大学, 2013.

[114] 院东, 邵伟, 彭国亮, 等. 陈皮和酸甜剂对奶牛生产性能和血清中部分生化指标的影响[J]. 黑龙江畜牧兽医, 2016(07): 11-15.

[115] 贾斌. 中草药组方对瘤胃环境与奶牛产奶性能的影响[D]. 南京: 南京农业大学, 2010.

[116] 刘敏, 张志军, 马光辉, 等. 大蒜素对荷斯坦奶牛生产性能的影响[J]. 新疆农业科学, 2012, 49(03): 555-559.

[117] 欧阳五庆, 王秋芳, 阎守昌, 等. 中草药增乳添加剂对奶山羊泌乳性能的影响[J]. 西北农业学报, 1994(02): 41-44.

[118] 丁月云. 王不留行、黄芪对奶牛乳腺上皮细胞体外增殖与分泌功能影响的研究[D]. 南京: 南京农业大学, 2008.

[119] 何立宁, 吕洁, 赵兴鑫, 东贤, 宋瑞, 王会影. 复方中草药添加剂对围产期奶牛泌乳性能和初乳品质的影响[J]. 中国饲料, 2018(04): 50-54.

## 第三章 中药在动物肝疾病防治中的应用研究

[120] 金花，贾玉山，刘兴波，等. 中草药饲料添加剂对奶牛产奶量及牛奶品质影响初探[J]. 华北农学报，2007，22(S3)：37-40.

[121] 麻延峰，王宏艳. 中草药饲料添加剂提高奶牛产奶量效果研究[J]. 家畜生态学报，2005(02)：36-38.

[122] 周国波. 蛋氨酸羟基类似物异丙酯对热应激奶牛生产性能和血液生化指标的影响[D]. 南京：南京农业大学，2010.

[123] 张春刚，苏效双，刘光磊，等. 复方中草药添加剂对荷斯坦奶牛免疫和泌乳性能的影响[J]. 草业学报，2017，26(11)：104-112.

[124] 王冉，曹立亭，杨魁，等. 中草药饲料添加剂对反刍动物免疫功能的影响[J]. 四川畜牧兽医，2015，42(03)：37-39.

[125] 顾恪波，何立丽，王逊，等. 黄芪及其提取物对免疫功能的影响[J]. 辽宁中医杂志，2012，39(11)：2326-2329.

[126] 李树义. 黄芪多糖对小鼠机体免疫功能的影响[D]. 唐山：河北联合大学，2014.

[127] 解慧梅. 黄芪多糖、人参皂甙Rb1对猪口蹄疫疫苗的佐剂效果及相关机理研究[D]. 郑州：河北农业大学，2006.

[128] 付戴波，瞿明仁，宋小珍，等. 中药复方添加剂对热应激条件下锦江黄牛血液生化指标的影响[J]. 饲料工业，2012，33(07)：48-50.

[129] 刘敏，张志军，古丽娜·巴哈，等. 大蒜素对哈萨克羊血清生化指标的影响[J]. 饲料研究，2012(02)：45-47.

[130] Kronfeld D S. Major metabolic determinants of milk volume, mammary efficiency, and spontaneous ketosis in dairy cows[J]. Journal of Dairy Science, 65(11), 2204-2212.

[131] Loor J J, Everts R E, Bionaz M, et al. Nutrition-induced ketosis alters metabolic and signaling gene networks in liver of periparturient dairy cows[J]. Physiological genomics, 1982, 32(1), 105-116.

[132] Gerloff B J. Dry cow management for the prevention of ketosis and fatty liver in dairy cows[J]. Veterinary Clinics of North America: Food Animal Practice, 2000, 16(2), 283-292.

[133] 齐茜，刘晓勇，刘红柏，等. 复方中草药对西伯利亚鲟亲鱼血清生化指标的影响[J]. 东北农业大学学报，2012，43(12)：134-138.

[134] Baird G D. Primary ketosis in the high-producing dairy cow: clinical and subclinical disorders, treatment, prevention, and outlook[J]. Journal of Dairy Science, 1982, 65(1), 1-10.

[135] Duffield T. Subclinical ketosis in lactating dairy cattle[J]. Veterinary Clinics of North America: Food animal practice, 2000, 16(2), 231-253.

[136] Kronfeld, D S. Plasma non-esterified fatty acid concentrations in the dairy cow: responses to nutritional and hormonal stimuli, and significance in ketosis[J]. Veterinary Record, 1965, 77, 30-34.

[137] 张辉，王哲. 围产期奶牛能量代谢障碍性疾病概述[J]. 中国兽医杂志，2007(04)：72-74.

[138] 杜兵耀，马晨，杨开伦，等. 围产期奶牛的生理特点及营养代谢特征研究进展[J]. 乳业科学与技术，2016，39(01)：14-18.

[139] 林靖怡，刘韶松，明艳林. 半枝莲化学成分及药理活性研究进展（综述）[J]. 亚热带植物科学，2015，44(01)：77-82.

[140] Hu C，Liu H，Du J，et al. Estrogenic activities of extracts of Chinese licorice (Glycyrrhiza uralensis) root in MCF-7 breast cancer cells[J]. J Steroid Biochem Mol Biol，2009，113(3-5)：209-16.

[141] 薛正芬，张文举，盛涛，等. 甘草茎叶饲喂盖羊效果研究[J] 黑龙江畜牧兽医，2005，(9)：59-60.

# 第四章
# 动物肠道炎症疾病发病机制研究

动物生产中，肠道损伤造成动物营养物质吸收障碍、生长缓慢，导致经济效益受损。脂多糖（lipopolysaccharide，LPS）作为革兰氏阴性细菌外膜的组成成分，可透过肠壁，引发机体的细菌移位，继而爆发全身性的炎症反应，而肠黏膜屏障作为机体抵抗外界刺激的第一道关卡，其完整性对于维持微环境稳态尤为重要。因此，LPS作为损伤肠黏膜的常见致病因子，其损伤肠黏膜屏障的作用机制的研究就显得十分必要。

## 第一节 肠道炎症发病机制研究进展

### 一、肠道炎症与信号通路研究进展

#### 1. LPS 的结构及特性

LPS可分为脂质A区域和碳水化合物区域，其中碳水化合物区域包括核心区、O-特异性链。而脂质A由磷酸化的二葡萄糖胺骨架组成，发挥着重要的免疫活性作用，且来自不同细菌的脂质A因为酰基链的数量和长度可自由变换，磷酸盐也可变化，所以其结构具有多样性。在小鼠的饲喂过程中，通过限制摄入能量的方式，可以使肠道微生物菌群的功能发生变化，降低脂质A合成所需关键酶的表达，可改善小鼠代谢。碳水化合物区域在免疫受体的识别中仅具有次要作用，通过酸水解的方式去除整个碳水化合物链，对LPS的促炎活性影响很小，然而去除脂质A上的一个磷酸基团则会大大降低LPS的促炎活性，这种被修饰后的LPS被命名为单磷脂酸化脂质A，因为其保留了强大的免疫刺激活性，但失去了LPS的大部分炎症毒性，使其可作为疫苗佐剂使用。

研究显示，肠黏膜的损伤程度与 LPS 的致炎时间以及致炎浓度有一定联系，给小鼠腹腔注射 5 mg/kg LPS，观察到小鼠的血液免疫指标和肠黏膜形态在致炎 6h 后损伤程度最为明显，随着时间的延长，注射 72h 后逐渐恢复到正常的生理水平，而按照 100μg/kg BW 给猪注射 LPS，一般在 3～6h 即可引起肠黏膜的损伤。

### 2. LPS 对肠黏膜相关蛋白的影响

（1）肠道紧密连接蛋白

正常的生理情况下，完整的肠黏膜屏障及肠道微生物群的多样性可防止细菌及其介质渗透进入体循环。上皮紧密连接（tight junction，TJ）由 CLAUDINS、ZONULA OCCLUDENS、OCCLUDIN、连接黏附分子（JAM）等构成，这些紧密连接的复合物结构，能够有效封闭细胞间隙，阻止病原体、内毒素、病菌的侵入。CLAUDIN-1、OCCLUDIN 是位于细胞膜表面的蛋白，ZO-1 蛋白位于细胞质内膜表面，大量研究表明，LPS 可增加胃肠黏膜上皮紧密连接的通透性、破坏其完整性，这就使得内毒素可通过细胞旁透作用进入肠内，从而发生内毒素移位，引起细胞因子的失控性表达，加剧肠道炎症。

有研究表明，取小鼠肠道进行免疫组化蛋白定位分析，发现腹腔注射 LPS 后，小鼠肠黏膜上皮细胞中，CLAUDIN-1、OCCLUDIN、ZO-1 蛋白从整齐排列的结构变成杂乱结构，且染色变浅。相似的，用 LPS 刺激肠上皮细胞 IPEC-J2 后，这三个的蛋白表达量也有了一定程度的下降，研究发现不同的途径均可改善肠上皮屏障功能，刘畅等人发现经 LPS 诱导肠黏膜损伤后的小鼠，腹腔注射 TLR4 单克隆抗体，可有效上调 *Claudin-1*、*Occludin*、*Zo-1* 的 mRNA 和蛋白表达量，这是因为 TLR4 单克隆抗体对紧密连接蛋白损伤具有拮抗作用。此外，肠上皮细胞用维生素 A 刺激后，也可增加紧密连接蛋白的表达，降低细胞旁通透性，最终改善肠道黏膜屏障，阻止 LPS 进入体循环。

（2）LPS 结合蛋白、CD14、MD-2

LPS 可通过与几种蛋白质相互作用引发肠道损伤，包括 LPS 结合蛋白（LBP）、CD14、骨髓分化因子 2（myeloid differentiation protein 2，MD-2）和 TLR4 等。其中 LBP 是一种可溶性的穿梭蛋白，能直接结合 LPS 并催化 LPS 与 CD14 的结合。进入细胞里的 LPS 与 LBP 结合，形成的复合物再与 CD14 分子共同作用，形成 LPS-LPB-CD14 三体复合物，以可增强 TLR4-

MD-2复合物对LPS的感知，最终得以更快速地活化TLR4，促进炎症反应的发生。CD14还可和其他微生物产物结合，如肽聚糖、脂磷壁酸、脂蛋白等。因此，它具有广泛的配体特异性，通过识别不同微生物中的结构而起到模式识别受体的作用。

（3）TOLL受体蛋白

模式识别受体是识别和维持免疫功能的特异性分子，肠道黏膜上存在着多种TOLL样受体（Toll-like receptors，TLRs）。这些模式受体最早是在果蝇上发现，并且对果蝇的发育很重要，其对于抗真菌病原体中抗菌肽的产生也是必不可少的。在这个受体家族中，TLR可以识别细菌、真菌和病毒特有的结构成分，以发出信号并激活炎症反应。每个受体识别不同配体从而发挥不同的作用，TLR2可识别寡聚体，TLR3识别双链，TLR4即可识别内毒素，在维持肠道稳态时也具有重要的意义，研究发现，与野生小鼠相比，被敲除肠上皮细胞TLR4后的小鼠，肠道微生物群发生紊乱并且维持肠内稳态的能力变弱，对敲除小鼠用广谱抗生素治疗，也不能恢复肠内稳态和微生物群。TLR4作为炎症通路上游重要的受体，其活化后可诱导下游的炎症反应。罗敏等人用LPS诱导肠上皮细胞IEC-6，成功构建了细胞炎症模型，发现TLR4的mRNA和蛋白表达量增加。

（4）NF-κB

NF-κB家族是由五种不同的DNA结合蛋白组成，分别是P50、P52、P65（RelA）、RelB、c-Rel，形成多种同源二聚体和异二聚体。NF-κB是先天性和适应性免疫应答的关键调节剂，其可加速细胞增殖，抑制细胞凋亡，促进细胞迁移和侵袭。NF-κB的激活可以由多种途径诱导，如病毒和细菌感染、DNA损伤、氧化应激、促炎细胞因子等。NF-κB作为下游激发炎症反应的转录调节因子，在正常的生理情况下，NF-κB异源二聚体p50-p65与IκB结合，一旦有LPS刺激时会使得NF-κB活化，在细胞质中的二聚体与IκB解离，p50-p65进入细胞核从而发挥转录调节作用。

**3. LPS介导的信号通路**

进入肠内的内毒素化学本质为LPS，其中的类脂A是LPS的生物活性中心，肠上皮细胞对类脂A的识别是LPS诱导肠黏膜损伤的起始步骤。TLR4细胞外结构域的2个C-末端汇集在中心，N-末端向外伸展，脂质A的酰基链嵌入到MD-2的结构域中，脂质A的两个磷酸基团与TLR4-MD-2带电的残基形成氢键相互作用。如图4-1所示，在诱导肠黏膜损伤时，TLR4及其相关的MD-2形成的稳定异二聚体，去感知革兰氏阴性细菌外膜成分 LPS，与 LPS 结合后，TLR4 与 MD-2 形成的复合物二聚化，在细胞表面被激活。TLR4 信号的传导也分为了 MyD88 依赖途径和 MyD88 非依赖途径，MyD88 依赖途径被证明是促炎性细胞因子表达的重要途径，也是 LPS 诱导肠道炎症的途径，在 LPS 诱导到后，MyD88 募集 IL-1 受体相关激酶 4（IRAK-4）。TNF 受体相关因子 6（TRAF6）对 MyD88 依赖途径也至关重要，其可激活 TAK1，并使得下游的 IKK 和丝裂原活化蛋白激酶 MAPK 途径激活，导致 IκB 磷酸化和转录因子 NF-κB 入核。更有研究显示，TLR4 可介导细菌移位，TLR4 在肠细胞中对细菌的吞噬起着关键的作用，孙丽等人的研究表明，猪肠上皮细胞用 LPS 诱导后 TLR4 的表达量增加，且与 LPS 诱导的浓度呈正比。

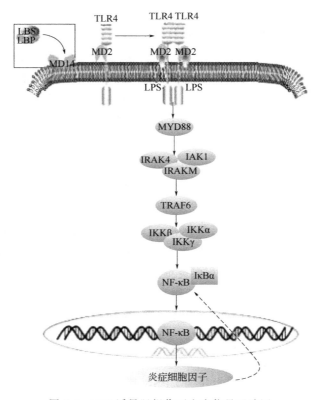

图 4-1 LPS 诱导肠损伤下炎症信号通路图

LPS—脂多糖；LBP—LPS 结合蛋白；MD2—骨髓分化因子 2；TLR4—TOLL 样受体 4；MyD88—髓样分化因子；IRAK4—白介素-1 受体相关激酶 4；IRAK1—白介素-1 受体相关激酶 1；IRAKM—白介素-1 受体相关激酶 M；TRAF6—肿瘤坏死因子受体相关因子 6；IκB—抑制性 κB 蛋白；IKKα—抑制性 κB 蛋白激酶-α；IKKβ—抑制性 κB 蛋白激酶-β；IKKγ—抑制性 κB 蛋白激酶-γ；NF-κB—核因子 κB

LPS 诱导的 NF-κB 核易位主要是依赖于髓样分化因子（MyD88），TLR4 信号通过来自细胞膜的 MyD88 依赖途径，启动促炎转录因子核因子的易位活化 B 细胞（NF-κB）的 κ-轻链增强子从细胞质进入细胞核诱导基因转录，新合成的蛋白抑制因子 κB（IκB）被 IκB 激酶（IKK）复合物磷酸化后降解，NF-κB 易位进出细胞核有助于炎症基因的表达。NF-κB 信号传导分为经典途径和替代途径，经典途径是通过 IKKα-IKKβ 异二聚体的激活，使得静息状态下 p50-p65 二聚体与 IκB 的复合物解离，进入细胞核进行转录。替代途径则是需要 IKKα-IKKα 同源二聚体参与到 NF-κB 的活化过程，其涉及的 NF-κB 异二聚体则是 P52-RelB。大量的研究表明在 LPS 诱导肠损伤时，NF-κB 是通过经典途径被迅速且短暂的激活，产生肿瘤坏死因子 α（TNF-α）、白介素 1β（IL-1β）和白介素 6（IL-6）等细胞因子，进一步加重并促进炎症性肠病（IBD）的发生。目前，虽没有大量的研究可以表明 NF-κB 替代途径与 IBD 的关系，但是该途径在维持肠道免疫系统稳态也具有重要的作用，CD40 是替代途径有效的启动子，发炎黏膜的肠黏膜固有层 T 细胞（LP-T）可检测出功能性的 CD40 配体，其可诱导单核细胞中的白介素 12（IL-12）和 TNF 的产生，导致肠道炎症增加。

**4. 小结**

长久以来，畜禽肠道健康一直是畜牧业所关注的问题，LPS 作为常见的应激源，损伤胃肠道屏障会造成肠道紧密连接蛋白 CLAUDINS、ZO-1、OCCLUDIN 异常表达，引起肠上皮细胞高度可渗透的细胞旁空间。肠黏膜屏障通透性的增加，使得内毒素、病原体等得以穿过肠壁，诱导活化细胞表面 TOLL 样 4 受体（TLR4）。TLR4 在辅助因子的协助下，激活下游 NF-κB 信号通路，并合成释放炎性细胞因子，包括 IL-1β、IL-4、IL-6、IL-8、环氧合酶-2（COX-2）、诱导型一氧化氮合酶（iNOS）。这些细胞因子具有促进炎症细胞募集和激活的作用，继而加重肠道的损伤。虽然 LPS 诱导肠屏障损伤的途径已经研究的相对透彻，但仍有许多通路值得深究，例如 NF-κB 的替代途径等，这些通路的进一步探索可以为畜禽微生态营养研究以及产 LPS 细菌的安全使用提供理论基础。

## 二、NF-κB 通路在免疫应激途径中的作用机制

**1. LPS 及其诱发的炎症应激**

脂多糖（LPS）是革兰氏阴性细菌外膜的组成部分，可导致细胞因子紊乱，从而引发心血管衰竭和血压不稳定，并最终导致致命性败血症综合征。

所以，监测 LPS 致炎疾病发展的动态变化对防控 LPS 感染是非常重要的。目前研究已经发现以促炎细胞因子作为生物标志物释放的分子，如白细胞介素 IL-1β、IL-6、肿瘤坏死因子-α（TNF-α），在动物试验中会降低肠道的屏障功能。通常可以通过比较健康动物与致炎动物之间的病理差异来寻找生物标志物。目前，在研究炎症模型过程中，通常腹腔单次注射高剂量 LPS 可致急性炎症，此方法能引发肠道损伤，甚至导致全身的器官衰竭。间断注射低浓度 LPS 会引起促炎细胞因子的持续增高，引发炎症，但时间周期较长。

LPS 是最具代表性的免疫应激诱导剂，已被广泛使用于建立动物炎症或细菌感染的模型。环氧合酶-2（COX-2）是炎症和免疫反应过程中产生高水平前列腺素（PG）的诱导型异构体，介导多种与血管病理生理有关的生物学行为。COX-2 受多种刺激诱导，包括促炎细胞因子，导致 PG 合成与炎症和癌变相关。LPS 进入动物体内后能够通过刺激 TLR4-NF-κB 通路诱导机体的单核巨噬细胞过量表达 IL-1β、IL-6 和 TNF-α 等炎症性细胞因子，并能诱导 COX-2 及诱导型一氧化氮合酶（iNOS）的过量表达，合成过量的前列腺素 E2（PGE2）及一氧化氮（NO）等。促进细胞中活性氧（ROS）产生和溶酶体酶的过度释放，共同参与机体的炎症反应过程，引起细胞损伤和凋亡。其作用机理主要由 LPS 通过与细胞膜上的特异性膜受体 CD14 及 TLR4 结合或者与胞浆中的 NLRs 结合，激活多种信号通路，例如 MAPK 信号通路、磷脂肌醇信号（protein kinase C，PKC）通路、氧化应激（oxidative stress，OS）通路、NF-κB 通路和 NLRP3 通路等，诱导细胞产生 IL-1β、IL-6 和 COX-2 等多种炎性细胞因子，介导炎症反应。

LPS 是造成肠道黏膜损伤的主要诱导因素之一。NF-κB 作为 LPS 介导的重要下游通路，可参与机体多种炎症反应，并介导多种炎症介质和酶的基因表达与调控。京尼平苷为栀子的主要有效成分之一，具有抗炎镇痛、保肝利胆、抗病毒、抗肿瘤等作用。近年研究发现，栀子苷具有抗氧化和抑制 NF-κB/IκB 通路和细胞黏附分子产生等药理活性。

**2. NF-κB 通路在免疫应激途径中的作用机制**

Sen 等在 B 细胞中发现了能够和免疫球蛋白的 κ 轻链基因所含的增强子序列进行特异性结合的核转录因子 κB，即 NF-κB。NF-κB 是一种核转录因子，其广泛分布于人和动物机体各器官组织，能够和多种 κB 转录序列特异性结合，完成多种生命活动，主要包括发生炎症反应。NF-κB 家族包括五种 DNA 结合蛋白，包括 P50、P52、P65、c-Rel 和 RelB，它们分别由 NF-κB1、NF-κB2、RelA、Rel 和 RelB 基因进行编码，以同源或异源二聚体的形式存在。正常状态时，抑制因子 κb（IκB）在细胞质中与 NF-κB 二聚体结合，并对信号应答具有重要作用，受到外界刺激时，经典信号通路状态下，IκB 被细胞中的蛋白激酶 C 磷酸化，与 NF-κB 解离，促使 NF-κB 得到释放并活化，导致 p50-p65 入核发挥调节作用。IKK 是 IκB 激酶复合物，大多数胞外刺激起始地信号传递反应将最终激活 IKK 复合物，引发一系列炎症反应。

NF-κB P65 蛋白是一种广泛存在于真核细胞中的转录因子，其活化能调控一系列基因的表达，如炎性细胞因子 TNF-α 和 IL-1β 等，引发炎症级联反应，加速细胞凋亡，直接或间接地参与一系列病理过程。因此，NF-κB 通路能够维持肠道环境的稳定，它的激活在调节免疫应激及炎性反应中起着关键作用，研究表明，京尼平苷可通过抑制 NF-κB 途径降低致炎细胞因子水平，达到抗炎作用。

# 第二节
# 肠道碱性磷酸酶与肠黏膜屏障研究进展

## 一、肠道碱性磷酸酶

肠道碱性磷酸酶（intestinal alkaline phosphatase，IAP）是一种肠刷状缘酶，表达与肠上皮细胞绒毛膜顶端表面。可在维持肠道稳态和减轻肠黏膜炎症中起重要作用，IAP 已被证明是肠道黏膜防御因子。碱性磷酸酶广泛分布于不同的器官，如肠腔、肝脏、肾脏、骨头等组织中。碱性磷酸酶（ALP）按照基因命名委员会的规定分为肠道碱性磷酸酶（IAP）、组织非特异性碱性磷酸酶（ALPL）、胎盘碱性磷酸酶（ALPP）、生殖细胞碱性磷酸酶（ALPPL2）。IAP 在维持肠道稳态中起着关键作用，具体表现在其可以导致促炎核苷酸的去磷酸化，碳酸氢炎的分泌和十二指肠表面 pH 值的调节，肠道长链脂肪酸的吸收和肠道微生物组的调节。

肠道碱性磷酸酶（IAP）是 LPS 脱磷酸作用的关键酶，它能去除 LPS 上的一个磷酸基团，使得 LPS 的毒性得以降低百倍，并能防止 LPS 进入体循环。内源性 IAP 可以缓解 LPS 引起的炎症反应，外源性 IAP 对肠道黏膜损伤有修复作用。IAP 是一种肠刷状缘酶，在维持肠道稳态和调节黏膜炎症中起到了重要作用，在粪便中也能保持其活性。但 IAP 的调控机制尚不清楚。

IAP 最近被证明具有抗炎症的特性，这源于其去磷酸化活性，能够抑制 LPS 的解毒和下游 TLR4 受体和接头蛋白 MyD88 途径的炎症级联。MyD88 是 Toll 样受体和白细胞介素-1 家族受体进行信号传递所必需的，LPS 与 TLR4 受体特异性结合，并激活炎症诱导途径，包括 MyD88 依赖途径和独立途径两种方式，并通过 MyD88 依赖途径诱导炎症性细胞因子 IL-1、TNF-α、IL-6、IL-12 的表达，抵抗肠道感染。IAP 有预防和减少肠道炎症、增加有益菌数量、调节钙吸收等功能。IAP 通过对 LPS 去磷酸化作用，在促进黏膜对肠道细菌的耐受性中起着重要作用，它能通过脂质 A 部分脱磷酸，使 LPS 失活，从而对机体起到一定的保护作用，IAP 已经被用作很多 LPS 相关疾病的治疗剂，例如败血症和新生儿坏死性小肠结肠炎。但是到目前为止，IAP 对肠道机体的保护作用机制尚未完全明确。LPS 的一个主要靶标是 TLR4 受体，它能够诱导 NF-κB 的激活，TLR4 在炎症性肠病（IBD）诱导的小鼠急性结肠炎中显著上升，同时 NF-κB 也被激活，而研究表明，口服外源性 IAP 能够通过抑制 I-κB 磷酸化来抑制 NF-κB 活化，从而减轻结肠炎患者的肠道炎症。这说明内源性 IAP 的活性降低与肠道炎症中肠损伤程度的增加有关。

近年来，对 IAP 的研究逐渐增多，研究内容包括 IAP 在调节肠道表面 pH 值、吸收脂质、对游离核苷酸和细菌脂多糖的解毒、减轻肠道炎症、调节肠道微生物群等很多方面，IAP 的功能受多种因素调节。研究介绍了 IAP 性质的一些新发现，完善并扩展了 IAP 对各器官系统的保护功能。研究表明，IAP 发挥作用的一般特性是炎症前分子直接去磷酸化，还能通过其他特性间接由 IAP 介导的炎症下调，如肠道屏障保护和肠道微生物菌群形成。还有研究发现，通过使用外源性 IAP 胃肠道给药可改善肠道炎症，促进肠道组织再生，而肠道和全身 IAP 给药只能减轻全身炎症。通过添加外源性 IAP 可以有效缓解机体的这种有害作用。

此外，IAP 与食物驱动的胃肠道解剖结构和微生物群组成的变化有很强的进化联系。因此，通过饮食干预来刺激 IAP 活性是缓解炎症来保持肠道稳态和健康的一个有效方式。饮食已被认为是许多慢性炎症如炎症性肠病或代谢综合征的重要因素。最近的一项调查指出，LPS 也被认为是诱导肥胖（DIO）的原因之一，因为它在高脂肪饮食摄入后增加肠道屏障的通透性，对脂肪组织的生长起到了促进作用，实验证据表明，在这一过程中，IAP 能够起到防止小鼠脂肪诱导的代谢综合征的作用，这说明 IAP 可能与动物机体肥胖有关。鉴于 IAP 对人类生命健康的影响，近几十年来有大量关于

IAP 功能的报道，也逐渐成为研究热点内容。IAP 的主要功能分为以下几种：碳酸氢盐的分泌和十二指肠表面 pH 值的调节；调节肠道长链脂肪酸吸收；对 LPS 解毒，调节肠道及全身炎症；调节肠道微生物群落及其跨肠道屏障的迁移。此外，IAP 还在肠道动态平衡中起着关键作用，尤其在稳态遭到破坏（例如 LPS 刺激）而引发炎症性肠病时显得尤为重要。

IAP 是由肠上皮细胞动态分泌的。IAP 通过磷酸化去磷酸化脂肪酸（FA）转运体 CD36 来调节膳食中肠道对长链脂肪酸的吸收。在啮齿类动物模型中，它还能限制脂肪摄入引起的炎症、代谢综合征和肥胖等问题，研究证明，在啮齿类动物的正常小肠状态下，IAP mRNA 的相对表达水平与隐窝深度-绒毛高度存在一定关联，且与肠上皮细胞的分化程度有关。然而，IAP 参与其中的一些特性，可能是继发于 IAP 的抗炎作用。IAP 的表达是否依赖 NF-κB 通路有待进一步研究。

## 二、肠道碱性磷酸酶对肠黏膜屏障的影响

畜禽生长发育过程中，肠道是营养吸收代谢最重要的场所，肠道损伤是影响动物吸收营养物质重要原因之一，胃肠黏膜的不完整，造成了动物生长缓慢、代谢紊乱、饲料利用效率低等问题，最终使得养殖户经济效益受损。肠碱性磷酸酶可缓解由于 LPS 所导致的胃肠黏膜的损伤，缓解仔猪断奶应激所造成的腹泻。

1. IAP 的分泌

IAP 的表达主要是在肠道中，尤其是在肠细胞的刷状缘结构上，通过磷脂膜 C 或 D 的作用可分泌至肠腔和血液中参与血液循环，在整个小肠和粪便中都能保持活性，其中在十二指肠表达和活性最高。在脂质吸收和运输中发挥关键作用，早期研究表明高脂饮食是促进 IAP 会使得在肠腔内和肠细胞中的 IAP 活性分别增加 10 倍和 2~3 倍。通过分析 ALPL 基因，在所有受影响的个体中发现了 C 末端区域的新型缺失插入变异体，该变异体可导致 IAP 的 GPI 锚定信号中的疏水性降低，Takayuki Ishige 等人的研究表明 ALPI C 端的变异可能导致高水平的血清 IAP 活性。

IAP 的活性是与年龄及营养状态存在着一定的关系，有研究证实，在动物达到断奶前，IAP 的活性是随着日龄成正比的，哺乳期的 IAP 活性是最低，直至断奶日龄达到最高，并同成年 IAP 活性一样，肠内营养的减少会对降低 IAP 活性，补充足够的营养可恢复至正常水平。

## 2. IAP 的抗炎机制

LPS 是革兰氏阴性细菌外膜的重要结构成分，LPS 由三部分组成：脂质 A、核心寡聚糖和 O-侧链，其中脂质 A 是 LPS 发挥免疫活性的主要结构。LPS 诱导肠屏障损伤的途径是 TLR4 在辅助因子的协助下，激活下游 NF-κB 信号通路，并合成释放炎性细胞因子，包括 IL-1β、IL-4、IL-6、IL-8、环氧合酶-2（COX-2）、诱导型一氧化氮合酶（iNOS），这些细胞因子具有促进炎症细胞募集和激活的作用，继而加重肠道的损伤。IAP 可以治疗多种 LPS 介导的疾病，其抗炎作用的分子机制之一就是通过水解脂质 A 使 LPS 降低免疫活性，产生无活性、无毒的 LPS 形式，抑制 TLR4/NF-κB 炎症信号通路，不触发先天免疫系统。Sung Wook Hwang 等人的研究表明，给野生小鼠饲喂 IAP 可减轻结肠炎症并改善其组织学评分，同时使得 IκBα 磷酸化得以抑制，但是敲除 TLR4 小鼠饲喂 IAP 对小鼠的肠道保护作用减弱，IAP 可阻断 LPS 激活后的 NF-κB 的核易位，另外白介素 10 基因敲除小鼠饲喂 IAP 也可抑制 NF-κB 信号通路的激活，说明 IAP 可抑制 LPS 诱导的促炎物质的产生，并抑制 LPS 诱导的 NF-κB 活化。1997 年首次报道了 IAP 在体外生理 pH 值下使得 LPS 去磷酸化和能够降低 LPS 的毒性，随后在斑马鱼的肠道炎症中证实了 IAP 的解毒特性。

IAP 的抗炎作用可能存在另一种介导机制，由自噬抗炎机制介导的，而不是 LPS 的直接解毒，有研究发现，与 IAP 和 LPS 共同孵育的细胞相比，单独使用 IAP 孵育的细胞表现出对炎性因子更强的抑制作用。自噬最主要是通过灭活炎症小体抑制 LPS 介导的 *Il-1β* 产生，但有一些研究表明自噬也可能影响 *Il-1β* 的转录。Hamarneh 等人的研究中，利用酒精诱导小鼠的肠道炎症模型中，IAP 的添加可以降低回肠组织中（*Il-1β*）mRNA 的表达。过去的研究显示饥饿引起的自噬会引起 RAW 细胞中的 *Il-1β* mRNA 的降低。

## 3. 肠道碱性磷酸酶对胃肠道的保护作用

肠道紧密连接蛋白能够有效封闭细胞间隙，阻止病原体、内毒素、病菌的侵入从而保护胃肠道不受损伤。IAP 在调节肠屏障功能起着关键作用。R. Hodin 等人，在 CACO-2 和 T84 细胞系中添加外源 IAP，证明了 IAP 调控肠道紧密连接蛋白水平，防止 LPS 诱导的肠黏膜通透性增加及炎症程度。功能性肠胃疾病与应激和神经系统有关，比如仔猪由断奶应激引起的腹泻，以促肾上腺皮质激素释放因子（CRF）为介质，其与 IAP 的表达呈负相关，CRF2 受体激活，IAP 蛋白表达量下调。大量文献都已经报道了，IAP 都能够减少细菌易位，在 LPS 致炎的小鼠腹膜炎模型中，表明 IAP 抑制阳离子通道形成 CLAUDIN 2，减少肠道的通透性，从而达到保护肠道的作用。

IAP 对肠道菌群保持稳态具有重要的作用，IAP 通过去磷酸化的作用降低小肠内三磷酸苷浓度，促进肠道菌群的生长。饮食状况会改变 IAP 的表达和活性，Okazaki Yukako 等人给大鼠饲喂含有 30% 的高脂饲料，再添加低聚糖，发现粪便中的微生物比例提高，且结肠中的 IAP 活性增加，表达量上升。

**4. 营养对肠道碱性磷酸酶的影响**

（1）糖类

近年来，关于糖类可以刺激肠道 IAP 的文献越来越多，大多数数据都显示糖类对于 IAP 的作用是通过肠道微生物发酵或者肠道菌群的变化。体外实验显示，用岩藻糖基乳糖处理小鼠肠上皮细胞（IEC），对照低聚糖而言 IAP 的活性并没有影响。但是对小鼠饲喂摄入不同形式的果糖，无论是液体还是固体，可能会对肠道微生物区系产生不同的影响，从而导致肠黏膜完整性和肝脏动态平衡的损害，增加小肠的 IAP 活性。

（2）矿物质、维生素

以往研究表明 IAP 活性与肠道钙吸收呈负相关，IAP 作为保护机制，抑制高钙吸收进入肠细胞，防止钙超载。对 IAP 敲除小鼠进行钙吸收和骨性能的检测。观察到 IAP 敲除小鼠绒毛萎缩，钙摄取量明显增高。在断奶仔猪日粮中添加氧化锌可提高仔猪的生长性能，添加 110g/kg、220g/kg 氧化锌源增加了 IAP 的转录，通过对 CACO-2 使用不同浓度的锌进行孵育，锌可以激活 mTOR 信号通路，增加 IAP、肠道紧密连接蛋白的表达来改善肠屏障功能。体外试验表明，维生素 $D_3$ 可以增加 IAP 活性，大鼠的日粮缺乏维生素 $D_3$ 会降低十二指肠中 IAP 的活。维生素 A 作为断奶仔猪重要的营养物质，它在上皮细胞的正常形成、发育和维持中起着重要的作用，在断奶仔猪的日粮中添加维生素 A，IAP 活性升高。

（3）蛋白质

许多蛋白质都能影响肠道的生长，其中一些蛋白能影响 IAP 的表达，例如 β-伴大豆球蛋白作为大豆过敏源物质，能够显著增加 IAP 活性，减少猪肠上皮细胞的紧密连接蛋白，破坏肠屏障。添加外源的乳铁蛋白对 LPS 刺激的猪能够使得 IAP 活性恢复至正常水平。阿斯巴甜（ASP）的分解产物是苯丙氨酸，是一种 IAP 的抑制剂。在小鼠饲料中添加 ASP，发现 IAP 的活性明显降低。

### （4）脂肪

肠道碱性磷酸酶，其可以调节脂质代谢和预防高脂饮食诱导的代谢综合征的酶，摄入过高的脂肪，会导致 IAP 活性降低，增加肠道通透性。给仔鼠饲喂高脂饲料，可使得 IAP 活性增加 19%。

总之，肠道碱性磷酸酶作为保护肠道健康的关键酶，具有营养调控、抗炎作用。

# 第三节
# 肠道炎症模型构建与评价研究

## 一、LPS 诱导小鼠急性小肠黏膜损伤模型的构建

### 1. 材料与方法

（1）试验材料

LPS（来源于大肠杆菌 O55：B5）购自美国 Sigma-Aldrich 公司。将 LPS 溶于生理盐水中并以 20mg/mL 的储存液保存。在注射 LPS 之前将动物称重，并将 LPS 储备液用生理盐水稀释至 2.5mg/kg、5mg/kg、10mg/kg、20mg/kg，以不同剂量对每只实验小鼠进行注射。

4%多聚甲醛；乙醇；（IL)-1β、IL-4、IL-6、IL-8、TNF-α；IAP ELISA 试剂盒购于英国 Endogen 公司。

（2）试验分组

雄性健康 ICR 小鼠 50 只，由哈尔滨医科大学动物实验中心（大庆）提供［许可证号：SYXK（黑）2014005］，体重 22~25g。试验时将 50 只 ICR 小鼠随机分为 5 组，每组 10 只，对照组注射生理盐水，LPS 组小鼠腹腔注射脂多糖浓度分别为 2.5mg/kg、5mg/kg、10mg/kg、20mg/kg。

（3）试验样品采集与处理

所有小鼠试验前适应性喂养 1 周，试验期内自由饮水、采食。

血清采集，通过沾有异氟烷的棉球给小鼠吸入麻醉之后，对小鼠进行眼球采血，将血液样品 2795g 离心 10min，吸取血清并于 −80℃条件下储存，以备炎性细胞因子及 IAP 的检测。

小肠组织样品采集，通过断颈处死小鼠，剖开腹腔，采集十二指肠、空肠、回肠组织样品。每个肠段取中间部分 1~2cm，灭菌生理盐水冲洗干净，置于 4%甲醛缓冲溶液中固定，以备制作切片。

## 2. 试验方法

（1）小鼠小肠组织形态学检测

① 固定。将小鼠的十二指肠、空肠、回肠组织，用灭菌生理盐水冲洗干净，取肠段中间 1～2cm，完全沁入 4％多聚甲醛的固定液中，固定完全后用水洗终止固定，以防影响对肠组织的观察。

② 脱水。将终止固定的肠组织，依次放入 60％乙醇 1h，70％乙醇 1h，80％乙醇 30min，95％乙醇 5min，100％乙醇 5min，100％乙醇 5min。

③ 透明。为将前一步的脱水剂置换，需将脱水完成后的组织，先放入乙醇和二甲苯等比例混合的溶液中 5min，再放入二甲苯溶液 5min，最后再放入二甲苯中，直至透明为止。

④ 透蜡。在 65℃ 的恒温箱里融化石蜡，把组织放入石蜡溶液中至少 2h。

⑤ 包埋。为了更好地摆好组织，这个步骤在冰盒上操作，将提前准备好的纯蜡倒入包埋盒底部后，摆正肠组织后，再封顶，最后进行切片。

⑥ HE 染色。石蜡切片被切成 $4\mu m$ 并进行 HE 染色。最后，染色切片光镜下观察（100×放大）。使用 Pro Plus 4 分析软件（Media Cybernetics，Baltimore，MD，USA）处理和分析系统评估绒毛高度（villus height，VH）和隐窝深度（crypt depth，CD）。对每一个肠道样本，至少重复测量 10 次，并计算平均值。

（2）ELISA 检测检测小鼠血清 IAP、炎性因子含量

各试剂平衡至室温后，设置空白孔，分别向待测样品孔、标准孔中加入 $50\mu L$ 样品稀释液，再向样品孔中加入 $50\mu L$ 样品，标准孔中加入 $50\mu L$ 标准品，盖板后在室温孵育 1h。待孵育完成洗板三次，再向各孔中加入 $100\mu L$ 相应抗体，盖板孵育室温孵育 1h，再洗板 3 次。各孔加入 $100\mu L$ 链霉抗生素并在室温下孵育 30min，洗板 3 次，每孔加入 $100\mu L$ 预混底物溶液并盖板室温下孵育 30min，孵育完成按照加样顺序立即向各孔加入 $100\mu L$ 终止液，终止反应，在 550nm 波长下读取吸光度。连续稀释血清 10～100 倍，以确保所得到的值在每个试剂盒所提供的标准的线性范围内。每个样本重复做两次，取平均值。

## 3. 统计分析

使用 SPSS version 16.0（SPSS Inc，USA）软件进行统计学分析，实验数据以均值±标准差（X±SD）表示，单因素方差分析组间差异，以 $P<0.05$ 为差异有统计学意义。

## 二、小肠黏膜损伤模型的评价

### 1. 不同 LPS 浓度对小鼠免疫功能的影响

小鼠血清中的 IAP 和 5 种细胞因子（IL）-1β、IL-4、IL-6、IL-8、TNF-α 如图 4-2 所示。

与对照组相比，注射 5 mg/kg LPS 的小鼠血清中 IAP 和各细胞因子水平最高（$P<0.05$），差异显著；而注射 2.5 mg/kg 和 10 mg/kg LPS 的小鼠血清 IAP 和 IL-6 水平较对照组相比显著降低（$P<0.05$）；注射 20 mg/kg LPS 6h 后小鼠血清 IAP 和 IL-4 水平没有显著影响（$P>0.05$），IL-1β 水平显著升高（$P<0.05$），IL-6 水平显著降低（$P<0.05$）。

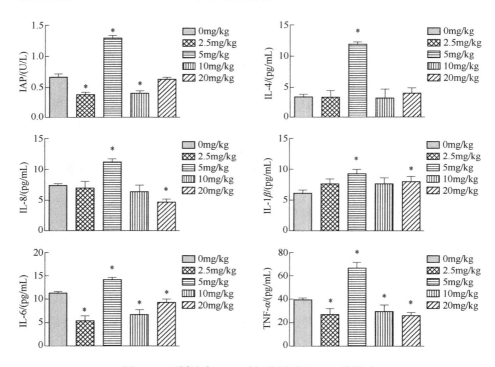

图 4-2 不同浓度 LPS 对细胞因子及 IAP 的影响

［用不同剂量的 LPS（0 mg/kg，2.5 mg/kg，5 mg/kg，10 mg/kg，20 mg/kg）处理 6h，数据表示为平均值±标准差（每个处理组 $n=3$）。与对照组显著不同（*：$P<0.05$）］

### 2. 小鼠小肠组织的病理学观察

结果显示，对照组小鼠肠道组织颜色正常，形态完整、整齐，未见出血，见图 4-3（a）；而 LPS 各组小鼠肠道组织颜色均偏红，形态有破损且肿胀明显,可见出血,见图4-3(b)(以5mg/kg LPS处理6h后肠道图片为例)。

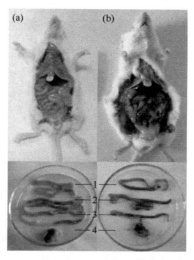

图4-3 5mg/kg LPS处理6h后小鼠肠道组织病理学观察
[(a)为对照组;(b)为5mg/kg LPS组。图中1~4分别为十二指肠、空肠、回肠、盲肠]

### 3. 不同LPS浓度对小鼠组织形态的影响

测量LPS注射后小鼠小肠绒毛吸收功能的绒毛高度(VH)和隐窝深度(CD),结果如表4-1和图4-4所示。各个肠组织VH和CD值在LPS致炎后的变化趋势基本一致。即:与对照组相比,小鼠十二指肠VH在注射各个浓度LPS后均显著降低($P<0.05$),且随着LPS浓度的提高,十二指肠VH降低;但CD值在注射LPS后有增高的趋势,但差异不显著($P>0.05$);LPS浓度超过5mg/kg之后,十二指肠V/C值与对照组相比显著降低($P<0.05$)。当LPS浓度超过5mg/kg之后,小鼠空肠VH较对照小鼠显著降低($P<0.05$),且随LPS浓度提高而降低;而空肠CD值显著增高($P<0.05$),且随LPS浓度提高而增高;LPS浓度超过5mg/kg之后,空肠V/C值与对照组相比显著降低($P<0.05$)。回肠VH也有同样的变化趋势,与对照组小鼠相比,注射LPS致炎后,回肠VH显著降低($P<0.05$),且随着LPS浓度的提高而降低;当LPS浓度超过5mg/kg之后,回肠CD值显著提高($P<0.05$),且随LPS浓度提高而增高;但由于组内差异较大,回肠V/C值没有显著差异($P>0.05$)。因此,LPS可以降低VH、增加CD,从而使V/C的值迅速下降。并且随着浓度的增加,这种差异更加显著。

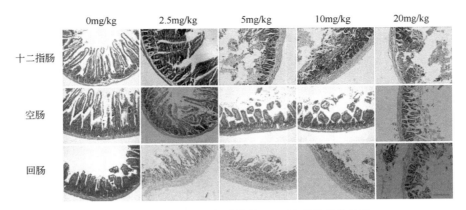

图 4-4　小鼠肠黏膜组织形态随 LPS 浓度的变化过程

[用不同浓度 LPS（0 mg/kg、2.5 mg/kg、5 mg/kg、10 mg/kg、20 mg/kg）处理 6h 后的小鼠进行苏木精-伊红（H&E）染色后的肠黏膜组织学形态观察（原始放大倍数 100 倍）。比例尺：50μm]

表 4-1　剂量对小鼠十二指肠、空肠和回肠绒毛高度、隐窝深度和绒毛高度与隐窝深度之比的影响

| 组织 | 项目 | 0mg/kg | 2.5mg/kg | 5mg/kg | 10mg/kg | 20mg/kg |
|---|---|---|---|---|---|---|
| 十二指肠 | VH/μm | 260.63±13.29 | 231.25±18.31* | 188.13±17.49** | 165.63±19.93** | 152.50±18.48** |
|  | CD/μm | 50.63±13.90 | 58.13±1.25 | 66.25±4.33 | 66.88±7.47 | 68.75±12.99 |
|  | V/C | 5.15±0.75 | 3.98±0.64 | 2.84±0.89* | 2.48±1.47* | 2.22±1.45* |
| 空肠 | VH/μm | 224.38±30.71 | 191.88±38.32 | 150.00±9.13** | 145.00±9.79** | 84.38±19.83** |
|  | CD/μm | 43.75±3.23 | 51.25±7.50 | 53.75±4.33* | 61.88±15.33* | 64.38±12.31* |
|  | V/C | 5.13±0.56 | 3.75±0.28 | 2.80±0.70* | 2.34±0.48* | 1.31±1.02* |
| 回肠 | VH/μm | 115.00±5.40 | 105.63±4.73* | 100.63±9.66* | 96.25±6.61** | 82.50±4.08** |
|  | CD/μm | 38.75±7.77 | 49.38±6.57 | 52.50±5.40* | 61.88±3.75** | 68.75±9.24** |
|  | V/C | 2.98±1.39 | 2.14±1.07 | 1.92±0.67 | 1.56±0.41 | 1.20±0.46 |

注：数据用平均值±标准差表示（每个处理组 $n=3$）。"*"表示值与对照组有显著差异（*：$P<0.05$，**：$P<0.01$）。

## 4. 讨论

胃肠黏膜的完整性是维持肠屏障功能的关键因素，也是动物机体从食物中获取各种营养的重要保障，营养物质主要在小肠进行吸收代谢。LPS 刺激会使肠道菌群变化，肠道上皮通透性增加，引起内毒素移位，细菌和内毒素移位过程中，胃肠黏膜完整性受到损伤，并影响营养物质的吸收。

肠道碱性磷酸酶对维护肠屏障的功能完整性具有一定作用，能去除 LPS 上的一个磷酸基团，使 LPS 毒性降低百倍，并能在防止 LPS 进入体循环。本研究结果显示，注射 5 mg/kg LPS 时，血清中 IAP 含量显著升高，注射高浓度 LPS 时，IAP 分泌量降低。动物体对 LPS 具有一定的耐受性，低浓度的 LPS 未达到引起炎症反应的阈值。BATES 等研究表明，给斑马鱼添加一定量的 LPS 或灭活的革兰阴性菌，IAP 表达量上升。IAP 的活性还与胃肠道内的健康和营养状况有关，在添加高剂量 LPS 时，绒毛受损，使 IAP 分泌量减少，这与本研究结果一致。

研究表明，LPS 被 TLR4 识别后释放 TNF-α、IL-1β 和 IL-6 等细胞因子，介导和促进炎症性肠病（inflammatory bowel disease，IBD）的发生。腹腔注射 LPS 可引起肠黏膜炎症，其特点是促炎和抗炎细胞因子增多。其中 TNF-α 在引起肠道炎症上起主要作用，可使炎症循环细胞积聚至炎症的局部组织，引起水肿，激活凝血级联反应，形成肉芽肿。临床上治疗 IBD 的常用方法为通过使用 TNF-α 拮抗剂抑制 TNF-α，改善和缓解 IBD 症状。IL-1β 是由单核巨噬细胞产生。研究发现，IL-1 刺激体外培养的结肠癌细胞，可使肠上皮通透性增加，胃肠黏膜受损，使得其他炎性细胞更易进入炎症组织，最终导致 IBD 的发生。有文献指出，IL-6 浓度与炎症程度成正相关，IBD 患者血清中的 IL-6 浓度显著高于对照组，给予药物治疗后，血清中 IL-6 浓度随之下降，通过使用 IL-6 单克隆抗体也可减少促炎因子 IFNγ、TNF 和 IL-1 等产生，IL-6 与 TNF-α 均是治疗 IBD 的重要靶点。IL-8 由中性粒细胞产生，参与炎症部位的炎症反应。有研究表明，在机体内 TNF-α、IL-1β 和 IL-6 可能导致肠道炎性疾病的发生；近年的研究显示，在人体肠道模型单独操纵这 3 个促炎因子，并不能促使疾病发生，须在高浓度 IL-8 存在下，才可发挥疾病的促进作用。抗炎细胞因子 IL-4 由活化的淋巴细胞产生，可抑制促炎因子 TNF-α、IL-1β、IL-6、IL-8 的产生。

本研究结果显示，腹腔内注射 LPS 可引起肠黏膜炎症，造成明显黏膜损伤，即上皮脱落、绒毛破裂、黏膜萎缩、水肿。革兰阴性菌 LPS 与免疫细胞同时存在时，引起促炎和抗炎细胞因子的增加。促炎因子 TNF-α、IL-

1β、IL-6、IL-8 在腹腔注射 5 mg/kg LPS 时，达到最大增加量，随着 LPS 浓度的增加，细胞因子的表达逐渐增加，但在高浓度时抑制，这可能与机体内存在阈值-负反馈有关。有研究显示，给 21 日龄肉仔鸡腹腔注射不同浓度的 LPS，血清细胞因子也同样存在这种阈值-负反馈现象。由于机体的负反馈调节机制，IL-4 水平在 10mg/kg 和 20mg/kg 并无显著变化，进一步证明细胞因子在注射高剂量 LPS 时受到抑制。

VH 和 CD 反映了肠绒毛的基本状态，现已作为综合评价小肠消化吸收功能的参变量。其中 VH 可控制肠道吸收的表面积和免疫细胞的数量，肠 VH 与肠绒毛上皮细胞数呈相同增加趋势，细胞数量越多，绒毛表面积越大，汲取营养物质的效率越高。CD 则集中反映了隐窝细胞生成速度。当肠黏膜受到损伤时，VH 降低或 CD 变深，因此 VH/CD 值是综合体现小肠功能的参数。本研究结果表明，注射 LPS 可降低 VH 值、增加 CD 值，使 VH/CD 值降低，且 LPS 注射剂量与 VH/CD 值呈负相关，绒毛萎缩可能由细胞凋亡率增加或细胞更新引起。

### 5. 小结

小鼠在注射 5 mg/kg LPS 时，即可诱导肠黏膜损伤，为后续微生态营养干预时产 LPS 细菌的安全应用奠定了基础。

## 第四节 肠道炎症诱导与调控机制研究

### 一、NF-κB 对 LPS 诱导小肠黏膜 IAP 表达的调控

#### 1. 材料与方法

（1）试验材料

反转录试剂盒购自 TaKaRa 公司；荧光定量所用试剂盒均购自 TaKaRa 公司；超敏 ECL 化学发光试剂盒（P0018）；BCA 蛋白浓度测定试剂盒（增强型，P0010S）；RIPA 裂解液（强，P0013B）；彩色预染蛋白分子量标准（10~170kD，P0075）；SDS-PAGE 5X 蛋白上样缓冲液（P0015）；SDS-PAGE 凝胶配置试剂盒（P0012A），SDS-PAGE 电泳液（P0014B）；Western 转膜液（P0021B）均购自碧云天公司；PVDF 膜购自 Millipore 公司；免疫共沉淀磁珠（BA10600，Sino）。

β-actin 免疫印迹所用的一抗为鼠抗单克隆抗体（60008-1-Ig，

Proteintech）；NF-κB 免疫印迹所用的一抗为兔抗单克隆抗体（10745-1-AP，Proteintech）；IAP 免疫印迹所用的一抗为兔抗单克隆抗体（ab97532，Abcam）；山羊抗兔 IgG（SA00001-2，Proteintech）；山羊抗鼠（SA00001-1，Proteintech）。

PCR 仪，RNA 浓度测定仪（Bio-Rad），酶标仪，化学发光数字成像系统（Bio-Rad），离心机，电磁炉，TS-2000A 脱色摇床，半干转印槽（Bio-Rad），电泳仪（Bio-Rad）。

(2) 试验分组

选用雄性 ICR 小鼠 35 只，体重 22～25g，随机分为 7 组。腹腔注射 5mg/kg LPS 后，分别在 0h、3h、6h、12h、24h、48h 和 72h 断颈处死小鼠。

(3) 试验样品采集与处理

样品采集同本章第三节。

### 2. 试验方法

(1) RT-qPCR 检测小鼠小肠组织中的 $Iap$、$Nf$-$\kappa b$ mRNA 表达量

① RNA 提取。破碎完全的肠组织中加入 1mLTrizol，进行匀浆，在 12000r/min 的条件 4℃离心 5min，吸取上层液体转入另一个 EP 管，加入 200μL 氯仿，颠倒混匀，室温放置 10min，继续 4℃ 12000g 离心，吸取上层水相，转移到新的 EP 管，加入 0.6mL 异戊醇混匀，室温放置 10min。再在 4℃下 12000g 离心 10min，保留沉淀，加入 75%乙醇洗涤沉淀，视情况而定洗涤次数。室温倒扣用 EP 管进行干燥，用去离子水进行悬浮沉淀。最后进行 RNA 浓度测定。

② cDNA 反转录。首先配置第一个体系进行 42℃水浴 2min，体系如下：

| 试剂 | 使用量 |
| --- | --- |
| 5×gDNA 污染清除剂缓冲液 | 2.0μL |
| gDNA 污染清除剂 | 0.5μL |
| 总 RNA | 1μg |
| 无 RNA 酶蒸馏水 | 10.0μL |

第二个体系 37℃15min，然后 85℃5s，再冷却至 4℃，体系如下：

| 试剂 | 使用量 |
| --- | --- |
| 体系 1 | 10μL |
| 5×PrimeScript®缓冲液 2 | 4μL |
| PrimeScript®转录酶混合物 I | 1μL |
| 转录底物混合物 | 1μg |
| 无 RNA 酶蒸馏水 | 3μL |
| 总体积 | 20μL |

接着以反转录所得 cDNA 为模板进行 PCR 扩增，扩增所得产物进行琼脂糖凝胶电泳检测。

③ 荧光定量检测。荧光定量 PCR 法（RT-PCR）分析小鼠所有小肠组织中 IAP 和 NF-κB 的 mRNA 相对表达量，所用引物上海生工生物工程有限公司合成，以 β-肌动蛋白（β-actin）作为内参基因，用 $2^{-\Delta\Delta CT}$ 法计算以上 2 种目的基因的相对表达量。引物序列信息见表 4-2。

表 4-2 引物序列

| 基因 | 登录号 | 引物序列<br>Primer sequence(5'-3') | 退火温度<br>$T_m$/℃ | 产物长度<br>/pb |
| --- | --- | --- | --- | --- |
| β-actin | NM_007393 | F：GTCAGGTCATCACTATCGGCAAT<br>R：AGAGGTCTTTACGGATGTCAACGT | 60 | 174 |
| Nf-κb | NM_001365067.1 | F：GCTACACAGGACCAGGAACAGTTC<br>R：CTTGCTCCAGGTCTCGCTTCTTC | 59 | 192 |
| Iap | NM_001081082.2 | F：GAGGTCTTCTCAGTGATGTACC<br>R：CATCTCTGCATCTGAGTACCAA | 59 | 141 |

（2）Western blot 印迹分析小鼠小肠 IAP、NF-κB 蛋白含量

① 蛋白提取与制备。将大约 100mg 肠段组织，从－80℃冰箱取出，与提前预冷钢珠一起放入 EP 管中，放入-2 预冷的球磨仪中，快速破碎组织。破碎完成后，放入蛋白裂解液（加入新鲜 PMSF）于冰上裂解 30min，每隔 5min 漩涡震荡一次。随后 12000r/min 4℃离心收集上清。

制备完成的蛋白样品进行 BCA 检测，取一部分蛋白进行 10 倍稀释，以保证样品能够在标准的线性范围内，先在酶标板内添加标准品用以制作标准曲线，再将 20μL 样品加入空白孔中，各孔加入 200μL BCA 工作液，37℃放置 30min。最后加入上样缓冲液，进行高温变性，储存在 20℃冰箱。

② 电泳。移取 30ug 蛋白样品进行 SDS-PAGE 电泳，添加电泳液后，以 80V 恒定电压使样品跑至浓缩胶与分离胶分界处，再以 120V 电压分离样品至底端 1cm 处。

③ 转膜。滤纸和聚偏二氟乙烯膜（PVDF）提前用转膜液浸泡，从底到上按照下层滤纸、胶、膜、上层滤纸的顺序组装转膜结构，以 15V 恒定电压转膜 15min。中途避免膜干、全程使用塑料镊子夹取 PVDF 膜，注意不要让上下层滤纸直接接触和每层中间不含气泡。

④ 封闭。用镊子夹取膜后，超纯水简单冲洗膜，再使用 TBST 配制的 5% 脱脂奶粉室温封闭 1h。根据 Marker 切割下来，含有 P65、IAP、β-actin 的条带。

⑤ 一抗孵育。封闭期间提前将 NF-κB P65 和 IAP 的抗体用 TBST 按照 1∶1000 的比例进行稀释，β-actin 的稀释比例为 1∶10000，镊子把封闭完成的条带放入抗体孵育盒，在脱色摇床上 4℃ 孵育过夜。

⑥ 二抗孵育。二抗孵育前，需用 TBST 进行 5 次洗膜，每次十分钟，并提前把二抗按照 1∶10000 的比例用 TBST 稀释好，将洗好的膜用进行二抗孵育，室温孵育 1h。

⑦ 显影。先进行 5 次洗膜每次十分钟的二抗洗涤，把膜放入提前预热的成像仪中，将 ECL 显影液均匀地滴在膜上，避光孵育 1～2min，然后进行曝光。

⑧ 定量。将扫描所得条带，用 image J 进行灰度值扫描，以目的蛋白/β-actin 计算出 NF-κB p65 和 IAP 的相对表达量。

(3) IAP/NF-κB 免疫共沉淀检测

按照 3.2.2.1 的方法提取蛋白，将 RIPA 裂解液换成 NP40 裂解液，从试剂盒内取出免疫磁珠，并混匀。吸取 50μL 免疫磁珠放入离心管中，再用磁力架吸住磁珠，去除上清。

将抗体 10μg 免疫一抗用 200μL PBST 稀释，并加入装有免疫磁珠的离心管中，室温孵育 10min，待抗体与 proteinA 完全结合后，将混合物放入磁力架中，待磁珠吸附后弃上清，并用此方法洗涤 3 次 proteinA 与抗体的混合物。

向混合物内加入提取完成的蛋白样品 500μL 并颠倒混匀，37℃ 孵育 15min，抗原即可结合在磁珠上，结合后，用 PBST 洗涤 proteinA-抗体-抗原复合物 3 次。再用移液枪吸取 200μL PBS 重悬。

接下来进行抗原洗脱，先将复合物磁珠放入磁力架，去除上清。用移液枪吸取 20μL 洗脱液和 5μL 5×Loading buffer 加入 EP 管中，煮沸 5min 将蛋白变性。变性完成后，放入磁力架后将上清移入另外一个 EP 管内。

完成上述操作，接下就可按照 Western blot 的方法进行后续分析。

3. 统计分析

同本章第三节。

## 二、LPS 诱导小肠基因和蛋白表达水平的影响

### 1. LPS 诱导小肠 Iap、Nf-κb mRNA 表达水平的影响

（1）LPS 诱导十二指肠 Iap、Nf-κb mRNA 表达水平的影响

不同 LPS 诱导时间对十二指肠 Iap、Nf-κb mRNA 表达水平结果如图 4-5 所示，与 0h 相比，Iap 表达量在腹腔注射 3h（$P<0.05$）后逐渐升高，6h（$P<0.05$）后 Iap 表达量最高差异显著；在 12h（$P<0.05$）、24h（$P<0.05$）之后逐渐降低直至 48h（$P>0.05$）与 0h 并无明显差异，但到了 72h（$P<0.05$）后 Iap 表达量又开始升高。与 0h 相比，十二指肠肠中的 Nf-κb p65 在注射 24h（$P<0.05$）后表达量显著升高，在 3h、6h、12h、48h、72h 时并无明显差异（$P>0.05$）。

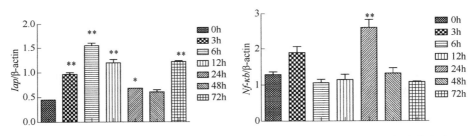

图 4-5 LPS 致炎时间对小鼠十二指肠中 Iap 和 Nf-κb 的 mRNA 表达水平的影响
["*"表示值与对照组有显著差异（*：$P<0.05$，**：$P<0.01$）]

（2）LPS 诱导空肠 Iap、Nf-κb mRNA 表达水平的影响

不同 LPS 诱导时间对空肠 Iap、Nf-κb mRNA 表达水平结果如图 4-6 所示，与 0h 相比，Iap 表达量在腹腔注射 3h（$P<0.05$）后逐渐升高，6h（$P<0.05$）后 IAP 表达量最高，差异显著，之后逐渐降低，在 12h（$P<0.05$）、直至 24h（$P>0.05$）与 0h 并无明显差异，48h（$P<0.05$）、72h（$P<0.05$）后 Iap 表达量又开始升高，并有降低的趋势。与 0h 相比，十二指肠肠中的 Nf-κb p65 在注射 24h（$P<0.05$）后表达量显著升高，在 3h、6h、12h、48h、72h 时并无明显差异（$P>0.05$）。

第四章 动物肠道炎症疾病发病机制研究

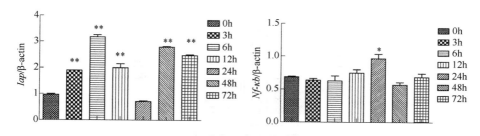

图 4-6 LPS 致炎时间对小鼠空肠中 $Iap$ 和 $Nf\text{-}\kappa b$ 的 mRNA 表达水平的影响
["*"表示值与对照组有显著差异（*：$P<0.05$，**：$P<0.01$）]

(3) LPS 诱导回肠 $Iap$、$Nf\text{-}\kappa b$ mRNA 表达水平的影响

不同 LPS 诱导时间对空肠 $Iap$、$Nf\text{-}\kappa b$ mRNA 表达水平结果如图 4-7 所示，与 0h 相比，$Iap$ 表达量在腹腔注射 3h（$P>0.05$）后逐渐升高，6h（$P<0.05$）后 $Iap$ 表达量继续升高，差异显著；之后逐渐降低在 12h（$P>0.05$）、24h（$P>0.05$）与 0h 并无明显差异，48h（$P<0.05$）、7 后 IAP 表达量又开始升高，并在 72h（$P>0.05$）时有降低的趋势。与 0h 相比，十二指肠肠中的 $Nf\text{-}\kappa b$ p65 在注射在 3h、6h、12h、24h、48h、72h 时并无明显差异（$P>0.05$）。

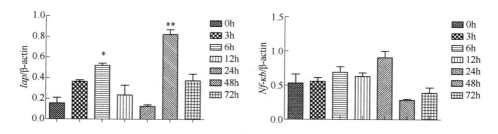

图 4-7 LPS 致炎时间对小鼠回肠中 $Iap$ 和 $Nf\text{-}\kappa b$ 的 mRNA 表达水平的影响
["*"表示值与对照组有显著差异（*：$P<0.05$，**：$P<0.01$）]

## 2. LPS 诱导小肠 IAP 蛋白表达水平的影响

(1) 小鼠十二指肠的 IAP 的蛋白结果

LPS 致炎时间对小鼠十二指肠中 IAP 蛋白表达的 Western blot（蛋白质印迹法）结果如图 4-8 所示。与 0h 相比，IAP 表达量在腹腔注射 3h（$P<0.05$）后逐渐升高；6h（$P<0.05$）后 IAP 表达量达最高，差异显著；12h（$P<0.05$）IAP 表达量开始降低、24h（$P>0.05$）、48h（$P>0.05$）、72h（$P>0.05$）之后逐渐降低平稳与 0h 并无并无明显差异。

155

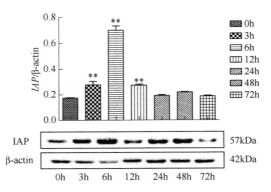

图 4-8　LPS 致炎时间对小鼠十二指肠中 IAP 的蛋白表达的影响
["*"表示值与对照组有显著差异（*：$P<0.05$，**：$P<0.01$）]

（2）小鼠空肠的 IAP 的蛋白结果

LPS 致炎时间对小鼠空肠中 IAP 蛋白表达的 Western blot 结果如图 4-9 所示。与 0h 相比，IAP 表达量在腹腔注射 3h（$P<0.05$）后逐渐升高；6h（$P<0.05$）后 IAP 表达量达最高，差异显著；12h 时（$P>0.05$）IAP 表达量开始降低，与 0h 相比并无明显差异；48h（$P<0.05$）IAP 表达量又开始升高后，在 72h（$P<0.05$）与 0h 相比显著降低。

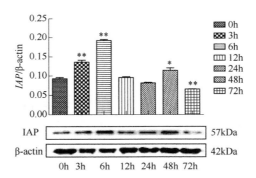

图 4-9　LPS 致炎时间对小鼠空肠中 IAP 的蛋白表达的影响
["*"表示值与对照组有显著差异（*：$P<0.05$，**：$P<0.01$）]

（3）小鼠回肠的 IAP 的蛋白结果

LPS 致炎时间对小鼠回肠中 IAP 蛋白表达的 Western blot 结果如图 4-10 所示。与 0h 相比，IAP 表达量在腹腔注射 3h（$P<0.05$）后逐渐升高；6h（$P<0.05$）后 IAP 表达量达最高，差异显著；12h（$P<0.05$）IAP 表达量开始逐渐降低，直至 48h（$P<0.05$）IAP 表达量在与 0h 相比显著降低，72h（$P<0.05$）IAP 表达量降至最低。

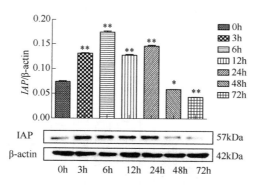

图 4-10　LPS 致炎时间对小鼠回肠中 IAP 的蛋白表达的影响
["*"表示值与对照组有显著差异（*：$P<0.05$，**：$P<0.01$）]

**3. LPS 诱导小肠 NF-κB P65 蛋白表达水平的影响**

（1）小鼠十二指肠的 NF-κB P65 的蛋白结果

LPS 致炎时间对小鼠十二指肠中 NF-κB P65 蛋白表达的 Western blot 结果如图 4-11 所示。小鼠十二指肠中 NF-κB P65 蛋白表达变化趋势先增高后降低，腹腔注射 3h（$P<0.05$）开始逐渐升高；6h（$P<0.05$）蛋白表达量达到顶峰；腹腔注射 12h（$P<0.05$）开始降低，直至 48h（$P>0.05$）NF-κB P65 表达量在与 0h 相比并无明显差异；72h（$P<0.05$）NF-κB P65 表达量在与 0h 相比显著降低。

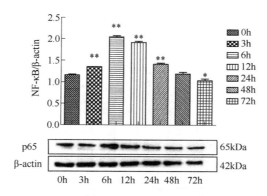

图 4-11　LPS 致炎时间对小鼠十二指肠中 NF-κB P65 的蛋白表达的影响
["*"表示值与对照组有显著差异（*：$P<0.05$，**：$P<0.01$）]

（2）小鼠空肠的 NF-κB P65 的蛋白结果

LPS 致炎时间对小鼠空肠中 NF-κB P65 蛋白表达的 Western blot 结果如图 4-12 所示。小鼠空肠中 NF-κB P65 蛋白表达变化趋势先增高后降低趋于稳定，腹腔注射 3h（$P<0.05$）开始逐渐升高；6h（$P<0.05$）蛋白表达

量达到顶峰；12h（$P<0.05$）、24h（$P<0.05$）开始降低，较 0h 也是显著升高的；48h（$P<0.05$）又显著升高；到了 72h（$P<0.05$）有一定的降低，仍显著高于 0h。

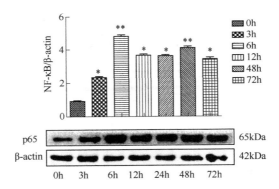

图 4-12　LPS 致炎时间对小鼠空肠中 NF-κB P65 的蛋白表达的影响
["*"表示值与对照组有显著差异（*：$P<0.05$，**：$P<0.01$）]

（3）小鼠回肠的 NF-κB P65 的蛋白结果

LPS 致炎时间对小鼠回肠中 NF-κB P65 蛋白表达的 Western blot 结果如图 4-13 所示。小鼠空肠中 NF-κB P65 蛋白表达变化趋势呈双峰形，腹腔注射 3h（$P<0.05$）开始逐渐升高；6h（$P<0.05$）蛋白表达量达到顶峰；12h（$P<0.05$）开始降低，较 0h 也是显著升高的；24h（$P<0.05$）又处于一个上升阶段，直至 48h（$P<0.05$）到达另个高峰；到了 72h（$P>0.05$）降低至与 0h 并无明显差异。

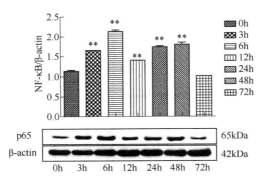

图 4-13　LPS 致炎时间对小鼠回肠中 NF-κB P65 的蛋白表达的影响
["*"表示值与对照组有显著差异（*：$P<0.05$，**：$P<0.01$）]

### 4. LPS 诱导下小鼠回肠 IAP 和 NF-κB 之间的相互作用

上述结果显示 LPS 诱导时间为 6h 时，各肠段 IAP、NF-κB 蛋白表达量最高，进一步检测小鼠回肠的 IAP 与 NF-κB 之间的相互作用，在 IAP 的免疫沉淀中检测出了 NF-κB P65 蛋白［图 4-14（a）］，同时也在 NF-κB P65 的免疫沉淀中检测出 IAP 蛋白［图 4-14（b）］。说明两个蛋白在小鼠回肠肠道中存在相互作用。

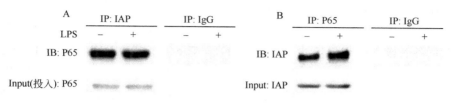

图 4-14　IAP 和 NF-κB 之间的相互作用

### 5. 讨论

畜禽肠道免疫应激目前越来越受到养殖人员的重视，肠道免疫应激会导致畜禽健康状况和生长性能下降，影响到养殖效益。葡聚糖硫酸钠（DDS）是最常见的诱导肠炎的致病因子，可通过破坏上皮细胞诱发结肠炎，并使得肠屏障完整性遭到损伤，但是该模型具有局限性，因为 DDS 会导致胃肠道化学损伤，其致病机制并不是生理性的。然而 LPS 能够模拟畜禽肠道应激及畜禽的营养干预，重复性及稳定性都很好。

肠道碱性磷酸酶（IAP）作为维持肠道微生物体内稳态的防御因子，可以预防微生物紊乱和与营养不良相关的疾病，如败血症、代谢综合征、结肠炎和其他炎症性疾病。IAP 同碱性磷酸酶家族的其他成员一样，具有磷酸单酯的水解活性，它可以水解 LPS 脂质 A 上的磷酸基团，变为单磷脂酸化酯质 A，使得 LPS 的促炎活性大大降低。体外试验显示，LPS 在引起肠上皮细胞的肠道炎症影响动物生长性能具有重要的作用，因此水解 LPS 的方法也是缓解肠道炎症的方法之一。IAP 在处理葡聚糖硫酸钠（DSS）诱导的动物肠道炎症中具有保护作用。此外，患有结肠炎的患者的肠上皮细胞 *Iap* mRNA 表达量降低，对患者进行小肠 IAP 肠内给药可以改善临床症状和血清指标。前期课题组研究已表明在 LPS 处理 6h 后，小鼠肠道形态组织损伤最为严重，IAP 的分泌可减缓肠道发炎情况。本研究结果显示，在腹腔注射 LPS 处理 6h 后，小鼠各肠段中 IAP 蛋白表达量显著升高，并随着时间的延长，分泌量逐渐减少，这些发现与以前的报告结论相符，即分泌 IAP 能够有效缓解肠道炎症。另有研究表示，用 LPS 处理斑马鱼，IAP 的表达量会增加，对野生小鼠口服饲喂 IAP 可减轻肠道炎症并促进肠道的恢复，这与本研究结果相同。

NF-κB 家族是由五种不同的 DNA 结合蛋白组成,分别是 P50、P52、P65(RelA)、RelB、c-Rel,形成多种同源二聚体和异二聚体,在细胞静息的状态 P65-P50 与 IκB 结合,一旦发生免疫应激,P65 入核激活炎症反应。有文献报道,LPS 刺激大鼠肠上皮细胞时会导致 P65 蛋白表达量升高、产生细胞因子和促炎物质。前期课题组结果表明 LPS 诱导 6h 肠绒毛破坏最严重,炎性因子产生最多,72h 后恢复正常。本研究结果显示腹腔注射 LPS 6h 后各肠段 NF-κB P65 蛋白表达量最高,72h 各肠段 NF-κB P65 蛋白表达量恢复正常。Seemann S 等人研究结果表明,使用 LPS 对小鼠进行致炎,在前期几小时内发现小鼠血清炎性因子水平迅速升高,之后炎性因子水平逐渐恢复,在 72h 后肝脾组织应激恢复正常,这一结果和本试验结果一致。LPS 可通过上调 NF-κB P65 表达水平激活炎症信号通路。

TLR4/NF-κB 信号通路,一直被认为是 LPS 诱导肠道炎症的信号通路。LPS 会诱导活化 TOLL 样 4 受体(TLR4),激发下游的 NF-κB 信号通路。NF-κB P65 作为肠道稳态关键调节因子,它能够调节细胞因子的表达,本研究显示,在 LPS 处理后,各肠道的蛋白表达情况均出现上调,且 6h 后表达量最高,其表达量变高会加重肠道炎症。IAP 的抗炎分子机制是通过水解酯质 A,达到使 LPS 致炎活性降低的目的。本研究通过免疫共沉淀发现,IAP 与 P65 存在相互作用关系,说明其抗炎机制是由 TLR4/NF-κB 信号通路介导的,有文献指出,给敲除 TLR4 的小鼠饲喂外源 IAP,保护作用被减弱,同时还指出 IAP 可以抑制 IκB 磷酸化和抑制促炎因子的产生,这与本研究结果相同。

### 6. 小结

(1) LPS 致炎可促使 IAP、NF-κB P65 两个蛋白表达升高,且存在随时间延长,作用效果减弱的状况,为后续探讨 IAP 作为外源添加剂促进肠道健康奠定理论基础。

(2) LPS 进行诱导炎症时 IAP、NF-κB P65 两个蛋白在小鼠回肠中存在相关性,揭示了 IAP 表达调控是通过 NF-κB 间接作用通路实现的。指导新功能饲料添加剂研发、缓解仔猪断奶应激导致小肠炎症损伤等肠道疾病奠定理论基础。

### 参 考 文 献

[1] Fawley J, Koehler S, Cabrera S, et al. Intestinal alkaline phosphatase deficiency leads to dysbiosis and bacterial translocation in the newborn intestine[J]. J Surg Res, 2017, 218: 35-42.

## 第四章　动物肠道炎症疾病发病机制研究

[2] Reitz M, Oger P M, Meyer A, et al. Importance of the O-antigen, core-region and lipid A of rhizobial lipopolysaccharides for the induction of systemic resistance in potato to globodera pallida [J]. Nematology, 2018, 4(1): 73-79.

[3] Schromm A B, Brandenburg K, Loppnow H, et al. Biological activities of lipopolysaccharides are determined by the shape of their lipid A portion[J]. Febs Journal, 2010, 267(7): 2008-2013.

[4] Tang W H W, Wang Z, Levison B S, et al. Intestinal microbial metabolism of phosphatidylcholine and cardiovascular risk[J]. New England Journal of Medicine, 2013, 368(17): 1575-1584.

[5] Park B S, Lee J O. Recognition of lipopolysaccharide pattern by TLR4 complexes[J]. experimental & molecular medicine, 2013, 45(12): E66.

[6] Casella C R, Mitchell T C. Putting endotoxin to work for us: monophosphoryl lipid a as a safe and effective vaccine adjuvant[J]. Cellular And Molecular Life Sciences, 2008, 65(20): 3231-3240.

[7] Mata-Haro V, Cekic C, Martin M, et al. The vaccine adjuvant monophosphoryl lipid A as a trif-biased agonist of TLR4[J]. Science, 2007, 316(5831): 1628-1632.

[8] 贾军峰, 王梦竹, 崔一喆, 等. 脂多糖致炎时间对小鼠血液免疫与肠道组织形态的影响[J]. 动物营养学报, 2018, 30(09): 285-292.

[9] 李先根, 涂治骁, 王树辉, 等. 亚麻籽油对脂多糖刺激断奶仔猪肠黏膜结构和免疫细胞的影响[J]. 动物营养学报, 2018, 30(02): 515-523.

[10] 韩杰, 边连全, 张一然, 等. 刺五加多糖对脂多糖免疫应激断奶仔猪生长性能和血液生理生化指标的影响[J]. 动物营养学报, 2013, 25(5): 1054-1061.

[11] Tilg H, Zmora N, Adolph T E, et al. The intestinal microbiota fuelling metabolic inflammation [J]. Nature Reviews Immunology, 2019: 1-15.

[12] Dokladny K, Zuhl M N, Moseley P L. Intestinal epithelial barrier function and tight junction proteins with heat and exercise[J]. Journal of Applied Physiology, 2015, 120(6): 692-701.

[13] 崔巍, 闻颖, 董亚珞, 等. 谷氨酰胺对体外培养肠上皮细胞屏障通透性的影响[J]. 世界华人消化杂志, 2008, 16(33): 3729-3733.

[14] Wu H, Luo T, Li Y M, et al. Granny Smith apple procyanidin extract upregulates tight junction protein expression and modulates oxidative stress and inflammation in lipopolysaccharide-induced Caco-2 cells[J]. Food & Function, 2018, 9(6): 3321-3329.

[15] 陈晓明. Msc 及 poly(I:C)预刺激后对脓毒症大鼠肠屏障功能的保护作用及机制[D]. 重庆: 第三军医大学, 2016.

[16] Yang F, Wang A, Zeng X, et al. Lactobacillus reuteri I5007 modulates tight junction protein expression in IPEC-J2 cells with LPS stimulation and in newborn piglets under normal conditions [J]. Bmc Microbiology, 2015, 15(15): 32-43.

[17] 刘畅. 探究 TLR4 对小鼠肠黏膜紧密连接蛋白的调控作用[D]. 沈阳: 中国医科大学, 2018.

[18] He C, Deng J, Hu X, et al. Vitamin A inhibits the action of LPS on the intestinal epithelial barrie function and tight junction proteins[J]. Food & Function, 2019, 10(2): 1-9.

[19] Guo H, Callaway J B, Ting P Y. Inflammasomes: mechanism of action, role in disease, and therapeutics[J]. Nature Medicine, 2015, 21(7): 677-687.

[20] Kim S J, Kim H M. Dynamic lipopolysaccharide transfer cascade to TLR4/MD2 complex via LBP and CD14[J]. Bmb Reports, 2017, 50(2): 55-57.

[21] Gay N J, Symmons M F, Gangloff M, et al. Assembly and localization of Toll-like receptor signalling complexes[J]. Nature Reviews Immunology, 2014, 14(8): 546-558.

[22] Guven-Maiorov E, Keskin O, Gursoy A, et al. The Architecture of the TIR Domain Signalosome in the Toll-like Receptor-4 Signaling Pathway[J]. Scientific Reports, 2015, 5: 13128.

[23] Tachado S D, Zhang J, Zhu J, et al. Pneumocystis-mediated IL-8 release by macrophages requires coexpression of mannose receptors and TLR2[J]. Journal of Leukocyte Biology, 2007, 81(1): 205-211.

[24] Wesch D, Beetz S, Oberg H H, et al. Direct costimulatory effect of TLR3 ligand poly(I:C) on human gamma delta T lymphocytes[J]. Journal of Immunology, 2006, 176(3): 1348-1354.

[25] Lu P, Sodhi C P, Yamaguchi Y, et al. Intestinal epithelial Toll-like receptor 4 prevents metabolic syndrome by regulating interactions between microbes and intestinal epithelial cells in mice[J]. Mucosal Immunology, 2018, 11(3): 727-740.

[26] 罗敏, 肖婷婷, 曾星, 等. 甘草酸对LPS诱导的IEC-6细胞NF-κB通路及炎症因子表达的影响[J]. 中国免疫学杂志, 2019(10): 1160-1163.

[27] Karin M, Clevers H. Reparative inflammation takes charge of tissue regeneration[J]. Nature, 2016, 529(7586): 307.

[28] Atreya I, Atreya R, Neurath M F. NF-κB in inflammatory bowel disease[J]. Journal of Internal Medicine, 2010, 263(6): 591-596.

[29] Park E Y, Lee H, Park Y J, et al. Sulglycotide ameliorates inflammation in lipopolysaccharide-stimulated mouse macrophage cells by blocking the NF-κB signaling pathway[J]. Immunopharmacology And Immunotoxicology, 2019: 1-8.

[30] Park B S, Song D H, Kim H M, et al. The structural basis of lipopolysaccharide recognition by the TLR4-MD-2 complex[J]. Nature, 2009, 458(7242): 1191-1195.

[31] Florent C, Francesco P. The Role of Carbohydrates in the Lipopolysaccharide (LPS)/Toll-Like Receptor 4 (TLR4) Signalling[J]. International Journal of Molecular Sciences, 2017, 18(11): 2318-2334.

[32] Ma L, Feng L, Ding X, et al. Effect of TLR4 on the growth of SiHa human cervical cancer cells via the MyD88-TRAF6-TAK1 and NF-κB-cyclin D1-STAT3 signaling pathways[J]. Oncology Letters, 2018, 15(3): 3965-3970.

[33] Hui B, Zhang L, Zhou Q, et al. Pristimerin Inhibits LPS-Triggered Neurotoxicity in BV-2 Microglia Cells Through Modulating IRAK1/TRAF6/TAK1-Mediated NF-κB and AP-1 Signaling Pathways In Vitro[J]. Neurotoxicity Research, 2018, 33(2): 268-283.

[34] Neal M D, Leaphart C, Levy R, et al. Enterocyte TLR4 mediates phagocytosis and translocation of bacteria across the intestinal barrier[J]. The Journal of Immunology, 2006, 176(5): 3070-3079.

[35] 孙丽, 夏日炜, 殷学梅, 等. LPS诱导条件下猪小肠上皮细胞TLR4及其信号通路基因表达变化

分析[J]. 畜牧兽医学报, 2015, 46(7): 1095-1101.

[36] Sakai J, Cammarota E, Wright J A, et al. Lipopolysaccharide-induced NF-κB nuclear translocation is primarily dependent on MyD88, but TNFα expression requires TRIF and MyD88[J]. Scientific Reports, 2017, 7(1): 1428.

[37] Taniguchi K, Karin M. NF-κB, inflammation, immunity and cancer: coming of age[J]. Nature Reviews Immunology, 2018, 18(5): 309-324.

[38] Samuel Z, Ilario D T, Arianna P, et al. NF-κB oscillations translate into functionally related patterns of gene expression[J]. Elife, 2016(5): 35.

[39] Sun S C. The non-canonical NF-κB pathway in immunity and inflammation[J]. Nature Reviews Immunology, 2017, 17(9): 545-558.

[40] Sun S C. The noncanonical NF-κB pathway[J]. Immunological Reviews, 2012, 246(1): 125-140.

[41] Mcdaniel D K, Eden K, Ringel V M, et al. Emerging Roles for Noncanonical NF-κB Signaling in the Modulation of Inflammatory Bowel Disease Pathobiology[J]. Inflammatory Bowel Diseases, 2016, 22(9): 2265-2279.

[42] Liu Z, Colpaert S, D' Haens G R, et al. Hyperexpression of CD40 ligand (CD154) in inflammatory bowel disease and its contribution to pathogenic cytokine production[J]. The Journal of Immunology, 1999, 163(7): 4049-4057.

[43] 张家威, 邱银生, 曹芳元, 等. 对乙酰氨基酚联合乙酰半胱氨酸对仔猪免疫应激性炎症的影响[J]. 黑龙江畜牧兽医, 2013(01): 18-20.

[44] Uchida Koji. HNE as an inducer of COX-2[J]. Free Radic. Biol. Med., 2017, 111: 169-172.

[45] Jie-Jen L, Wu-Tein H, Dong-Zi S, et al. Blocking NF-kappaB activation may be an effective strategy in the fever therapy[J]. The Japanese Journal of Physiology, 2003, 53(5): 367-375.

[46] Martins J, Ferracini M, Ravanelli N, et al. Insulin suppresses LPS-induced iNOS and COX-2 expression and NF-kappaB activation in alveolar macrophages[J]. Cell Physiol Biochem, 2008, 22(1-4): 279-286.

[47] Hassan F, Islam S, Koide N, et al. Role of p38 mitogen-activated protein kinase (MAPK) for vacuole formation in lipopolysaccharide (LPS)-stimulated macrophages[J]. Microbiology and Immunology, 2004, 48(11): 807-815.

[48] Qiu Y, Zhang J, Liu Y, et al. The combination effects of acetaminophen and N-acetylcysteine on cytokines production and NF-κB activation of lipopolysaccharide-challenged piglet mononuclear phagocytes in vitro and in vivo[J]. Vet Immunol Immunopathol, 2013, 152(3-4): 381-388.

[49] 姚文旭. 黄芩苷对免疫应激仔猪外周血单核细胞NF-κB及NLRP3信号通路的影响[D]. 武汉: 武汉轻工大学, 2015.

[50] Sen R. Inducibility of kappa immunoglobulin enhancer-binding protein NF-kappa B by a posttranslational mechanism[J]. Cell, 1986, 47(6): 921-928.

[51] Mulero M C, Huxford T, Ghosh G. NF-κB, IκB, and IKK: Integral components of immune system signaling[J]. Adv Exp Med Biol, 2019, 1172: 207-226.

[52] Seo E J, Fischer N, Efferth T. Phytochemicals as inhibitors of NF-κB for treatment of Alzheimer's disease[J]. Pharmacol Res, 2018, 129: 262-273.

[53] Hamarneh S R, Kim B M, Kaliannan K, et al. Intestinal Alkaline Phosphatase attenuates alcohol-induced hepatosteatosis in Mice[J]. Digestive Diseases and Sciences, 2017, 62: 2021-2034.

[54] Ghosh S S, He H, Jing W, et al. Intestine-specific expression of human chimeric intestinal alkaline phosphatase attenuates Western diet-induced barrier dysfunction and glucose intolerance[J]. Physiological Reports, 2018, 6(14): e13790.

[55] Lallès J P. Intestinal alkaline phosphatase: multiple biological roles in maintenance of intestinal homeostasis and modulation by diet[J]. Nutrition Reviews, 2010, 68(6): 323-332.

[56] Cohen P, Strickson S. The role of hybrid ubiquitin chains in the MyD88 and other innate immune signalling pathways[J]. Cell Death Differ, 2017, 24: 1153-1159.

[57] Wang W, Chen S W, Zhu J, et al. Intestinal alkaline phosphatase inhibits the translocation of bacteria of gut-origin in mice with peritonitis: mechanism of action[J]. PLOS ONE, 2015, 10: e0124835.

[58] Vaishnava S, Hooper L V. Alkaline phosphatase: keeping the peace at the gut epithelial surface[J]. Cell Host & Microbe, 2007, 2(6): 365-367.

[59] Cario E, Mizoguchi E, Mizoguchi A, et al. TLR expression is selectively altered in murine models of inflammatory bowel disease[J]. Gastroenterology, 2001, 120(5): A192-A192.

[60] Ishihara S, Rumi M A K, Kadowaki Y, et al. Essential role of MD-2 IN TLR4-dependent signaling during Helicobacter pylori-associated gastritis[J]. Journal of Immunology, 2004, 173(2): 1406.

[61] Lee C, Chun J, Hwang S W, et al. The effect of intestinal alkaline phosphatase on intestinal epithelial cells, macrophages and chronic colitis in mice[J]. Life Sciences, 2014, 100(2): 118-124.

[62] Yang Y, Wandler A M, Postlethwait J H, et al. Dynamic evolution of the LPS-detoxifying enzyme intestinal alkaline phosphatase in zebrafish and other vertebrates[J]. Frontiers in Immunology, 2012, 3: 314.

[63] Cao X, Michal A, Kai S, et al. Polarized sorting and trafficking in epithelial cells[J]. Cell Res, 2012, 22(5): 793-805.

[64] Narisawa S, Hoylaerts M F, Doctor K S, et al. A novel phosphatase upregulated in Akp3 knockout mice[J]. Ajp Gastrointestinal & Liver Physiology, 2007, 293(5): G1068-1077.

[65] 刘志华, 秦环龙. 再议肠道屏障功能分子机制的研究进展[J]. 世界华人消化杂志, 2010(33): 3501-3507.

[66] 万军, 田忠, 姚柏宇, 等. 肠碱性磷酸酶在肠黏膜屏障中的作用[J]. 世界华人消化杂志, 2019, 27(23): 1441-1445.

[67] Nakano T, Inoue I, Alpers D H, et al. Role of lysophosphatidylcholine in brush-border intestinal alkaline phosphatase release and restoration[J]. AJP Gastrointestinal & Liver Physiology, 2009,

297(1): G207-214.

[68] Misa M, Maggie H, Paul H G, et al. Intestinal alkaline phosphatase regulates protective surface microclimate pH in rat duodenum[J]. Journal of Physiology, 2009, 587(Pt 14): 3651-3663.

[69] Kaur J, Madan S, Hamid A, et al. Intestinal alkaline phosphatase secretion in oil-fed rats[J]. Digestive Diseases & Sciences, 2007, 52(3): 665-670.

[70] Takayuki I, Sakae I, Emi U, et al. Variant in C-terminal region of intestinal alkaline phosphatase associated with benign familial hyperphosphatasaemia[J]. Journal of Medical Genetics, 2018, 55(10): 701-704.

[71] Kozakova H, Kolinska J, Lojda Z, et al. Effect of bacterial monoassociation on brush-border enzyme activities in ex-germ-free piglets: comparison of commensal and pathogenic Escherichia coli strains[J]. Microbes & Infection, 2006, 8(11): 2629-2639.

[72] Hwang S W, Kim J H, Lee C, et al. Intestinal alkaline phosphatase ameliorates experimental colitis via toll-like receptor 4-dependent pathway[J]. European Journal of Pharmacology, 2018, 820: 156-166.

[73] Goldberg R F, Austen W G, Zhang X, et al. Intestinal alkaline phosphatase is a gut mucosal defense factor maintained by enteral nutrition[J]. Proceedings of The National Academy of Sciences of The United States of America, 2008, 105(9): P. 3551-3556.

[74] Lee C, Chun J, Hwang S W, et al. The effect of intestinal alkaline phosphatase on intestinal epithelial cells, macrophages and chronic colitis in mice[J]. Life Sciences, 2014, 100(2): 118-124.

[75] Bates J M, Akerlund J, Mittge E, et al. Intestinal alkaline phosphatase detoxifies lipopolysaccharide and prevents inflammation in zebrafish in response to the gut microbiota[J]. Cell Host & Microbe, 2007, 2(6): 371-382.

[76] Poelstra K, Bakker W, Hardonk M, et al. Endotoxin detoxification by alkaline phosphatase in cholestatic livers[J]. 1997, 6: 187-190.

[77] Hamarneh S R, Kim B M, Kaliannan K, et al. Intestinal alkaline phosphatase attenuates alcohol-induced hepatosteatosis in mice[J]. Dig Dis Sci, 2017, 62: 2021-2034.

[78] Giegerich A K, Kuchler L, Sha L K, et al. Autophagy-dependent PELI3 degradation inhibits proinflammatory IL1B expression[J]. Autophagy, 2014, 10(11): 1937-1952.

[79] Hamarneh S R, Mohamed M M R, Economopoulos K P, et al. A novel approach to maintain gut mucosal integrity using an oral enzyme supplement[J]. Ann Surg, 2014, 260: 706-714.

[80] Ducarouge B, Pelissier-Rota M, Powell R et al. Involvement of CRF2 signaling in enterocyte differentiation[J]. World J Gastroenterol, 2017, 23: 5127-5145.

[81] 张春垒, 蒙洪娇, 朱世馨, 等. 碱性磷酸酶对断奶仔猪肠道健康作用机制的研究[J]. 养猪, 2017(06): 17-20.

[82] Wang W, Chen S W, Zhu J, et al. Intestinal alkaline phosphatase inhibits the translocation of bacteria of gut-origin in mice with peritonitis: mechanism of action[J]. PLos One, 2015, 10: e0124835.

[83] Okazaki Y, Katayama T. Consumption of non-digestible oligosaccharides elevates colonic alkaline phosphatase activity by up-regulating the expression of IAP-I, with increased mucins and microbial fermentation in rats fed a high-fat diet[J]. Br J Nutr, 2019, 121: 146-154.

[84] Jean-Paul L. Recent advances in intestinal alkaline phosphatase, inflammation, and nutrition[J]. Nutr Rev, 2019, 77: 710-724.

[85] Mastrocola R, Ferrocino I, Liberto E, et al. Fructose liquid and solid formulations differently affect gut integrity, microbiota composition and related liver toxicity: a comparative in vivo study [J]. J. Nutr Biochem, 2018, 55: 185-199.

[86] Brun L R, Lombarte M, Roma S, et al. Increased calcium uptake and improved trabecular bone properties in intestinal alkaline phosphatase knockout mice[J]. J. Bone Miner Metab, 2018, 36: 661-667.

[87] Wang W, Van N N, Degroote J, et al. Effect of zinc oxide sources and dosages on gut microbiota and integrity of weaned piglets[J]. J Anim Physiol Anim Nutr (Berl), 2019, 103: 231-241.

[88] Shao Y X, Wolf P G, Guo S S, et al. Zinc enhances intestinal epithelial barrier function through the PI3K/AKT/mTOR signaling pathway in Caco-2 cells[J]. J Nutr Biochem, 2017, 43: 18-26.

[89] Nakaoka K, Yamada A, Noda S, et al. Vitamin d-restricted high-fat diet down-regulates expression of intestinal alkaline phosphatase isozymes in ovariectomized rats[J]. Nutr Res, 2018, 53: 23-31.

[90] Wang Z B, Li J, Wang Y, et al. Dietary vitamin a affects growth performance, intestinal development, and functions in weaned piglets by affecting intestinal stem cells[J]. J Anim Sci, 2020, 98(2): skaa020.

[91] Zhao Y, Qin G X, Han R, et al. β-Conglycinin reduces the tight junction occludin and ZO-1 expression in IPEC-J2[J]. Int J Mol Sci, 2014, 15: 1915-1926.

[92] Ghosh S S, He H L, Wang J, et al. Intestine-specific expression of human chimeric intestinal alkaline phosphatase attenuates Western diet-induced barrier dysfunction and glucose intolerance [J]. Physiol Rep, 2018, 6: e13790.

[93] Šefčíková Z, Bujňáková D. Effect of pre-and post-weaning high-fat dietary manipulation on intestinal microflora and alkaline phosphatase activity in male rats[J]. Physiol Res, 2017, 66: 677-685.

[94] Rader B A. Alkaline Phosphatase, an Unconventional Immune Protein[J]. Front Immunol, 2017, 8: 897.

[95] Tuin A, Huizinga-Van D V A, Anne-Miek M A, et al. On the role and fate of LPS-dephosphorylating activity in the rat liver[J]. Am J Physiol Gastrointest Liver Physiol, 2006, 290: G377-385.

[96] Yang Y, Rader E, Peters-Carr M, et al. Ontogeny of alkaline phosphatase activity in infant intestines and breast milk[J]. BMC Pediatr, 2019, 19: 2.

[97] Neurath, Markus F, Cytokines in inflammatory bowel disease[J]. Nat Rev Immunol, 2014, 14: 329-342.

## 第四章 动物肠道炎症疾病发病机制研究

[98] Moldoveanu A C, Diculescu M, Braticevici C F, Cytokines in inflammatory bowel disease[J]. Rom J Intern Med, 2015, 53: 118-127.

[99] Allocca M, Bonifacio C, Fiorino G, et al. Efficacy of tumour necrosis factor antagonists in stricturing Crohn's disease: A tertiary center real-life experience[J]. Dig Liver Dis, 2017, 49: 872-877.

[100] Di S A, Santilli F, Guerci M, et al. Oxidative stress and thromboxane-dependent platelet activation in inflammatory bowel disease: effects of anti-TNF-α treatment[J]. Thromb Haemost, 2016, 116: 486-495.

[101] Kim H J, Li Hu, Collins J J, et al. Contributions of microbiome and mechanical deformation to intestinal bacterial overgrowth and inflammation in a human gut-on-a-chip[J]. Proc Natl Acad Sci USA, 2016, 113: E7-15.

[102] 王跃,王志斌,李玲,等. 巨噬细胞在炎症性肠病中作用的研究进展[J]. 国际消化病杂志, 2016, 36(1): 18-21.

[103] 张婷,崔伯塔,张发明. 细胞因子在炎症性肠病治疗中的研究进展[J]. 胃肠病学和肝病学杂志, 2016, 25(7): 724-728.

[104] Tracey K J, Huston J M. Inhibition of inflammatory cytokine production by cholinergic agonists and vagus nerve stimulation: U. S. Patent 9, 987, 492[P]. 2018-6-5.

[105] Grassart A, Malardé V, Gobaa S, et al. Bioengineered human organ-on-chip reveals intestinal microenvironment and mechanical forces impacting shigella infection[J]. Cell Host Microbe, 2019, 26: 565.

[106] 孙钦娟,李琴,宛东,等. 细胞因子在炎症性肠病患者肠黏膜中表达的分析[J]. 胃肠病学, 2018(1): 13-17.

[107] 董晓玲,刘国华,蔡辉益,等. 急性免疫应激对肉仔鸡血液指标及肌肉脂质过氧化的影响[J]. 饲料工业, 2007, 28(19): 27-29.

[108] Feng G D, He J, Ao X, et al. Effects of maize naturally contaminated with aflatoxin B1 on growth performance, intestinal morphology, and digestive physiology in ducks[J]. Poult Sci, 2017, 96: 1948-1955.

[109] Picarelli A, Tola M D, Marino M, et al. Usefulness of the organ culture system when villous height/crypt depth ratio, intraepithelial lymphocyte count, or serum antibody tests are not diagnostic for celiac disease[J]. Translational Research, 2013, 161(3): 172-180.

[110] 韩晓霞,侯天舒,杨阳,等. 葡聚糖硫酸钠致溃疡性结肠炎大鼠模型的肠道微生态[J]. 世界华人消化杂志, 2012, 20(35): 3445-3451.

[111] 农辉,黄雪. 葡聚糖硫酸钠诱导结肠炎模型的研究进展[J]. 世界华人消化杂志, 2014(22): 3245-3250.

[112] Kühn F, Adiliaghdam F, Cavallaro P M, et al. Intestinal alkaline phosphatase targets the gut barrier to prevent aging[J]. JCI Insight, 2020, 5: undefined.

[113] 毕景成,王新颖,黎介寿. 肠碱性磷酸酶在肠屏障中作用的研究进展[J]. 肠外与肠内营养, 2015, 22(4): 244-247.

[114] Tuin A, Poelstra K, de Jager-Krikken A, et al. Role of alkaline phosphatase in colitis in man and rats[J]. Gut, 2009, 58: 379-387.

[115] Lukas M, Drastich P, Konecny M, et al. Exogenous alkaline phosphatase for the treatment of patients with moderate to severe ulcerative colitis [J]. Inflamm Bowel Dis, 2010, 16: 1180-1186.

[116] Zhang H, Gu H, Jia Q H, et al. Syringin protects against colitis by ameliorating inflammation [J]. Arch Biochem Biophys, 2020, 680: 108242.

[117] Seemann S, Zohles F, Lupp A. Comprehensive comparison of three different animal models for systemic inflammation[J]. J Biomed Sci, 2017, 24: 60.

[118] Singh S B, Carroll-Portillo A, Coffman C, et al. Intestinal Alkaline Phosphatase Exerts Anti-Inflammatory Effects Against Lipopolysaccharide by Inducing Autophagy[J]. Sci Rep, 2020, 10: 3107.

# 第五章
# 中药对肠道炎症的防治机制研究

## 第一节
## 中药治疗肠道炎症的研究进展

### 一、京尼平苷作用机制

京尼平苷是植物栀子的主要药效成分，含量随产地的不同在3%~8%左右，是一类环烯醚萜葡萄糖苷类化合物（图5-1），具有很强的抗氧化、淬灭自由基及抑制癌症的活性，主要衍生物有：京尼平、京尼平苷酸、五乙酰基京尼平苷等。很多研究报道，京尼平苷具有保肝利胆、养护神经、调节血糖血脂、治疗软组织损伤、抗血栓、抗肿瘤等作用，最重要的是，适量的京尼平苷可以对机体起到良好的抗炎作用。栀子作为传统中药，无论是单味中药栀子还是中药单体京尼平苷或中药有效部位环烯醚萜类在抗炎方面均有研究报道。近年研究发现，栀子苷具有抗炎和抑制 NF-κB/IκB 通路和细胞黏附分子产生等药理活性等方面有重要作用。

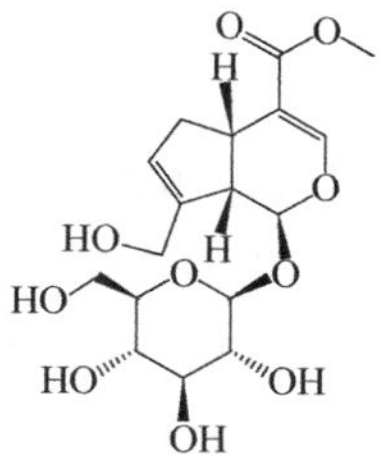

图 5-1 京尼平苷结构式

目前京尼平苷主要来源为从栀子干果或提取栀子黄色素后的废液中提取，一般采用氯仿、无水乙醇等有机溶剂在索氏提取瓶中提取，得到栀子中总的活性成分栀子苷，再经过脱色、脱脂、浓缩、分离，用一定比例的甲醇、氯仿混合液洗脱，洗脱液在丙酮中进行重结晶、过滤后得到京尼平苷晶体。我国含京尼平苷及其衍生物的植物资源相当丰富，特别是高含量植物，这为京尼平苷新药开发提供了资源保障，为此，应充分利用资源优势，加大对其研发力度，加强其系统的药理研究，以阐明相关药物作用机制。

前人研究表明，京尼平苷能够通过抑制 IκB-α，NF-κB，P38，ERK 和 JNK 的磷酸化以及 TLR4 的表达来抑制炎症，从而影响下游的 NF-κB 和促分裂原激活的蛋白激酶（MAPK）信号通路来降低炎症反应。细胞及机体损伤的重要表现之一为炎症部位的一氧化氮（NO）的释放，其中，γ-干扰素（γ-IFN）能刺激引起 NO 的生成。核因子-κB（NF-κB）在激活这一过程中起重要作用，而 NF-κB 的生成是由蛋白抑制因子 κB（IκB，主要由 IκB-α 和 IκB-β 组成）的降解诱导的。京尼平苷能显著抑制 γ-IFN 引起的 IκB-β 降解，既能通过抑制 NF-κB 直接发挥抗炎作用，也可通过抑制 NF-κB 进一步抑制诱导型一氧化氮合酶（NOS）表达和 NO 合成而间接达到抗炎目的。在一定剂量内京尼平苷显著降低诱导型一氧化氮合酶（iNOS）表达和 NO 合成。

## 二、京尼平苷的药用价值

### 1. 京尼平苷的抗炎应用

京尼平苷是从茜草科栀子果实提取物中分离得到的一种苷元，是从环烯醚萜苷中分离得到的一种苷元。长期以来，它一直被传统东方医学用于预防和治疗几种由炎症引起的疾病。京尼平苷能抑制 LPS 刺激中 NF-κB 的活化、IκB 的降解以及丝裂原活化蛋白激酶（MAPK）和细胞外调节激酶（ERKI/2）的磷酸化，抑制 P38 MAPK 和 ERK1/2 信号通路并降低环氧化酶-2（COX-2）而具有抗炎特性，促进炎症恢复并抑制炎症损伤。栀子苷有可能成为一种治疗炎症性疾病的药物，包括乳腺炎、结肠炎和关节炎等多种炎症疾病。

### 2. 京尼平苷的保肝利胆作用

在《本草纲目》中明确记载了栀子的果实具有保肝利胆作用，这点已经得到肯定。栀子果实中的 2 个主要有效成分为京尼平苷和西红花酸，其中主要发挥保肝利胆作用的是京尼平苷。京尼平苷可显著增大胆汁分泌量，降低胆汁内胆固醇含量，具有明显的利胆作用，且京尼平苷能抑制胆固醇结石的形成，降低因摄取高热量食物而造成的胆固醇升高。京尼平苷能增强溶酶体活性，降低内质网应激和肝脏血脂异常。它可能是治疗肝脏疾病的潜在候选治疗药物。

### 3. 京尼平苷在癌症治疗中的潜在作用

京尼平苷是一种有效的抗氧化剂和线粒体解偶联蛋白2（UCP2）抑制剂，具有显著的抗癌作用。它是一种极好的交联剂，有助于制备新型的缓释或延迟释放纳米粒配方。在多种癌症中发挥抑癌作用，在体外和体内模型中抑制活性氧的产生和基质金属蛋白酶2的表达，并诱导半胱氨酸蛋白酶（Caspase）依赖的细胞凋亡。研究发现，在活体内，京尼平苷能延长因光化学引起的肿瘤诱变时间，在体外，京尼平苷能抑制血小板凝聚，具有抗肿瘤的作用。这些发现表明，京尼平苷既可以作为一种重要的抗癌剂，也可以作为一种有效的交联药物，可能作为新成分在抗癌药物配方中得到应用。

### 4. 京尼平苷的其他作用

京尼平苷还具有很强的抗氧化、淬灭自由基活性，其衍生物具有广泛的药理作用。京尼平苷具有神经保护等多种生理活性，京尼平苷还能作为一种神经保护剂，可以激活胰高血糖素样肽1受体（GLP-1R）显示出神经营养和神经保护作用，京尼平苷的抗氧化作用应归因于抑制多种病理过程或激活与细胞生存相关的各种蛋白，或两者兼而有之。

# 第二节
# 京尼平苷对LPS诱导小鼠肠道损伤炎症通路的影响

## 一、小鼠肠道中的IAP、NF-κB P65表达量的检测方法

### 1. 材料与方法

（1）试验材料

京尼平苷，购自大庆福瑞邦药房连锁有限公司，京尼平苷水提物终浓度为1g/mL，并用蒸馏水稀释调节到灌胃给药的要求，100℃下蒸煮20min，4℃下保存备用。

（2）试验分组

在LPS诱导的小鼠急性小肠黏膜损伤条件下，选用25只雄性ICR小鼠，分为对照组、模型组和3个处理组，处理组腹腔注射京尼平苷浓度为0.25g/mL、0.5g/mL、1g/mL。

（3）试验样品采集与处理

小肠组织样品采集，通过断颈处死剩余小鼠，剖开腹腔，采集十二指肠、空肠、回肠组织样品。每个肠段取中间部分 1～2cm，灭菌生理盐水冲洗干净，置于 4% 甲醛缓冲溶液中固定，以备制作切片。免疫印迹及实时荧光定量 PCR 的样品，冲洗干净后，快速放入液氮，之后转移到 $-80$℃ 冰箱，以备待测。

2. 检测方法

（1）RT-qPCR 检测小鼠小肠组织中的 $Iap$、$Nf\text{-}\kappa b$ mRNA 表达量

同第四章第四节。

（2）Western blot 印迹分析小鼠小肠 IAP、NF-κB 蛋白含量

同第四章第四节。

3. 统计分析

同第四章第三节。

## 二、京尼平苷对 LPS 诱导 NF-κB/IAP 通路的影响

**1. 京尼平苷对 LPS 诱导的 $Iap$、$Nf\text{-}\kappa b\ p65$ mRNA 的影响**

（1）京尼平苷对十二指肠 $Iap$、$Nf\text{-}\kappa b\ p65$ mRNA 的影响

京尼平苷（Gen）对十二指肠 $Iap$、$Nf\text{-}\kappa b\ p65$ mRNA 的影响如图 5-2 所示。高浓度的京尼平苷能够抑制 LPS 诱导后 $Iap$ 的表达。相对于对照组，灌胃 1g/mL（$P<0.05$）、0.5g/mL（$P<0.05$）京尼平苷都能显著抑制 $Iap$ 的 mRNA 的表达量，灌胃 0.25g/mL（$P>0.05$）、0g/mL（$P>0.05$）对 $Iap$ 的并无显著差异。$Nf\text{-}\kappa b\ p65$ mRNA 表达量与 $Iap$ 表达量相似，相对对照组，灌胃京尼平苷 1g/mL 能够显著抑制 $Nf\text{-}\kappa b\ p65$ mRNA 表达；在 0g/mL（$P>0.05$）、0.5g/mL（$P>0.05$）与对照组并无明显差异；灌胃

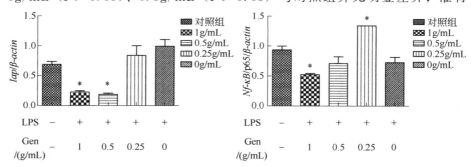

图 5-2 京尼平苷对小鼠十二指肠 LPS 诱导的 $Iap$、$Nf\text{-}\kappa b\ p65$ mRNA 的影响
[ "*" 表示值与对照组有显著差异（*：$P<0.05$，**：$P<0.01$）]

0.25g/mL（$P<0.05$）显著增加了 $Nf\text{-}\kappa b\ p65$ mRNA 的表达量。

（2）京尼平苷对空肠 $Iap$、$Nf\text{-}\kappa b\ p65$ mRNA 的影响

京尼平苷对空肠 $Iap$、$Nf\text{-}\kappa b\ p65$ mRNA 的影响如图 5-3 所示。相比于对照组，灌胃 1g/mL（$P>0.05$）京尼平苷对 $Iap$ 并无显著影响；灌胃 0.5g/mL（$P<0.05$）、0.25g/mL（$P<0.05$）都可显著抑制 $Iap$ 的表达；灌胃 0g/mL（$P<0.05$）$Iap$ 的表达量显著增加。相对于对照组，灌胃 1g/mL（$P>0.05$）、0.5g/mL（$P>0.05$）、0.25g/mL（$P>0.05$）$Nf\text{-}\kappa b\ p65$ mRNA 的表达量都无明显差异；灌胃浓度为 0g/mL（$P<0.05$），$Nf\text{-}\kappa b\ p65$ 表达量显著增加。

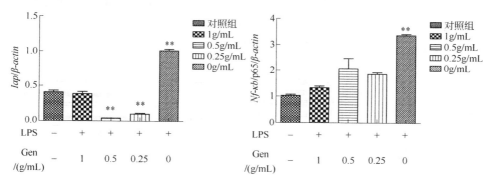

图 5-3  京尼平苷对小鼠空肠 LPS 诱导的 $Iap$、$Nf\text{-}\kappa b\ p65$ mRNA 的影响
["*"表示值与对照组有显著差异（*：$P<0.05$，**：$P<0.01$）]

（3）京尼平苷对回肠 $Iap$、$Nf\text{-}\kappa b\ p65$ mRNA 的影响

京尼平苷对回肠 $Iap$、$Nf\text{-}\kappa b\ p65$ mRNA 的影响如图 5-4 所示。相对于对照组，灌胃京尼平苷 1g/mL（$P>0.05$）、0.5g/mL（$P>0.05$）$Iap$ 的表达量并无明显差异；灌胃 0.25g/mL（$P<0.05$）京尼平苷，$Iap$ 的表达量被抑制。相比于对照组，灌胃京尼平苷 1g/mL（$P>0.05$）$Nf\text{-}\kappa b\ p65$ mRNA 的表达量并无明显差异；灌胃浓度开始降低时，$Nf\text{-}\kappa b\ p65$ mRNA 被激活，0.5g/mL（$P<0.05$）、0.25g/mL（$P<0.05$）、0g/mL（$P<0.05$）其表达量都在增加。

**2. 京尼平苷对 LPS 诱导的 IAP 蛋白表达的影响**

（1）京尼平苷对 LPS 诱导的十二指肠 IAP 蛋白表达的影响

京尼平苷对 LPS 诱导的十二指肠 IAP Western blot 蛋白表达的影响结果如图 5-5 所示。IAP 的影响明显有抑制关系，且与京尼平苷的浓度呈反比关系。与对照组相比，灌胃 1g/mL（$P>0.05$）的京尼平苷经过 6h 后与对

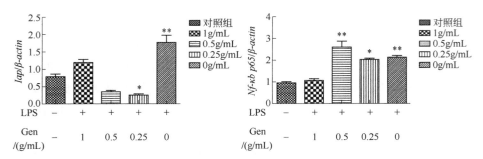

图 5-4　京尼平苷对小鼠回肠 LPS 诱导的 $Iap$、$Nf\text{-}\kappa b\ p65$ mRNA 的影响

[" * "表示值与对照组有显著差异（ * ：$P<0.05$， * * ：$P<0.01$）]

照组并无明显差异；灌胃 0.5g/mL（$P<0.05$）IAP 开始呈上升趋势；0.25g/mL（$P<0.05$）相比与 0.5g/mL IAP 表达量进一步增加；灌胃浓度为 0g/mL（$P<0.05$）时表达量达最高。

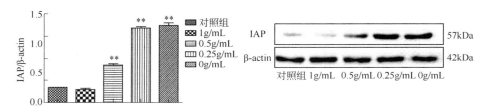

图 5-5　京尼平苷对 LPS 诱导的十二指肠 IAP 蛋白表达的影响

[" * "表示值与对照组有显著差异（ * ：$P<0.05$， * * ：$P<0.01$）]

（2）京尼平苷对 LPS 诱导的空肠 IAP 蛋白表达的影响

京尼平苷对 LPS 诱导的空肠 IAP Western blot 蛋白表达的影响结果如图 5-6 所示。灌胃 1g/mL（$P<0.05$）、0.5g/mL（$P<0.05$）京尼平苷都能显著抑制 IAP 的表达；但是 0.25g/mL（$P<0.05$）的京尼平苷却显著增加；0g/mL（$P<0.05$）的京尼平苷相对 0.25g/mL IAP 的表达量虽有一定下降，但仍显著高于对照组。

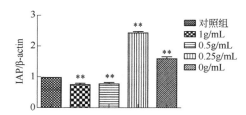

图 5-6　京尼平苷对 LPS 诱导的空肠 IAP 蛋白表达的影响

[" * "表示值与对照组有显著差异（ * ：$P<0.05$， * * ：$P<0.01$）]

(3) 京尼平苷对 LPS 诱导的回肠 IAP 蛋白表达的影响

京尼平苷对 LPS 诱导的回肠 IAP Western blot 蛋白表达的影响结果如图 5-7 所示。灌胃 1g/mL（$P>0.05$）可使得 IAP 表达量降至与对照组并无显著差异；0.5g/mL（$P<0.05$）、0.25g/mL（$P<0.05$）、0g/mL（$P<0.05$）IAP 表达量都显著增加。

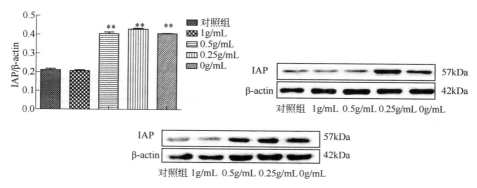

图 5-7  京尼平苷对 LPS 诱导的回肠 IAP 蛋白表达的影响
["*"表示值与对照组有显著差异（*：$P<0.05$，**：$P<0.01$）]

3. 京尼平苷对 LPS 诱导的 NF-κB P65 蛋白表达的影响

(1) 京尼平苷对 LPS 诱导的十二指肠 NF-κB P65 蛋白表达的影响

京尼平苷对 LPS 诱导的十二指肠 NF-κB P65 Western blot 蛋白表达的影响结果如图 5-8 所示。与对照组相比，灌胃 1g/mL（$P<0.05$）可使得 NF-κB P65 表达量显著降低；当浓度为 0.25g/mL（$P<0.05$）NF-κB P65 的表达量逐渐增加，当浓度 0.25g/mL（$P<0.05$）NF-κB P65 表达量增至最高；0g/mL（$P<0.05$）表达量相对于 0.25g/mL 虽有降低，仍然低于对照组。

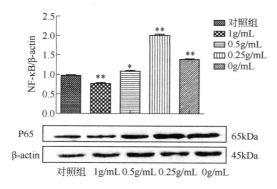

图 5-8  京尼平苷对 LPS 诱导的十二指肠 IAP 蛋白表达的影响
["*"表示值与对照组有显著差异（*：$P<0.05$，**：$P<0.01$）]

(2) 京尼平苷对LPS诱导的空肠NF-κB P65蛋白表达的影响

京尼平苷对LPS诱导的空肠NF-κB P65 Western blot蛋白表达的影响结果如图5-9所示。与对照组相比，灌胃1g/mL（$P<0.05$）NF-κB P65蛋白表达量显著增加，但是相比于0g/mL（$P<0.05$）蛋白表达量仍有所下降；相较于对照组，0.5g/mL（$P<0.05$）、0.25g/mL（$P<0.05$）并不能抑制NF-κB P65的表达。

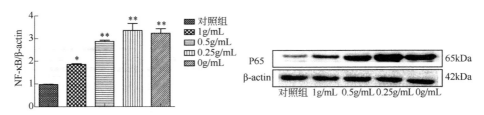

图5-9 京尼平苷对LPS诱导的空肠NF-κB P65蛋白表达的影响
["*"表示值与对照组有显著差异（*：$P<0.05$，**：$P<0.01$）]

(3) 京尼平苷对LPS诱导的回肠NF-κB P65蛋白表达的影响

京尼平苷对LPS诱导的回肠NF-κB P65 Western blot蛋白表达的影响结果如图5-10所示。相对于对照组，灌胃1g/mL（$P>0.05$）、0.5g/mL京尼平苷可使NF-κB P65蛋白表达水平降低至和对照组并无显著差异；0.25g/mL（$P<0.05$）、0g/mL（$P<0.05$）并不能抑制NF-κB P65的表达。

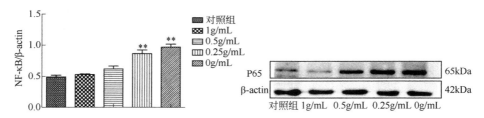

图5-10 京尼平苷对LPS诱导的NF-κB P65回肠蛋白表达的影响
["*"表示值与对照组有显著差异（*：$P<0.05$，**：$P<0.01$）]

4. 讨论

在目前动物营养和饲料工业的研究中，已经逐渐把中草药作为畜禽的饲料添加剂，用以解决抗生素对人类健康、畜品品质所带来的危害。中草药作为饲料添加剂不仅具有增强免疫、抗微生物、抗应激等作用，还可用以改善畜产品风味。中草药饲料添加剂具有化学结构及生物活性稳定，制备工艺简单等特点。京尼平苷是栀子的有效成分，作为天然药物其具有抗炎、抗氧化和抗肿瘤的作用，最近也发现具有抗内毒素的功能，其可缓解 LPS 诱导的肺损伤模型、抑制 LPS 诱导的小鼠乳腺细胞的凋亡、对 LPS 诱导的抑郁模型小鼠有抗抑郁作用。另外体外试验显示，京尼平苷可以下调促炎细胞因子的表达以及降低 NF-κB 蛋白表达。

伏建峰等人，用京尼平苷和 LPS 对巨噬细胞（RAW264.7）细胞进行处理，发现脂质 A 与京尼平苷具有结合活性，这说明京尼平苷对 LPS 抗炎作用机制是通过中和脂质 A 从而使 LPS 的活性降低。本研究中，发现对 LPS 诱导肠道损伤的小鼠灌胃京尼平苷，灌胃浓度为 1g/mL 十二指肠和回肠的 IAP 表达恢复到正常水平，这一结果表明京尼平苷并不能促进 IAP 的表达，其并非通过促进 IAP 水解脂质 A 达到抗炎作用。目前还不能确定京尼平苷对 IAP 的调控机制，但是 Zhang Yi 等人发现京尼平苷能够激活钙离子通道，使得 $Ca^{2+}$ 能够进入细胞。Brun Lucas R 等人发现较野生小鼠相比十二指肠 IAP 敲除小鼠表现出更高的钙摄取量，IAP 活性与肠道钙吸收呈负相关，可抑制高钙进入肠细胞。上述试验提示，京尼平苷抑制 IAP 的表达是通过钙离子的调控实现的，这一猜想有待进一步试验确定。

CACO-2 细胞模型是目前应用最广的体外吸收模型。有研究表明京尼平苷在 LPS 感染 CACO-2 细胞中，能够显著下调 NF-κB 的蛋白表达水平，调节肠道上皮屏障，NF-κB P65 下调有利于炎症状况的缓解。体内实验表明，用 DDS 诱导小鼠结肠炎，京尼平苷可缓解结肠炎引起小鼠体重减轻、结肠病理损伤等情况，京尼平苷可通过调节 NF-κB 和 PPARγ 通路，抑制促炎细胞因子。邓怒骄等人，利用酵母多糖致大鼠肠黏膜损伤，再对大鼠灌胃京尼平苷后，发现减轻肠组织损伤，并使得促炎细胞因子水平下降。本研究发现京尼平苷也可使得十二指肠和回肠 NF-κB P65 的表达量恢复至正常水平，虽然空肠的蛋白表达量虽然未恢复，但相对于 LPS 诱导后水平也已经有了一定的下调。

灌胃浓度为 1g/mL 对各肠段的作用效果显著，灌胃 0.5、0.25g/mL 京尼平苷对 IAP、NF-κB 的抑制作用不明显，甚至是促进 IAP、NF-κB 表达，猜想没有达到反应阈值浓度的京尼平苷并不能中和完全小鼠肠道内的大量 LPS，过剩的 LPS 导致 IAP、NF-κB 表达量升高。

5. 小结

灌胃 1g/mL 京尼平苷，即可下调 IAP、NF-κB P65 蛋白表达，可为探索京尼平苷在肠道健康作用的机制，研究畜禽肠道健康、饲料添加剂提供新思路。

# 第三节
## 京尼平苷对仔猪肠道免疫应激的研究

### 一、仔猪免疫应激与炎症通路

免疫应激是抑制仔猪生长的重要因素之一，是由于细菌、病毒和内毒素（LPS）等刺激猪的免疫系统所致，免疫应激严重损伤肠道黏膜的完整性。肠道黏膜作为机体屏障系统的重要组成部分，与许多疾病的发生、发展和转归密切相关。研究表明，淋巴细胞作为机体免疫系统内功能最重要的一类细胞，维持着机体正常的免疫功能。外周血单个核细胞（peripheral blood mononuclear cell，PBMC）指的是外周血液中具有单个核的细胞，主要包括淋巴细胞、单核细胞、吞噬细胞、树突状细胞等，其中主要是淋巴细胞，对淋巴细胞研究时，主要是将血液中的红细胞及多核细胞分离检测，进而对动物血液及机体的淋巴细胞免疫能力进行分析。

### 二、仔猪小肠上皮细胞与肠黏膜屏障

#### 1. 小肠上皮细胞的作用

小肠上皮细胞是肠道黏膜屏障的重要组成部分，上皮屏障是隔离官腔内物质进入组织内的关键边界结构，也是宿主与病毒等病原微生物双向关系的第一道防御，一些病原拥有特定的方式来改变或破坏这些结构，从而导致病毒进入机体或其他后果，例如腹泻。肠上皮被上皮细胞所覆盖，是生物体与外界环境关联的重要界面，肠上皮可以吸收水分和营养物质，同时能吸收食物中的污染物、天然毒素以及通过口腔摄入的细菌和病原体，从这方面考虑，肠上皮细胞的完整性对于肠屏障功能、营养物质吸收以及机体健康至关重要，各种病理因素使机体处于应激状态时，会引起全身免疫功能降低，导致大量肠道内病原体侵入体循环，造成病原感染，进一步导致肠上皮细胞功能受损，导致 IL-1、IL-6、IL-8、TNF-α 等炎症介质大量的产生和释放，引起全身炎症反应综合征（SIRS）。说明肠黏膜屏障肠功能在疾病发展过程中起着非常重要的作用。

#### 2. 紧密连接蛋白

紧密连接（tight junctions，TJ）蛋白是肠上皮细胞间的主要连接方式，对维持上皮细胞极性及调节肠屏障的通透性发挥着重要的作用。紧密连接蛋

白能够维持肠黏膜屏障,其在各种胃肠道疾病的病理及生理反应中起到重要作用,动物的腹泻病给畜牧业带来了巨大的经济损失,严重威胁家畜的生长发育,腹泻的主要原因之一就是胃肠道疾病,其中肠黏膜屏障功能严重胃肠道健康。肠黏膜屏障由紧密连接蛋白维持,是一类多蛋白复合物,能够调节离子、水及其他溶质的运输,TJ 蛋白的结构和功能最重要和关键的部分是 OCCLUDIN(紧密连接蛋白)、CLAUDIN(连接蛋白)和 ZO-1。通过提高它们的水平来调节 TJ 蛋白的功能也是目前治疗或预防多种疾病的新目标。

很多证据表明,肠通透性的增加可能在 IBD 发病机制中起着关键作用,细胞间通透性由连接的复合物调节,在顶端,细胞通过紧密连接蛋白黏附和在基底外侧隔室的桥粒细胞连接。据报道,IBD 患者中 OCCLUDIN、CLAUDIN 和 JAM(连接黏附分子)的表达显著降低,guo 等证明 LPS 通过涉及 TLR-4 依赖性的细胞内机制在体外和体内引起肠道紧密连接通透性的增加,CD14 膜表达的上调。轮状病毒通过降低 CACO-2 单层膜边缘区 CLAUDIN-1、OCCLUDIN 和 ZO-1 蛋白水平,降低细胞跨膜电阻(TEER),增加细胞旁通透性,导致机体病毒性肠胃炎,引发哺乳动物腹泻等症状。因此,紧密连接结构的改变会影响 IPEC-J2 细胞 TEER 的改变,引发渗透性提高或降低,导致 IPEC-J2 细胞的屏障完整性受到暂时破坏。

## 三、京尼平苷对猪小肠上皮细胞炎症通路以及紧密连接蛋白的影响

### 1. 材料与方法

(1) 试验材料

猪肠道上皮细胞 IPEC-J2 购自广州吉妮欧生物科技有限公司;京尼平苷 IG0090-10mmol/L * 1mL in DMSO(solarbio,中国);胎牛血清(FBS);双抗;Arg;雷帕霉素(RAP);磷酸盐缓冲液(Sigma,美国);胰蛋白酶(Sigma,美国),细胞计数器(bio,美国);$CO_2$ 培养箱(thermo,美国)其他相关试剂均为国产分析纯。

抗体信息:P65(ab32536,abcam,美国),P-P65(ab86299,abcam,美国),IKK(ab124957,abcam,美国),P-IKK(ab59195,abcam,美国),ZO-1(61-7300,invitrogen,美国),CLAUDIN-1(ab129119,abcam,美国),OCCLUDIN(40-4700,invitrogen,美国),β-actin(abm40032,abbkine,美国)。

(2) 细胞培养及处理

将猪的 IPEC-J2 细胞培养、传代后，以 $2×10^5$ cells/mL 浓度的细胞液进行铺板，共铺 5 个 6 孔细胞培养板，实验设立对照（CON）组、炎症模型（M）组及低中高京尼平苷药物预防组，对照组和炎症模型组正常培养，药物预防组分别由最终浓度为（0.1mmol/L、1mmol/L、10mmol/L 京尼平苷（solarbio，IG0090）的培养基进行培养，分别标记为Ⅰ、Ⅱ、Ⅲ组，放入 37℃，5%$CO_2$ 培养箱 24h 后，除对照组外每孔加入 20μL 0.1mg/mL 的 LPS 继续作用 6h，每板细胞中 3 孔用 1mL trizol 收取，另外 3 孔用 150μL ripa 裂解液收取，用于后续实验。

(3) western-blot 检测

步骤参见第四章第四节，以 actin 蛋白为内参，使用 ImageJ 软件扫描条带灰度值，检测 NF-κB 通路蛋白及紧密连接蛋白表达量。

(4) RT-qPCR 检测 mRNA 表达

步骤参见第四章第四节，以 *β-actin* 作为内参基因，采用 $2^{-\Delta\Delta Ct}$ 法检测各组淋巴细胞中 *Nf-κb p65*、*Ikk*、*Iκb*、*cox-2*、*zo-1*、*occludin* 及 *claudin-1* 目的基因的 mRNA 相对表达水平，引物均由生工生物有限公司（广州）合成，引物序列见表 5-1。

表 5-1　PCR 引物参数

| 基因 | 引物序列 | 退火温度/℃ | 产物长度/bp |
|---|---|---|---|
| *β-actin* | F：CACGCCATCCTGCGTCTGGA<br>R：AGCACCGTGTTGGCGTAGAG | 60 | 174 |
| p65 | F：GGCTATAACTCGCTTGGTGACAGG<br>R：CCG CAATGGAGGAGAAGTCTTCG | 60 | 122 |
| *Ikk* | F：TGGTGTCGCTCTTGTTGAAGTGT<br>R：GCTGCTGTATCCGAGTGCTTGG | 60 | 108 |
| *Iκb* | F：TCAGGAGAAGCGGCAGAAGGAG<br>R：GACTCAGGCGAGAGGCATTCATG | 60 | 110 |
| *Cox-2* | F：CATTGATGCCATGGAGCTGTA<br>R：CTCCCCAAAGATGGCATCTG | 60 | 70 |
| *Zo-1* | F：CATAAGGAGGTCGAACGAGGCATC<br>R：CTGGCTGAGCTGACAAGTCTTCC | 60 | 181 |
| *Occludin* | F：ATACGACTGCGGTGACTGGA<br>R：ACAATGGCAATGGCCTCCTG | 60 | 85 |
| *Claudin-1* | F：CCATCGTCAGCACCGCACTG<br>R：CGACACGCAGGACATCCACAG | 60 | 107 |

(5) 数据处理

实验数据采用 Excel 2013 进行整理，采用 SPSS 16 进行单因素方差分析，并采用 Duncan 氏法进行多重比较，$P<0.05$ 时差异显著，有统计学意义，采用 GraphPad Prism5.0 绘制图表。

### 2. IPEC-J2 相关蛋白结果

(1) NF-κB 通路蛋白结果（图 5-11）

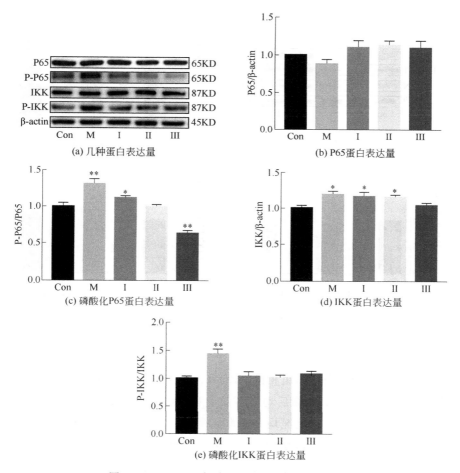

图 5-11　IPEC-J2 细胞 NF-κB 通路蛋白表达量
[＊表示与对照组相比，蛋白表达量差异显著（$P<0.05$）；
＊＊表示与对照组相比，蛋白表达量差异极显著（$P<0.01$）]

结果表明，添加不同浓度京尼平苷对 IPEC-J2 细胞中 P65 蛋白的影响不明显，各组均无显著差异（$P>0.05$），模型组和低中浓度药物组 IKK 蛋白表达量显著高于对照组（$P<0.05$），但炎症模型组 P65 及 IKK 磷酸化程

度均显著提高（$P<0.05$），高浓度京尼平苷能够显著降低 LPS 刺激影响的 IPEC-J2 细胞中磷酸化 P65 蛋白表达水平（$P<0.05$），其余各试验组均能降低 LPS 刺激影响的 IPEC-J2 细胞中 P65 和 IKK 的磷酸化水平，其中，中剂量组能使 P65 和 IKK 磷酸化水平恢复至正常水平，说明中剂量京尼平苷可有效缓解 LPS 致炎对 NF-κB 通路蛋白的影响。

（2）紧密连接蛋白结果（图 5-12）

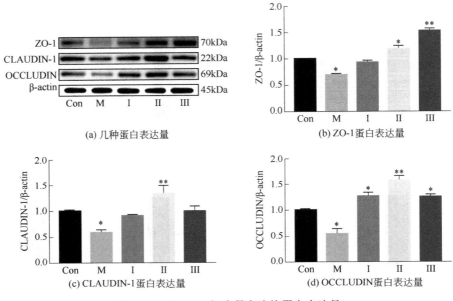

图 5-12　IPEC-J2 细胞紧密连接蛋白表达量
[ * 表示与对照组相比，蛋白表达量差异显著（$P<0.05$）；
** 表示与对照组相比，蛋白表达量差异极显著（$P<0.01$）]

结果表明，与空白对照组相比，ZO-1、CLAUDIN-1 和 OCCLUDIN 三种紧密连接蛋白在 LPS 刺激后均显著低于对照组（$P<0.05$），三个药物预处理组紧密连接蛋白表达情况均高于炎症模型组，说明京尼平苷能有效缓解 LPS 刺激对 IPEC-J2 细胞的影响，三个浓度药物添加组 OCCLUDIN 蛋白表达量显著高于对照组（$P<0.05$），中、高浓度药物添加组 ZO-1 蛋白表达量显著高于对照组（$P<0.05$），中浓度药物添加组三种紧密连接蛋白均有显著提升（$P<0.05$），总体来看，低浓度药物预处理可以将三种主要紧密连接蛋白表达恢复至正常水平，且相对于对照组而言也有所提高。

3. mRNA 相对表达量结果

（1）Nf-κb 通路基因 mRNA 相对表达结果（图 5-13）

# 第五章　中药对肠道炎症的防治机制研究

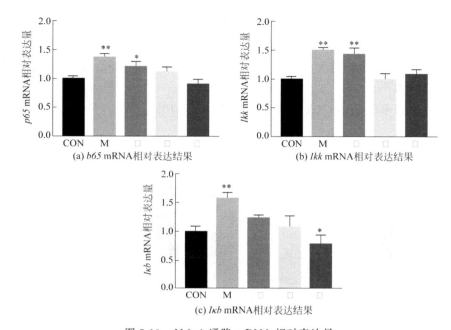

图 5-13　$Nf\text{-}\kappa b$ 通路 mRNA 相对表达量

[ * 表示与对照组相比，mRNA 相对表达量差异显著（$P<0.05$）；
** 表示与对照组相比，mRNA 相对表达量差异极显著（$P<0.01$）]

结果表明，与空白对照组相比，LPS 致炎组 $Nf\text{-}\kappa b$ 通路内三种 mRNA 相对表达量均显著高于对照组（$P<0.05$），三个药物浓度均能在一定程度上缓解这种变化，其中中浓度药物组基本恢复至正常水平。低浓度药物添加组 P65 及 $Ikk$ mRNA 相对表达量显著高于对照组（$P<0.05$），高浓度药物添加组 $I\kappa b$ mRNA 相对表达量显著低于对照组（$P<0.05$），其余变化不明显。

（2）$Cox\text{-}2$ 基因 mRNA 相对表达结果（图 5-14）

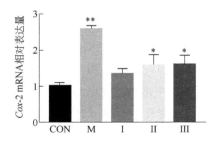

图 5-14　$Cox\text{-}2$ mRNA 相对表达量

[ * 表示与对照组相比，mRNA 相对表达量差异显著（$P<0.05$）；
** 表示与对照组相比，mRNA 相对表达量差异极显著（$P<0.01$）]

结果表明，与空白对照组相比，LPS 致炎组 $Cox\text{-}2$ mRNA 相对表达量显著高于对照组（$P<0.01$），三个治疗组均有明显恢复作用，中、高浓度组 $Cox\text{-}2$ mRNA 相对表达量仍显著高于对照组（$P<0.05$），但低浓度组恢复至正常水平。

（3）紧密连接 mRNA 相对表达结果（图 5-15）

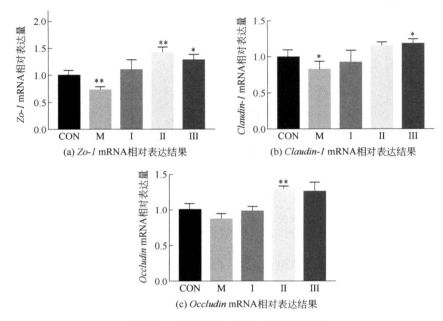

图 5-15　紧密连接 mRNA 相对表达量

[＊表示与对照组相比，mRNA 相对表达量差异显著（$P<0.05$）；
＊＊表示与对照组相比，mRNA 相对表达量差异极显著（$P<0.01$）]

结果表明，与空白对照组相比，LPS 致炎组三种紧密连接 mRNA 相对表达量均明显低于对照组，其中 $Zo\text{-}1$、$Claudin\text{-}1$ 差异显著（$P<0.05$），三个药物治疗组均有效缓解 LPS 导致的这一降低，低浓度组三种紧密连接 mRNA 相对表达量均恢复至正常水平，中高浓度组 $Zo\text{-}1$ mRNA 相对表达量显著高于对照组（$P<0.05$），高浓度组 $Claudin\text{-}1$ mRNA 相对表达量显著高于对照组（$P<0.05$），中浓度组 $Occludin$ mRNA 相对表达量显著高于对照组（$P<0.05$），其余变化不明显（$P>0.05$）。

4. 讨论

肠道内环境稳态对于人和动物的健康具有重要意义。正常的生理情况下，肠道内微生物群维持着稳态。肠道黏膜免疫、上皮细胞完整性、肠道菌群和营养物质之间复杂互作均能够高度调节肠道内环境稳态。一旦有大量的 LPS 侵入，会引发机体的反应，造成肠道发生病理变化，导致细菌内移。当畜禽肠道黏膜中抗氧化能力下降时，氧化应激会导致肠细胞免疫能力下降和凋亡，改变肠道细胞的通透性，从而引起炎症反应影响肠黏膜屏障功能。NF-κB 是免疫反应的关键调节因子，其可促进细胞增殖，抑制细胞凋亡。通常 NF-κB 是以静息状态存在于细胞质中，当有 LPS 刺激时，异二聚体就会进入细胞核进行转录调节。本研究结果显示，P65、IKK、IκB 在 LPS 刺激后蛋白水平上升，IKK 磷酸化水平增加。使用京尼平苷处理 IPEC-J2 细胞后，IKK 磷酸化水平降低，说明京尼平苷可以有效降低 NF-κB 信号通路的激活，降低炎症反应。

Shi 等研究了壳寡糖（COS）对 LPS 诱导的 IPEC-J2 细胞保护作用机制，结果显示经 LPS 处理后，IPEC-J2 细胞增殖率明显下降，上皮细胞完整性受损，而 COS 和 LPS 联合处理的 IPEC-J2 细胞核 P65 磷酸化水平降低，还研究了黄芪多糖对葡聚糖硫酸钠（DSS）诱导的小鼠结肠炎的保护作用机制，结果显示中剂量黄芪多糖对 DSS 诱导的小鼠结肠炎有保护作用，表现为 TLR4 和 NF-κB 表达水平降低，推测出 COS 对脂多糖和诱导的炎症反应的预防作用与抑制 TLR4/NF-κB 信号通路有关，与本研究结果一致。还有研究显示，使用京尼平苷刺激牛乳腺上皮细胞（BMEC），也发现了京尼平苷可有效抑制抑制 NF-κB 信号通路的激活，说明京尼平苷能够通过降低 NF-κB 信号通路蛋白磷酸化，抑制 NF-κB 信号通路的激活，从而降低炎症反应。

肠道紧密连接蛋白，能够减小细胞间的间隙，从而可以使得内毒素、病原体不能够侵入机体。刘畅等人用 LPS 刺激 IPEC-J2 细胞，发现相对于高剂量的京尼平苷组而言，紧密连接蛋白表达量下调，这与本研究结果相同。本实验中加入一定量的京尼平苷后，IPEC-J2 细胞中 ZO-1、CLAUDIN-1、OCCLUDIN 蛋白表达水平均上升，低剂量时差异显著，对 LPS 刺激的 IPEC-J2 细胞炎症反应中紧密连接蛋白具有一定的保护作用。据此，我们推测，提高这几种紧密连接蛋白表达水平可能是京尼平苷对 IPEC-J2 细胞的抗炎作用的一种途径。

研究表明，LPS 会增加肠道紧密连接结构的通透性，肠上皮细胞用京尼平苷刺激后，紧密连接蛋白的表达量上调，说明其降低了细胞旁通透性。Yan 等人在 LPS 诱导的 IPEC-J2 细胞炎症模型中研究了丁酸对肠上皮完整性和紧密连接通透性的影响。结果表明，丁酸盐能增加了 *Claudin-3* 和

*Claudin-4* 的 mRNA 表达和蛋白丰度，支持肠上皮屏障紧密连接蛋白的丰富。说明丁酸可能通过增加紧密连接蛋白的合成，来保护上皮细胞免受 LPS 诱导的屏障完整性的损害。Kluess 等人通过不同给药方式，研究霉菌毒素脱氧雪腐镰刀菌烯醇（DON）和 LPS 单独或联合应用于猪肠上皮细胞 IPEC-J2 时转录、翻译和功能水平上的影响。结果表明：IPEC-J2 是 LPS 的主要靶点，无论 DON 的作用方向如何，均可显著上调 β-actin 和 ZO-1 的转录水平，改善 LPS 的不利影响。He 等人用不同浓度的维生素 A（$0.1\mu mol/L$）刺激肠上皮细胞后，分别促进了紧密连接蛋白标志物 ZO-1、OCCLUDIN 和 CLAUDIN-1 的在蛋白质和基因水平上表达，免疫荧光结果显示大多数 ZO-1 和 CLAUDIN-1 位于紧密的连接处，LPS 降低了这些蛋白的表达，维生素 A 逆转了 LPS 降低的这些蛋白的表达，说明维生素 A 通过促进紧密连接蛋白的表达，改善肠屏障功能，最终改善了胃肠道黏膜屏障，逆转 LPS 诱导的肠屏障损伤，阻止 LPS 进入体循环，减弱了 LPS 对肠道屏障功能的破坏。以下结论均与本研究结果一致，说明京尼平苷同样可降低 LPS 诱导的肠上皮通透性，具有改善肠上皮屏障功能。

COX-2 具有促进炎症细胞募集和激活的作用。Palócz 等人探讨绿原酸对内毒素诱导的肠上皮细胞炎症和氧化应激的保护作用。研究 *Cox-2* mRNA 变化水平。结果表明，IPEC-J2 细胞中添加脂多糖处理后与对照组和治疗组相比促炎细胞因子 *Il-6* 和 *Il-8* 的基因表达显著降低。增加了 *Cox-2* 和 *Tnf-α* 基因的表达。Farkas 等人在评价芹菜素及其三甲基化类似物（芹菜素-三甲醚）对 LPS 诱导的 IPEC-J2 未转化肠上皮细胞炎症的抑制作用时发现，两种黄酮均可显著降低 *Cox-2* 的 mRNA 水平，说明甲基化芹菜素类似物可避免 LPS 诱导的肠道炎症，可作为未来一种有效的抗炎化合物。与本研究结果相一致，本实验中低中剂量京尼平苷对 *Cox-2* 的 mRNA 相对表达均有一定程度修复作用，说明京尼平苷对 LPS 诱导的炎症和氧化应激具有保护作用。

综上所述，京尼平苷能够通过抑制 NF-κB 信号通路的激活，降低肠上皮通透性，改善肠上皮屏障功能。

5. 小结

本试验表明一定浓度京尼平苷能够缓解 LPS 对 IPEC-J2 的炎症影响，显著恢复 NF-κBP65 及 IKK 的磷酸化水平及 NF-κB 信号通路和 *Cox-2* mRNA 相对表达水平，改善紧密连接下调，修复炎症。

## 四、栀子对 LPS 诱导仔猪淋巴细胞炎症蛋白表达的影响

### 1. 材料与方法

（1）试验材料

栀子（广州市天河区五山街道五山大药房）；LPS（L2880，Sigma-Aldric，德国）；淋巴细胞分离液 Histopaque 1077（密度＝1.077 g/mL，Sigma Chemical Co，St. Louis，MO）；磷酸盐缓冲液 PBS（pH＝7.2，GIBCO，美国）；ripa 裂解液（biosharp，中国）；蛋白酶抑制剂（biosharp，中国）；磷酸酶抑制剂（biosharp，中国）；BCA 试剂盒（themo，美国）；蛋白上样缓冲液（bio，美国）；DEPC 处理水（碧云天，中国）；SDS-PAGE 凝胶（bio，美国）；快速封闭液（碧云天，中国）；电泳液（bio，美国）；转膜液（bio，美国）；PVDF 膜（密理博，美国）；cDNA 第 1 链合成试剂盒、Trizol 和反转录 PCR（RT-PCR）试剂盒购自日本 TaKaRa 公司。

抗体信息：P65（ab32536，abcam，美国）；P-P65（ab86299，abcam，美国）；IκB（MA5-15132，thermo，美国）；P-IκB（MA5-15224，thermo，美国）；IAP（ab97532，abcam，美国）。actin（abm40032，abbkine，美国）。

（2）主要仪器设备

高速冷冻离心机（Thermo Fisher Scientific，美国）；－80℃超低温冰箱（Thermo Fisher Scientific，美国）；Mill-Q 超纯水系统（密理博公司，美国）；移液器（Eppendorf，德国）；制冰机（西门子，德国）；水浴锅；酶标仪（Thermo Fisher Scientific，美国）；电泳仪（bio，美国）；湿转转膜槽（bio，美国）；核酸浓度测定仪（Thermo Fisher Scientific，美国）；普通 PCR 仪（bio，美国）；荧光定量 PCR 仪（bio，美国）。

（3）试验动物及饲养管理

试验动物选用 21 日龄杜长大三元杂交断奶仔猪，平均体重为 5.3kg，在广东省农业科学院动物科学研究所饲养。

选取 24 头体重相近的 21 日龄杜长大三元杂交断奶仔猪，随机分为四组，分别为低浓度、中浓度、高浓度栀子添加组和炎症对照组，每组 6 头，基础日粮预饲 3d 后，低、中、高三个药物浓度添加组每头每天在基础日粮中分别添加栀子粉 1.25g、2.5g、5g，自由饮水、采食，试验期为 10d。第 11d 上午全部称重，前腔静脉采血并腹腔注射 100μg/kg BW 大肠杆菌脂多糖，并在注射后 3h、24h 分别采血，采血期间持续给药。三次采血均分离

血清并分离血液中淋巴细胞。基础日粮配方见表 5-2。

表 5-2 基础日粮配方

| 原料 | 含量/% | 指标 | 配方计算值 | NRC 推荐值 |
| --- | --- | --- | --- | --- |
| 猪一级玉米 | 34 | 消化能/(kcal/kg) | 3526.5 | |
| 膨化一级玉米 | 18 | 代谢能/(kcal/kg) | 3395.5 | |
| 去皮豆粕 CP46% | 9.5 | 净能/(kcal/kg) | 2611.3 | |
| 膨化大豆 | 15 | 粗蛋白/% | 19 | |
| 乳糖 | 2 | 粗脂肪/% | 8 | |
| 低蛋白乳清粉(CP±3.5%) | 8 | 粗纤维/% | 2.65 | |
| 进口鱼粉(CP65%) | 5 | 粗灰分/% | 6.37 | |
| 豆油 | 2 | 钙/% | 0.88 | 0.86 |
| 统糠 | 0.31 | 总磷/% | 0.68 | 0.62 |
| 石粉 | 0.6 | 有效磷/% | 0.47 | 0.43 |
| 磷酸氢钙 | 1.5 | 赖氨酸/% | 1.631 | 1.587 |
| 赖氨酸 98.5% | 0.8 | 蛋氨酸/% | 0.613 | 0.5 |
| 蛋氨酸 | 0.3 | 胱氨酸/% | 0.3 | 0.31 |
| 苏氨酸 | 0.3 | 苏氨酸/% | 0.991 | 0.977 |
| 缬氨酸 | 0.13 | 色氨酸/% | 0.302 | 0.27 |
| 色氨酸 | 0.1 | 蛋+胱/% | 0.912 | 0.81 |
| 食盐 | 0.25 | 缬氨酸/% | 1.001 | 0.967 |
| 60%氯化胆碱 | 0.15 | SIDlys | 1.485 | 1.44 |
| 预混料* | 2 | SIDmet | 0.592 | 0.42 |
| 酸化剂 | 0.05 | SIDthr | 0.862 | 0.85 |
| 植酸酶 | 0.01 | SIDtry | 0.267 | 0.24 |
| 合计 | 100 | | | |

（4）生长性能指标

试验期间准确记录每天每栏的采食情况，并分别在预饲期前后及试验结束早上对仔猪进行空腹称重，计算每栏平均日增重、平均日采食量和料重比。

（5）淋巴细胞的提取

a. 磷酸盐缓冲液预热至室温，在无菌操作台中，先移取 8～10mL 室温磷酸盐缓冲液 PBS 于 50mL 锥形管中，再用巴斯德吸管缓慢转移 8～10mL 血液，把血液稀释。

b. 在 50mL 锥形管中加入 8～10mL（与血液等体积）的室温淋巴细胞分离液。

c. 用巴斯德吸管缓慢混匀稀释血样，并缓慢将稀释的血液覆盖在淋巴细胞分离液层上。注意：将离心管倾斜至 80°，使用无菌巴斯德吸管操作需稳定、缓慢，以便血液和分离液层之间有明显的界面。小心转移，以免干扰分层。

d. 在室温下以 2562r/min（500g）离心管 30min，离心机设置为慢升快降。

e. 离心后从上至下依次为淡黄色血浆层，棕黄雾状 PBMC 层，无色淋巴细胞分离液层，以及最下方为深红色红细胞层。用巴斯德吸管小心吸出棕黄色雾状层，收集到 50mL 锥形管中，尽可能避免收集红细胞，并及时用适量预冷 PBS 将吸出的 PBMC 细胞层稀释。

f. 在 4℃下以 935r/min（200g）离心管 10min，最大制动。

g. 弃去上清，并将离心管置于冰上，保证分离出的细胞低温以免降解。

h. 向管中加入 30mL 预冷的 1×PBS，并分成标记为管 A，管 B 和管 C 的 3×15mL 锥形管（每管 10mL）。

i. 以 935r/min 的速度重复洗涤（200g，10℃，10min，制动设置为最大）。

j. 弃上清，将细胞置于冰上。

k. 收集并清洗离心后将细胞置于冰上，分别用少量 trizol 和 ripa 裂解液（1∶100 添加酶抑制剂）重悬后冻存至−80℃冰箱待用。

(6) 淋巴细胞中相关蛋白 western-blot 检测

① 统一蛋白浓度。

a. 将冻存的 ripa 裂解液稀释的淋巴细胞取出，冰上解冻后混匀。

b. 通过 BCA 试剂盒测定并用裂解液统一样品浓度。

c. 加入蛋白上样缓冲液后 100℃煮沸 10min，将样品充分变性后冻存备用。

② SDS-聚丙烯酰胺凝胶电泳（SDS-PAGE）

a. 按照 SDS-PAGE 凝胶配制试剂盒说明书配制 10%凝胶，静置 30min。

b. 配制或稀释蛋白印迹实验所需试剂，包括电泳液、转膜液、封闭液等。

c. 待凝胶凝固后将凝胶从架子上小心取下，拔下梳子，正确安装放置电泳槽内，及时加入电泳液，防止凝胶晾干。

d. 将样品及 marker 按顺序加入 10 孔 SDS-PAGE 凝胶中，200V 恒压电泳至完成（30min 左右）。

③ 转膜

a. 准备转膜所需物品，将 0.45μm PVDF 膜裁剪至所需大小后，浸入甲醇 30s 活化，后取出转移到清水中稍加清洗，放入提前预冷的转膜液中备用。

b. 电泳结束后，小心取下凝胶，观察 marker 大小，用塑料板将所需蛋白部分小心切下，置于预冷转膜液中适当平衡。

c. 将湿转夹板负极（黑色）面朝下，按照滤纸-凝胶-PVDF 膜-滤纸的顺序摆放，注意凝胶与 PVDF 膜中间不能存在气泡，会影响转膜效果。夹好夹板。

d. 按照电极方向将夹板正确放入转膜槽中，添加转膜液直至液面高于转印胶膜。

e. 连接转膜仪，调节电流 250mA，根据蛋白大小设定转膜时间。

④ 封闭、抗体孵育、曝光。

a. 转膜完成后，取下 PVDF 膜，将其置于脱色摇床上用 TBST 适当清洗，放入快速封闭液中，室温封闭 15min。

b. 封闭过程中，按照所需抗体说明书提供浓度范围，用 TBST 适当稀释一抗，封闭完成后用 TBST 适当洗去残留封闭液（1~2min），按照蛋白大小将各蛋白所在膜裁开后浸入各自抗体内，4℃摇床避光孵育过夜。

c. 将 PVDF 膜从抗体中取出，回收一抗（长期不用可低温冷冻保存），使用水平摇床将膜用 TBST 清洗 5 次，每次 10min。

d. 根据抗体说明书标明来源，按照适合比例稀释二抗，浸入二抗内室温摇床孵育 1h，再次用 TBST 清洗 5 次，每次 10min。

e. ECL 化学发光显影。使用 GE A1600 成像系统曝光，将膜吸去表面液体后置于白色曝光板上，均匀滴加显色液（现用现配），自动曝光成像并保存。

⑤ 灰度分析。以 β-actin 蛋白为内参，使用 ImageJ 软件扫描条带灰度值，检测 NF-κB 通路及 IAP 相关蛋白并进行分析。

（7）RT-qPCR 检测 mRNA 表达

① RNA 提取。

Trizol 法裂解细胞并提取细胞的总 RNA，通过核酸浓度测定仪（nanodrop technologies）测定 RNA 在 260nm 和 280nm 处的吸光度，用 DEPC 处理水将所有样品 RNA 浓度调至统一浓度，并进行琼脂糖凝胶电泳鉴定 RNA 质量。

a. 从 -80℃ 冰箱中取出用 Trizol 溶解的淋巴细胞，冰上解冻后混匀，室温放置 5min，离心机 4℃ 预冷。

b. 12000r/min，4℃ 离心 5min，吸取上清于新管中。

c. 向管中加入 0.2mL 预冷的氯仿，充分晃动混匀后室温静置 10min。

d. 12000r/min，4℃离心 10min，缓慢吸取上清于新管中。

e. 加入 0.5mL 预冷异丙醇，混匀后室温静置 10min。

f. 12000r/min，4℃离心 10min，可见微量白色 RNA 沉淀于管底，弃上清。

g. 加入 1mL 预冷的 75%乙醇，轻轻吹打使沉淀重悬，8000r/min 4℃离心 10min。

h. 再次用 75%乙醇清洗并离心，弃去上清，在超净台内开盖倒置于洁净干燥滤纸上，干燥 10min 左右，不可过分干燥。

i. 根据 RNA 沉淀量加入 20~30μL DEPC 水，轻轻吹打溶解 RNA 沉淀。

j. 取 1μL RNA 样品，小心滴在核酸浓度测定仪进行浓度检测。

② 反转录 cDNA 模板。

a. 冰上制备反转录体系。

| | |
|---|---|
| 5×gDNA Eraser Buffer（污染清除剂缓冲液） | 2.0μL |
| gDNA Eraser（污染清除剂） | 0.5μL |
| 总 RNA | 1μg |
| RNase Free dH$_2$O（无 RNA 酶蒸馏水） | 不超过 10.0μL |
| 总体积 | 10.0μL |

b. 瞬离后在 PCR 仪上 42℃加热 2min。

c. 冰上配制以下体系。

| | |
|---|---|
| 步骤 a 反应液 | 10.0μL |
| PrimeScript RT Enzyme Mix I（转录酶混合物 I） | 1.0μL |
| RT Primer Mix（转录底物混合物） | 1.0μL |
| 5×PrimeScript Buffer（缓冲液）2 | 4.0μL |
| RNase Free dH$_2$O（无 RNA 酶蒸馏水） | 4.0μL |
| 总体积 | 20.0μL |

d. 瞬离后，设置 PCR 仪 37℃ 15min，85℃ 5s，4℃终止反应。

e. 放入-20℃冰箱保存。

③ PCR 扩增。

a. 以合成的 cDNA 为模板，进行 PCR 扩增，引物见表 5-3。

表 5-3　PCR 引物参数

| 基因 | 引物序列 | 退火温度/℃ | 产物长度/bp |
| --- | --- | --- | --- |
| $\beta$-actin | F:CACGCCATCCTGCGTCTGGA<br>R:AGCACCGTGTTGGCGTAGAG | 60 | 174 |
| p65 | F:GGCTATAACTCGCTTGGTGACAGG<br>R:CCGCAATGGAGGAGAAGTCTTCG | 60 | 122 |
| Ikk | F:TGGTGTCGCTCTTGTTGAAGTGTG<br>R:GCTGCTGTATCCGAGTGCTTGG | 60 | 108 |
| I$\kappa$b | F:TCAGGAGAAGCGGCAGAAGGAG<br>R:GACTCAGGCGAGAGGCATTCATG | 60 | 110 |
| Cox-2 | F:CATTGATGCCATGGAGCTGTA<br>R:CTCCCCAAAGATGGCATCTG | 60 | 70 |
| Iap | F:GCGAGGATGTGGCGGTGTTC<br>R:CAGCAGCAGCAGCGAAGGTG | 60 | 200 |

反应体系如下：

| | |
| --- | --- |
| cDNA 模板 | 2.0 $\mu$L |
| 上游引物（10 $\mu$mol/L） | 1.0 $\mu$L |
| 下游引物（10 $\mu$mol/L） | 1.0 $\mu$L |
| 2×Taq MasterMix | 12.5 $\mu$L |
| Rnase-Free Water（无 RNA 酶蒸馏水） | 8.5 $\mu$L |
| 总体积 | 25.0 $\mu$L |

b. PCR 反应循环参数：

95℃　5min
95℃　30s ⎫
60℃　30s ⎬ 40 次循环
72℃　30s ⎭
72℃　10min

c. 反应结束后，取 5 $\mu$L PCR 产物电泳检测分析。

④ 淋巴细胞中 mRNA 荧光定量检测。

a. 以 cDNA 为模板，配置体系上机检测 mRNA 的表达，以 $\beta$-actin 作为内参基因，采用 $2^{-\triangle\triangle Ct}$ 法检测各组淋巴细胞中 *Nf-κb p*65、*Ikk*、*Iκb*、*Cox-2*、*Zo-1*、*Occludin* 及 *Claudin-1* 目的基因的 mRNA 相对表达水平，引物均由生工生物有限公司（广州）合成。

b. 配置体系如下：

| | |
|---|---|
| SYBR ®Premix Ex Taq™（2×） | 12.5μL |
| 上游引物 | 0.5μL |
| 下游引物 | 0.5μL |
| cDNA 模板 | 0.5μL |
| 去离子水 | 11.0μL |
| 总体积 | 25.0μL |

c. PCR 反应循环参数：

95℃ 10s
95℃ 5s
60℃ 30s  $\Big\}$ 40 次循环
72℃ 30s

（8）数据处理

实验数据采用 Excel 2013 进行整理，采用 SPSS 16 进行单因素方差分析，并采用 Duncan 氏法进行多重比较，$P<0.05$ 时差异显著，有统计学意义，结果以平均值±标准误进行表示，采用 GraphPad Prism 5.0 绘制图表。

### 2. 饲料中添加不同浓度栀子对断奶仔猪生长性能的影响

生长性能饲喂情况如表 5-4 所示：

表 5-4 生长性能

| 项目 | 低剂量（Ⅰ）组 | 中剂量（Ⅱ）组 | 高剂量（Ⅲ）组 | 对照（con）组 |
|---|---|---|---|---|
| 初始体重/kg | 5.366±0.172 | 5.217±0.038 | 5.373±0.159 | 5.173±0.111 |
| 平均日增重/kg | 0.128±0.006[b] | 0.115±0.005[c] | 0.118±0.002[bc] | 0.157±0.011[a] |
| 平均日采食量/kg | 0.193±0.011[c] | 0.183±0.017[b] | 0.190±0.008[bc] | 0.230±0.018[a] |
| 料重比 | 1.505±0.042[ab] | 1.591±0.038[a] | 1.610±0.016[a] | 1.474±0.044[b] |

注：同一行比较，肩标不同字母 a、b、c，表示数据差异显著 $P<0.05$，肩标存在相同字母，表示数据差异不显著 $P>0.05$。

结果表明，与对照组相比，饲料中添加不同浓度栀子会显著降低断奶仔猪平均日增重和平均日采食量（$P<0.05$），但除高剂量栀子添加组外，低、中剂量栀子添加组料重比升高不显著（$P>0.05$）。

### 3. 饲料中添加不同浓度栀子对仔猪淋巴细胞 NF-κB 通路及 IAP 相关蛋白表达的影响

（1）注射前（图 5-16）

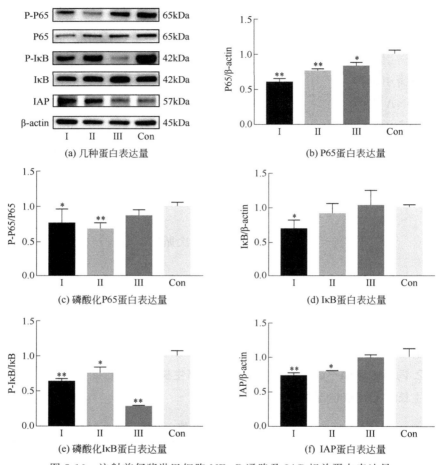

图 5-16　注射前仔猪淋巴细胞 NF-κB 通路及 IAP 相关蛋白表达量
[ * 表示与对照组相比，蛋白表达量差异显著（$P<0.05$）；
** 表示与对照组相比，蛋白表达量差异极显著（$P<0.01$）]

结果表明，在注射 LPS 前，即饲喂栀子 10d 后，各试验组与对照组相比，断奶仔猪外周血单核淋巴细胞中 NF-κB P65、磷酸化 P65（P-P65）、IAP、IκB 及磷酸化 IκB（P-IκB）蛋白表达受到了栀子添加的不同影响。与对照组相比，三个栀子添加组的 NF-κB P65 蛋白表达量均显著低于对照组（$P<0.05$），且随栀子添加量减少而表达量降低；低剂量和中剂量栀子添加组 P-P65 蛋白表达量在显著低于对照组（$P<0.05$），高剂量栀子添加组 P-

P65 的蛋白表达量略低于对照组，但差异不明显（$P>0.05$）；低剂量栀子添加组的 IκB 蛋白显著降低（$P<0.05$），中、高剂量栀子添加组的 IκB 蛋白表达量与对照组相比无显著差异（$P>0.05$）；但低、中、高剂量栀子添加组 P-IκB 蛋白表达量均显著低于对照组（$P<0.05$），且高剂量添加组 P-IκB 蛋白表达量最低（$P<0.05$）；同时，低剂量和中剂量栀子添加组 IAP 蛋白表达量显著低于对照组（$P<0.05$），而高剂量栀子对 IAP 表达没有显著影响（$P>0.05$）。

（2）注射后 3h（图 5-17）

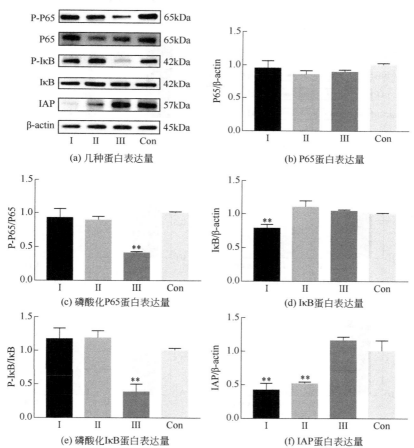

图 5-17　注射后 3h 仔猪淋巴细胞 NF-κB 通路及 IAP 相关蛋白表达量
［＊表示与对照组相比，蛋白表达量差异显著（$P<0.05$）；
＊＊表示与对照组相比，蛋白表达量差异极显著（$P<0.01$）］

结果表明，在注射 LPS 之后 3h，与炎症对照组相比，三个栀子添加组 NF-κB P65 蛋白表达量没有显著变化（$P>0.05$）；低中剂量栀子添加组 P-

P65 的蛋白表达量无明显变化（$P>0.05$），但高剂量栀子添加组 P-P65 的蛋白表达量显著减低（$P<0.05$）；低剂量栀子添加组的 IκB 蛋白显著低于对照组（$P<0.05$），中高剂量栀子添加组 IκB 蛋白变化不明显（$P>0.05$）；低中剂量栀子添加组 P-IκB 蛋白表达量无明显变化，但是高剂量栀子添加组中 P-IκB 蛋白表达量显著低于炎症对照组（$P<0.05$）；低中剂量栀子添加组 IAP 蛋白表达含量在 LPS 注射 3h 后显著低于炎症对照组（$P<0.05$），高剂量组 IAP 蛋白表达含量变化不明显（$P>0.05$）。

(3) 注射后 24h（图 5-18）

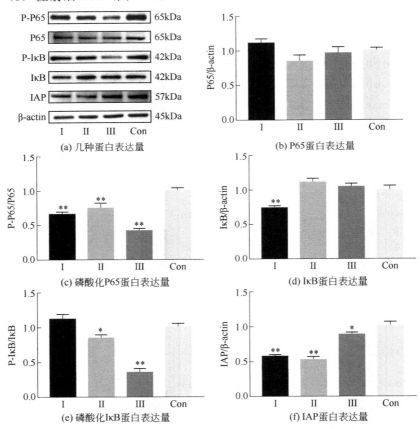

(a) 几种蛋白表达量
(b) P65蛋白表达量
(c) 磷酸化P65蛋白表达量
(d) IκB蛋白表达量
(e) 磷酸化IκB蛋白表达量
(f) IAP蛋白表达量

图 5-18　注射后 24h 仔猪淋巴细胞 NF-κB 通路及 IAP 相关蛋白表达量
[ * 表示与对照组相比，蛋白表达量差异显著（$P<0.05$）；
** 表示与对照组相比，蛋白表达量差异极显著（$P<0.01$）]

结果表明，在注射 LPS 之后 24h，与炎症对照组相比，各剂量栀子添加试验组 NF-κB P65 蛋白表达量没有发生显著变化（$P>0.05$），只有添加低剂量栀子组表达量略高（$P>0.05$）；但是三个栀子添加试验组 P-P65 蛋白表达量显著低于对照组（$P<0.05$），且添加高剂量栀子的 P-P65 蛋白表达量最低（$P<0.05$）；同时，低剂量栀子添加组的 IκB 蛋白表达量显著低于对照组（$P<0.05$），中高剂量栀子添加组 IκB 蛋白表达量与炎症对照组相比没有显著差异（$P>0.05$）；低剂量栀子添加组 P-IκB 蛋白表达量与对照组相比差异不明显（$P>0.05$），但中、高剂量栀子添加组 P-IκB 蛋白表达量显著低于对照组（$P<0.05$），且整体而言 P-IκB 蛋白表达量随着栀子添加量的增加而逐渐降低；三个栀子添加组 IAP 蛋白表达含量在 LPS 注射 24h 后均显著低于对照组（$P<0.05$），且随着栀子添加量降低而降低。

### 4. 饲料中添加不同浓度栀子对仔猪淋巴细胞 mRNA 相对表达量结果

如图 5-19 所示：

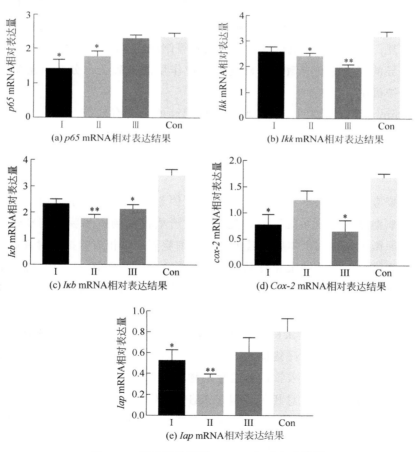

图 5-19 炎症相关因子 mRNA 相对表达结果

[＊表示与对照组相比，mRNA 相对表达量差异显著（$P<0.05$）；
＊＊表示与对照组相比，mRNA 相对表达量差异极显著（$P<0.01$）]

结果表明，与炎症对照组相比，低、中剂量栀子添加组 $Nf\text{-}\kappa b$ $p65$ mRNA 相对表达量显著降低（$P<0.05$），高剂量栀子添加组 $Nf\text{-}\kappa b$ $p65$ mRNA 相对表达量无显著变化；中、高剂量栀子添加组 $I\kappa b$、$Ikk$ mRNA 相对表达量均显著降低（$P<0.05$），低剂量组变化不显著（$P>0.05$）；低剂量与高剂量栀子添加组 $Cox\text{-}2$ mRNA 相对表达量显著降低（$P<0.05$），但中剂量组降低不显著（$P>0.05$）；低、中剂量栀子添加组 $Iap$ mRNA 相对表达量均显著降低（$P<0.05$），高剂量组变化不显著（$P>0.05$）。

## 5. 讨论

京尼平苷是栀子的主要发挥作用的成分之一，具有很强的抗氧化、淬灭自由基及抑癌活性。临床上有抗炎镇痛、保肝利胆等作用，京尼平苷对急性出血坏死性胰腺炎具有明显的治疗作用，对胰细胞的结构和功能具有保护作用，可减轻胰腺病损，降低早期死亡率，纠正各项病理障碍，促进代谢和功能的恢复；另外，也有抗迟发型超敏反应等作用。本研究在探明京尼平苷对 LPS 诱导的仔猪免疫应激具有修复和保护作用的基础上，分析京尼平苷的抗炎调控机制。

Kojima 等研究表明，京尼平苷是抗肥胖中药的有效成分之一，能够改善自发肥胖的 2 型糖尿病小鼠健康状况，并抑制了其体重和内脏脂肪蓄积，本实验中栀子添加组的断奶仔猪采食量及日增重均低于对照组，验证了这一说法。

免疫应激是导致仔猪生长抑制的重要因素之一，是由于细菌、病毒和 LPS 等刺激猪的免疫系统所致，免疫应激严重损伤肠道黏膜的完整性。在外界病原微生物侵入机体后，其免疫淋巴细胞可产生相应的抗体对其进行清除，从而维持机体的健康和肠黏膜屏障功能的正常。IAP 是 LPS 脱磷酸作用的关键酶，在体内和体外都能对 LPS 发挥解毒作用。大量实验表明，IAP 能通过水解 LPS 的脂质 A 基团，从而达到对 LPS 的解毒作用，本实验中，致炎前后药物组的 IAP 蛋白及 mRNA 表达均高于对照组，中剂量组尤其明显，说明京尼平苷调节仔猪体内 IAP 的表达对仔猪炎症的抑制起到重要作用。IAP 与饮食，脂肪吸收，肠道微生物菌群以及肠道炎症均有一定联系，这些都与仔猪的代谢息息相关，但是 IAP 对某些靶标（如肠道通透性和细菌）的影响可能是间接的，可能是通过下调炎症反应，也可能是通过调节肠道表面 pH 值等，这使得 IAP 成为维持动物机体及其微生物群落稳态的关键组成部分。多种研究表明，外源性 IAP 是一种有效的抗炎药物，可以治疗多种肠道和其他器官的炎症性疾病，whitehouse 等人在患有坏死性小肠结肠炎（NEC）的幼鼠模型中观察到，试验组的 IAP 蛋白活性水平低于对照组，他们认为，IAP 降低是在疾病发生之前发生的，可能存在因果关系，尽管有数据表明外源性 IAP 可以预防 NEC 的发生，但尚未得到明确的证实。炎症性肠炎（IBD）是一种异质性疾病，表现为两种主要形式克罗恩病（CD）和溃疡性结肠炎（UC）。研究表明，与对照组相比，IBD 患者 TLR4 表达量明显升高，但 IAP 活性降低。因此，在 IBD 患者中观察到的肠黏膜保护机制的损害归因于肠道合成的内源性 IAP 活性降低。

NF-κB 通路是炎症调节的重要因素，它能够调节多种炎性因子的表达，尤其在 IBD 的治疗中尤为重要，*Cox-2* 基因也参与其中，调节炎症介质的表达，本实验中致炎前，NF-κB 通路相关蛋白磷酸化程度有所降低，致炎后治疗组通路内上下游蛋白表达有一定降低，但磷酸化表达程度显著高于对照组，说明京尼平苷在治疗断奶仔猪炎症的过程中能够促进 P65 及 IκB 的磷酸化，进而发挥作用。Duan 等人通过猪圆环病毒 2 型（PCV2）刺激淋巴细胞后表明，NF-κB 活性增强，核内 P65 和胞浆 P-IκB 表达增强。然而，当淋巴细胞与 PCV2 和 NF-κB 抑制剂共同孵育时，这些效应被逆转，说明 PCV2 作用于淋巴细胞后，MyD88 蛋白表达增加，Toll 样受体 mRNA 表达上调，表明这些变化受 TLR-MyD88-NF-κB 信号通路的调节。本实验中药物京尼平苷添加组能明显降低 P-P65、P-IκB 的磷酸化程度，说明京尼平苷对脂多糖诱导的仔猪体内免疫应激炎症存在一定调节作用。Wang 等研究表明，京尼平苷（5-20micromol/L）能够降低活性氧（ROS）的生成，阻止 IκB 在细胞质中的降解，而 NF-κB 则从细胞质向细胞核转移。京尼平苷可抑制高血糖诱导的单核细胞对脐静脉内皮细胞（HUVECs）的黏附和细胞黏附分子（CAMs）的表达，说明京尼平苷可能是治疗糖尿病血管损伤的新方法。这种抑制作用的机制可能与京尼平苷抑制 ROS 的过量产生和抑制 NF-κB 信号通路的激活有关。

## 6. 小结

NF-κB 通路是炎症调节的重要途径，它能够调节多种炎性因子的表达，尤其在 IBD 的治疗中尤为重要。本实验中致炎前，NF-κB 通路相关蛋白磷酸化程度有所降低，致炎后治疗组通路内上下游蛋白表达有一定降低，但磷酸化表达程度显著低于对照组，说明饲料中添加栀子在治疗断奶仔猪炎症的过程中能够抑制 P65 及 IκB 的磷酸化，降低 IAP 的表达，进而发挥作用。

## 五、栀子对 LPS 诱导仔猪免疫应激血液因子的影响

### 1. 材料与方法

(1) 试验材料

蛋白质芯片试剂盒 QAP-CYT-1（Raybiotech，美国）；5mL 塑料离心管；50mL 塑料离心管；低温摇床；塑料保鲜膜；铝箔纸；双蒸水；芯片洗板机（Thermo Scientific Wellwash Versa，美国）；荧光扫描仪 InnoScan 300 Microarray Scanner（Innopsys，法国）。

(2) 实验动物及采样方法

同本章第四节。

(3) 血清相关炎症因子的检测

① 玻片芯片的完全干燥。将玻片芯片从盒子中取出来，在室温平衡 20~30min 后，将包装袋打开，揭开密封条，然后将芯片放在真空干燥器或者室温干燥 1~2h。

② 标准品的配置。

a. 添加 500μL 的样品稀释液到细胞因子标准混合物的小管中，重新溶解标准品。打开小管前，先快速的离心，轻轻地上下吹打溶解粉末，标记这个小管为 Std 1。

b. 分别标记 6 个干净的离心管为 Std 2、Std 3 到 Std 7，添加 200μL 的样品稀释液到每个小管中。

c. 抽取 100μL 的 Std 1 加入到 Std 2 中轻轻混合，然后从 Std 2 中抽取 100μL 加入到 Std 3 中，如此梯度稀释至 Std 7。

d. 抽取 100μL 的样品稀释液到另一个新的离心管中，标记为 CNTRL，作为阴性对照。

③ 芯片操作流程。

a. 每个孔中加 100μL 的样品稀释液，室温摇床上孵育 1h，封闭定量抗体芯片，注意：保证操作环境洁净，并且不能触摸玻片的表面，因为玻片芯片非常灵敏，只能接触玻片的边缘，并小心操作，避免打碎。

b. 抽去每个孔中的缓冲液，添加 100μL 的标准液和 2 倍稀释混合后的样品到孔中，仔细密封后在摇床慢速 4℃孵育过夜，样品和试剂孵育过程中避免产生气泡，并保证完全覆盖住玻片，防止玻片干燥。

c. 使用芯片洗板机清洗玻片，分为两步，首先用 1× 洗液 I 进行清洗，每孔 250μL 的 1× 洗液 I，清洗 10 次，每次震荡 10s，震荡强度选择高，用

去离子水稀释 20×洗液Ⅰ。然后换用 1×洗液Ⅱ通道进行清洗，每孔 250μL 的 1×洗液Ⅱ，清洗 6 次，每次震荡 10s，震荡强度选择高，用去离子水稀释 20×洗液Ⅱ。

d. 检测抗体混合物的孵育。离心检测抗体混合物小管，然后加入 1.4mL 的样品稀释液，混合均匀后再次快速离心。添加 80μL 的检测抗体到每个孔中，37℃摇床上孵育 2h。

e. 清洗，方法同步骤 c。

f. Cy3-链霉亲和素的孵育。离心 Cy3-链霉亲和素小管，然后加入 1.4mL 的样品稀释液，混合均匀后再次快速离心。添加 80μL 的 Cy3-链霉亲和素到每个孔中，用铝箔纸包住玻片避光孵育，37℃摇床上孵育 1h。

g. 再次清洗，使用芯片洗板机清洗玻片，方法同步骤 c。

④ 荧光检测。

a. 将玻片框架拆掉，小心不要用手接触到玻片印制抗体的一面。

b. 采用激光扫描仪扫描信号，采用 Cy3 通道，扫描参数：WaveLengh：532nm；Resolution：10μm。

（4）数据分析

采用 QAP-CYT-1 的数据分析软件来进行数据分析，获得 IL-1β、IL-4、IL-6、IL-8、IL-10、IL-12、γ干扰素（IFN-γ）、肿瘤坏死因子α（TNF-α）的数值。实验数据采用 Excel 2013 进行整理，采用 SPSS 16 进行单因素方差分析，并采用 Duncan 氏法进行多重比较，$P<0.05$ 时差异显著，有统计学意义，结果以平均值±标准误进行表示。

2. 结果与分析

饲料中添加不同浓度栀子对断奶仔猪血液中细胞因子随时间变化如表 5-5 所示：

表 5-5 仔猪血液中各细胞因子含量

| 项目 | 致炎时间/h | 炎症对照组 | 低剂量组 | 中浓度组 | 高浓度组 |
| --- | --- | --- | --- | --- | --- |
|  | 非致炎 | 87.83±12.50[ab] | 90.08±10.85[a] | 37.52±3.05[c] | 61.81±11.55[bc] |
| IL-1β | 3 | 131.72±19.76[*a] | 71.45±8.76[*b] | 53.02±4.75[*b] | 58.92±4.92[b] |
|  | 24 | 96.21±11.21[a] | 80.38±15.27[ab] | 33.85±3.27[c] | 62.51±7.17[b] |
|  | 非致炎 | 196.86±10.83[a] | 209.82±31.56[a] | 306.33±32.71[b] | 323.10±24.73[b] |
| IL-4 | 3 | 189.03±21.70[a] | 214.43±19.28[a] | 301.39±38.74[b] | 343.86±42.34[b] |
|  | 24 | 193.24±18.31[a] | 190.11±24.56[*a] | 418.37±45.01[*b] | 327.63±27.90[c] |

续表

| 项目 | 致炎时间/h | 炎症对照组 | 低剂量组 | 中浓度组 | 高浓度组 |
|---|---|---|---|---|---|
| IL-6 | 非致炎 | 181.94±14.50ª | 147.96±9.55ᵃᵇ | 110.15±26.13ᵇᶜ | 94.33±13.61ᶜ |
|  | 3 | 139.15±17.64*ª | 140.21±16.65ª | 118.95±19.01ᵃᵇ | 89.40±18.75ᵇ |
|  | 24 | 147.93±13.55*ª | 144.98±21.73ᵃᵇ | 104.24±11.56ᵃᵇ | 100.08±21.24ᵇ |
| IL-8 | 非致炎 | 92.89±15.51ª | 88.58±12.74ª | 36.07±6.76ᵇ | 18.85±3.89ᵇ |
|  | 3 | 77.76±15.20ª | 69.74±10.26ª | 78.94±9.81*ª | 17.63±3.96ᵇ |
|  | 24 | 20.09±4.76*ª | 55.46±9.73*ᵇ | 23.81±6.50ª | 13.13±2.27ª |
| IL-10 | 非致炎 | 33.84±6.56ª | 93.49±12.77ᵇ | 143.52±21.70ᶜ | 58.00±10.01ᵃᵇ |
|  | 3 | 65.64±12.45*ᵃᵇ | 82.65±21.40ª | 106.21±24.21*ª | 38.39±8.66*ᵇ |
|  | 24 | 39.61±9.76ª | 77.57±12.66ᵇ | 118.69±12.97*ᶜ | 29.58±4.37*ª |
| IL-12 | 非致炎 | 228.00±12.70ª | 212.74±34.11ª | 93.41±18.24ᵇ | 110.04±19.58ᵇ |
|  | 3 | 213.68±24.35ª | 174.69±12.35*ª | 184.86±23.40ª | 68.41±9.62*ᵇ |
|  | 24 | 159.42±7.95*ª | 213.80±42.11ª | 157.09±24.36*ª | 86.89±8.41ᵇ |
| IFN-γ | 非致炎 | 160.27±28.72ª | 166.14±11.82ª | 81.96±14.12ᵇ | 96.54±23.81ᵇ |
|  | 3 | 81.09±19.45*ª | 85.16±18.45ª | 86.12±14.54ª | 24.57±5.50*ᵇ |
|  | 24 | 127.05±22.40ª | 13.01±3.31*ᵇ | 98.70±21.75ª | 14.41±3.31*ᵇ |
| TNF-α | 非致炎 | 161.77±12.76ª | 186.51±22.50ª | 51.81±9.84ᵇ | 76.52±21.14ᵇ |
|  | 3 | 184.16±21.73ª | 102.61±18.25*ᵇᶜ | 52.81±11.43ᶜ | 169.80±42.27*ᵃᵇ |
|  | 24 | 79.46±12.51*ª | 49.07±7.73*ᵇ | 37.30±8.97*ᵇ | 125.03±14.43ᶜ |

注：*表示同列一个细胞因子中，与非致炎对照组相比差异显著（$P<0.05$）；肩标不同字母 a、b、c 表示同行内不同剂量药物组差异显著（$P<0.05$）。

结果表明，与非致炎组对比，LPS 致炎后，IL-1β、IL-10、IFN-γ 的含量显著上升（$P<0.05$），且均随着时间的增加有一定程度的恢复。在致炎情况下，添加栀子对各个细胞因子具有不同的影响，低浓度栀子添加组在致炎 3h 时 IL-1β 与 TNF-α 显著低于炎症对照组（$P<0.05$），24h 时 IL-10 显著高于对照组（$P<0.05$），IFN-γ 和 TNF-α 显著降低（$P<0.05$）；中剂量栀子添加组在致炎后 3h 和 24h 时 IL-1β、TNF-α 均显著降低（$P<0.05$），IL-4、IL-10 均显著上升（$P<0.05$）；高剂量栀子添加组在 3h 和 24h 时 IL-1b、IL-6、IL-8、IL-12 和 IFN-γ 的含量均较对照组显著降低（$P<0.05$），TNF-α 较对照组有所降低，但差异不显著（$P>0.05$），IL-4、IL-10 均显著上升（$P<0.05$），在 24h 时 IL-1b、IL-6、IL-12、IFN-γ 和 TNF-α 的含量均较对照组显著降低（$P<0.05$），IL-4、IL-10 均显著上升（$P<0.05$）。

### 3. 讨论

研究表明，LPS 进入机体引发炎症后，引发天然免疫系统的应答，各项炎症因子急剧变化，分泌各种促炎细胞因子，本实验中各炎性因子数据表明，注射后 3h 均有一定的增加或减少，在 24h 后逐渐趋向正常，中剂量药物组恢复效果最好，基本恢复至初始水平。能够抑制免疫活性细胞的增殖。

yuan 等研究表明，京尼平苷可以抑制大鼠血浆中 IL-1β、IL-6、IL-8，并诱导 IL-10 的表达，并减轻了脑水肿（TBI）大鼠的炎症水肿情况，对血脑屏障完整性起到保护作用，这与本实验结果一致。Wang 等研究表明，黄芩苷和京尼平苷单独或联合治疗均可降低小鼠血清中 IL-12 水平，并抑制小鼠动脉粥样硬化病变，与本研究结果一致。deng 等研究表明，通过 25μg/mL、50μg/mL 和 100μg/mL 京尼平苷治疗大鼠成纤维细胞样滑膜细胞，均能显著提高 IL-4 水平，来调节促炎细胞因子和抗炎细胞因子的相对平衡来发挥其抗炎和免疫调节作用，与本研究结果一致。

肿瘤坏死因子（TNF-α）是一种能够直接杀伤肿瘤细胞而对正常细胞无明显毒性的细胞因子，是启动抗炎反应的关键因子。在本试验中，低、中剂量的京尼平苷均能改善 LPS 致炎对仔猪 TNF-α 的影响。研究表明，京尼平苷能够通过激活 NF-κB 信号通路，降低小鼠血清中促炎因子水平，例如 TNF-α 和 IL-1β，从而改善抑郁小鼠的抑郁行为，表现出显著的抗抑郁作用，与本实验研究结果一致，在未给药组和中、高剂量给药组 TNF-α 均为上升后下降，且药物浓度越高下降效果越明显。

干扰素（IFN-γ）具有抗病毒、抗肿瘤并参与集体的免疫调控的作用，可通过活化血液中自然杀伤细胞（NK）细胞及细胞毒性 T 淋巴细胞，引起机体的免疫反应，起到抗病毒作用，Breese E 等研究表明，与正常非致炎组黏膜组织相比，IBD 患者长期培养淋巴细胞分泌的 IFN-γ 含量较低，本实验低中低剂量组 IFN-γ 水平在 3h 较对照组明显升高，但高剂量组依旧持续降低，可能与细胞免疫的级联放大机制有关。有研究指出，正常条件下 IFN-γ 会明显抑制 IL-8 的分泌，从而阻止嗜中性粒细胞发挥作用，慢性炎症黏膜中 IFN-γ 的下调可能是因为 NF-κB 信号通路激活细胞因子 IL-1 或 TNF-α 诱导产生 IL-8 所导致的。

4. 小结

本研究结果说明饲料中添加栀子能抑制炎症产生，并刺激抗炎细胞因子 IL-4、IL-10 增加、促炎细胞因子减少，起到对 LPS 诱导仔猪免疫应激的保护作用。

**参 考 文 献**

[1] 史卉妍，何鑫，欧阳冬生，等. 京尼平苷及其衍生物的药效学研究进展[J]. 中国药学杂志，2006

(1): 4-6.

[2] Lee S W, Lim J M, Bhoo S H, et al. Colorimetric determination of amino acids using genipin from Gardenia jasminoides[J]. Analytica Chimica Acta, 2003, 480(2): 267-274.

[3] Xiao W, Li S, Wang S, et al. Chemistry and bioactivity of Gardenia jasminoides[J]. Journal of Food & Drug Analysis, 2017, 25(1): 43-61.

[4] Song X, Zhang W, Wang T, et al. Geniposide plays an anti-inflammatory role via regulating TLR4 and downstream signaling pathways in lipopolysaccharide-induced mastitis in mice[J]. Inflammation, 2014, 37(5): 1588-1598.

[5] Koo H J, Song Y S, Kim H J, et al. Antiinflammatory effects of genipin, an active principle of gardenia[J]. European Journal of Pharmacology, 2004, 495(2-3): 201-208.

[6] Ma T T, Li X F, Li W X, et al. Geniposide alleviates inflammation by suppressing MeCP2 in mice with carbon tetrachloride-induced acute liver injury and LPS-treated THP-1 cells[J]. Int Immunopharmacol, 2015, 29: 739-747.

[7] Lin W H, Kuo H H, Ho L H, et al. Gardenia jasminoides extracts and gallic acid inhibit lipopolysaccharide-induced inflammation by suppression of JNK2/1 signaling pathways in BV-2 cells[J]. Iranian Journal of Basic Medical Science, 2015, 18(6): 555-562.

[8] 彭婕, 钱之玉, 刘同征, 等. 京尼平苷和西红花酸保肝利胆作用的比较[J]. 中国新药杂志, 2003, 12(2): 105-108.

[9] Lee G H, Lee M R, Lee H Y, et al. Eucommia ulmoides cortex, geniposide and aucubin regulate lipotoxicity through the inhibition of lysosomal BAX[J]. Plos One, 2014, 9(2): e88017-.

[10] Park J H, Yoon J, Lee K Y, et al. Effects of geniposide on hepatocytes undergoing epithelial-mesenchymal transition in hepatic fibrosis by targeting TGFβ/Smad and ERK-MAPK signaling pathways[J]. Biochimie, 2015, 113: 26-34.

[11] Shanmugam M K, Shen H, Tang F, et al. Potential role of genipin in cancer therapy[J]. Pharmacol Res, 2018, 133: 195-200.

[12] Suzuki Y, Kondo K, Ikeda Y, et al. Antithrombotic effect of geniposide and genipin in the mouse thrombosis model[J]. Planta Medica, 2001, 67(9): 807-810.

[13] 陈万军. 京尼平苷对硝普钠诱导软骨细胞凋亡与细胞周期的影响[J]. 中国骨伤, 2013, 26(3): 232-235.

[14] 刘子萱. 栀子提取物京尼平苷作为一种神经保护剂的作用机制研究[D]. 重庆: 重庆工商大学, 2015.

[15] 王立, 潘海鸥, 钱海峰, 等. 栀子中京尼平苷及藏红花素的神经保护作用研究进展[J]. 中草药, 2017, 48(12): 2564-2571.

[16] Zhao H. Studies of pharmacological effect from eucommiaulmoids-contracaducity[J]. Foreign Medical Sciences, 2000, 20(3): 150-155.

[17] Chen J L, Shi B Y, Xiang H, et al. 1H NMR-based metabolic profiling of liver in chronic unpredictable mild stress rats with genipin treatment[J]. Journal of Pharmaceutical & Biomedical Analysis, 2015, 115: 150-158.

[18] Liu C Y, Hao Y N, Yin F, et al. Geniposide accelerates proteasome degradation of Txnip to inhibit insulin secretion in pancreatic β-cells[J]. Journal of Endocrinological Investigation, 2016, 40(5): 1-8.

[19] Ma Z G, Dai J, Zhang W B, et al. Protection against cardiac hypertrophy by geniposide involves the GLP-1 receptor / AMPKα signalling pathway[J]. British Journal of Pharmacology, 2016, 173(9): 1502-1516.

[20] Zhang H Y, Liu H, Yang M, et al. Antithrombotic activities of aqueous extract from Gardenia jasminoides and its main constituent[J]. Pharmaceutical Biology, 2012, 51(2): 221-225.

[21] Lin Y J, Lai C C, Lai C H, et al. Inhibition of enterovirus 71 infections and viral IRES activity by Fructus gardeniae and geniposide[J]. European Journal of Medicinal Chemistry, 2013, 62 (Complete): 206-213.

[22] Li N, Li L, Wu H M, et al. Antioxidative property and molecular mechanisms underlying geniposide-mediated therapeutic effects in diabetes mellitus and cardiovascular disease[J]. Oxid Med Cell Longev, 2019, 2019:7480512.

[23] 王雪飞, 闫俊桃, 付文艳, 等. 中草药饲料添加剂对畜产品风味影响研究进展[J]. 中兽医医药杂志, 2008(05): 77-80.

[24] Yang X F, Cai Q R, He J P, et al. Geniposide, an iridoid glucoside derived from Gardenia jasminoides, protects against lipopolysaccharide-induced acute lung injury in mice[J]. Planta Med., 2012, 78:557-564.

[25] Song X J, Zhang W, Wang T C, et al. Geniposide plays an anti-inflammatory role via regulating TLR4 and downstream signaling pathways in lipopolysaccharide-induced mastitis in mice[J]. Inflammation, 2014, 37:1588-1598.

[26] Zhang B, Chang H S, Hu K L, et al. Combination of geniposide and eleutheroside B exerts antidepressant-like effect on lipopolysaccharide-induced depression mice model[J]. Chin J Integr med, 2019, underfined: undefined.

[27] 伏建峰, 赵华, 史清海, 等. 京尼平苷拮抗内毒素的实验研究[J]. 中国现代应用药学, 2013 (04): 15-19.

[28] Zhang Y, Ding Y Q, Zhong X Q, et al. Geniposide acutely stimulates insulin secretion in pancreatic β-cells by regulating GLP-1 receptor/cAMP signaling and ion channels[J]. Mol Cell Endocrinol, 2016, 430:89-96.

[29] Zhang Z C, Li Y X, Shen P, et al. Administration of geniposide ameliorates dextran sulfate sodium-induced colitis in mice via inhibition of inflammation and mucosal damage[J]. Int Immunopharmacol, 2017, 49:168-177.

[30] 邓怒骄, 陈凌波, 谭瑛子, 等. 栀子苷对酵母多糖致大鼠肠黏膜屏障损害作用的研究[J]. 湖南中医药大学学报, 2019, 39(04): 43-47.

[31] Coyne C B, Shen L, Turner J R, et al. Coxsackievirus entry acrossepithelial tight junctions requires occludin and the small GTPases Rab34 andRab5[J]. Cell Host Microbe 2007, 2, 181-192.

[32] 袁媛,孙梅. 黄芪多糖对 LPS 损伤小肠上皮细胞的保护作用[J]. 世界华人消化杂志,2008(01): 23-27.

[33] Christian S,Claudia K,Stefanie D. The intestinal complement system in inflammatory bowel disease:Shaping intestinal barrier function[J]. Semin Immunol,2018,37:66-73.

[34] Jeff,C,Rupert,W L,Valerie,C W,et al. Impaired intestinal permeability contributes to ongoing bowel symptoms in patients with inflammatory bowel disease and mucosal healing[J]. Gastroenterology. 2017,153(3):723-731.

[35] Guo S H,Al-Sadi R,Hamid M S,et al. Lipopolysaccharide causes an increase in intestinal tight junction permeability in vitro and in vivo by inducing enterocyte membrane expression and localization of TLR-4 and CD14[J]. Am J Pathol,2013,182(2):375-87.

[36] Nava P,López S,Arias C F,et al. The rotavirussurface protein VP8 modulates the gate and fence function of tight junctions inepithelial cells[J] J Cell Sci,2004,117,5509-5519.

[37] Costanzo M,Cesi V,Prete E,et al. Krill oil reduces intestinal inflammation by improving epithelial integrity and impairing adherent-invasive Escherichia coli pathogenicity[J]. Dig Liver Dis,2016,48(1):34-42.

[38] Shi L,Fang B,Yong Y H,et al. Chitosan oligosaccharide-mediated attenuation of LPS-induced inflammation in IPEC-J2 cells is related to the TLR4/NF-κB signaling pathway[J]. Carbohydr Polym,2019,219:269-279.

[39] Wei Z K,Su K,Jiang P,et al. Geniposide reduces Staphylococcus aureus internalization into bovine mammary epithelial cells by inhibiting NF-κB activation.[J]. Microb Pathog,2018,125: 443-447.

[40] He C,Deng J,Hu X,et al. Vitamin a inhibits the action of lps on intestinal epithelial barrie function and tight junction proteins[J]. Food & Function,2019,10(2):1-9.

[41] 刘畅. 探究 TLR4 对小鼠肠黏膜紧密连接蛋白的调控作用[D]. 沈阳:中国医科大学,2018.

[42] Xu B,Li Y L,Xu M,et al. Geniposide ameliorates TNBS-induced experimental colitis in rats via reducing inflammatory cytokine release and restoring impaired intestinal barrier function[J]. Acta Pharmacologica Sinica. 2017,38(5):688-698.

[43] Yan H,Ajuwon K M. Butyrate modifies intestinal barrier function in IPEC-J2 cells through a selective upregulation of tight junction proteins and activation of the Akt signaling pathway[J]. PLoS ONE,2017,12:e0179586.

[44] He C,Deng J,Hu X,et al. Vitamin A inhibits the action of LPS on the intestinal epithelial barrier function and tight junction proteins[J]. Food Funct,2019,10:1235-1242.

[45] Palócz O,Pászti-Gere E,Gálfi P,et al. Chlorogenic acid combined with lactobacillus plantarum 2142 reduced LPS-induced intestinal inflammation and oxidative stress in IPEC-j2 cells[J]. PLoS ONE,2016,11:e0166642.

[46] Farkas Or,Palócz O,Pászti-Gere E,et al. Polymethoxyflavone apigenin-trimethylether suppresses LPS-induced inflammatory response in nontransformed porcine intestinal cell line IPEC-j2[J]. Oxid Med Cell Longev,2015,2015:673847.

[47] Kojima K, Shimada T, Nagareda Y, et al. Preventive effect of geniposide on metabolic disease status in spontaneously obese type 2 diabetic mice and free fatty acid-treated HepG2 cells[J]. Biological & Pharmaceutical Bulletin, 2011, 34(10): 1613-1618.

[48] Bilski J, Mazur-Bialy A, Wojcik D, et al. The role of intestinal alkaline phosphatase in inflammatory disorders of gastrointestinal tract[J]. Mediators Inflamm, 2017, 2017: 9074601.

[49] Heinzerling N P, Liedel J L, Welak S R, et al. Intestinal alkaline phosphatase is protective to the preterm rat pup intestine[J]. Journal of Pediatric Surgery, 2014, 49(6): 954-960.

[50] Buchet R, Millán J L, Magne D. Multisystemic functions of alkaline phosphatases[J]. Methods Mol Biol, 2013, 1053: 27-51.

[51] Jean-Paul L. Intestinal alkaline phosphatase: novel functions and protective effects[J]. Nutrition Reviews, 2014, 72(2): 82-94.

[52] Whitehouse J S, Riggle K M, Purpi D P, et al. The protective role of intestinal alkaline phosphatase in necrotizing enterocolitis[J]. Journal of Surgical Research, 2010, 163(1): 79-85.

[53] Tuin A, Poelstra K, Jager-Krikken A D, et al. Role of alkaline phosphatase in colitis in man and rats[J]. Gut, 2009, 58: 379-387.

[54] Malo M S, Biswas SAbedrapo M A, et al. The pro-inflammatory cytokines, IL-1beta and TNF-alpha, inhibit intestinal alkaline phosphatase gene expression[J]. DNA Cell Biol, 2006, 25: 684-95.

[55] Wen J, Teng B, Yang P, et al. The potential mechanism of Bawei Xileisan in the treatment of dextran sulfate sodium-induced ulcerative colitis in mice[J]. Journal of Ethnopharmacology, 2016, 188: 31-38.

[56] Duan D N, Zhang S X, Li X L, et al. Activation of the TLR/MyD88/NF-κB signal pathway contributes to changes in IL-4 and IL-12 production in piglet lymphocytes infected with porcine circovirus type 2 in vitro[J]. PLoS ONE, 2014, 9: e97653.

[57] Wang G F, Wu S Y, Xu W, et al. Geniposide inhibits high glucose-induced cell adhesion through the NF-κB signaling pathway in human umbilical vein endothelial cells[J]. Acta Pharmacol Sin. 2010, 31(8): 953-962.

[58] 赵婵娟. 清温消热饮对小鼠LPS致炎模型血清中炎性因子的影响[J]. 中国兽药杂志, 2017, 51(1): 41-45.

[59] Yuan J W, Zhang J H, Cao J, et al. Geniposide alleviates traumatic brain injury in rats via anti-inflammatory effect and MAPK/NF-κB inhibition[J]. Cell Mol Neurobiol, 2020, 40(4): 511-520.

[60] Wang B, Liao P P, Liu L H, et al. Baicalin and geniposide inhibit the development of atherosclerosis by increasing Wnt1 and inhibiting dickkopf-related protein-1 expression[J]. J Geriatr Cardiol, 2016, 13: 846-854.

[61] Deng R, Li F, Wu H, et al. Anti-inflammatory mechanism of geniposide: inhibiting the hyperpermeability of fibroblast-like synoviocytes via the RhoA/p38MAPK/NF-κB/F-Actin signal pathway[J]. Front Pharmacol, 2018, 9: 105.

[62] Zhang B, Chang H S, Hu K L, et al. Combination of geniposide and eleutheroside B exerts antidepressant-like effect on lipopolysaccharide-induced depression mice model[J]. Chin J Integr Med, 2019.

[63] Breese E J, Braegger C P, Corrigan C J, et al. Interleukin-2-and interferon-γ-secreting T cells in normal and diseased human intestinal mucosa[J]. Immunology, 1993, 78(1): 127-131.

[64] Schlottmann K, Wachs F P, Grossmann J, et al. Interferon gamma downregulates IL-8 production in primary human colonic epithelial cells without induction of apoptosis[J]. International Journal of Colorectal Disease, 19(5): 421-429.

[65] Ouyang Q, Elyoussef M, Yenlieberman B, et al. Expression of HLA-DR antigens in inflammatory bowel disease mucosa: role of intestinal lamina propria mononuclear cell-derived interferon γ[J]. Digestive Diseases & Sciences, 1988, 33(12): 1528.